信息安全测评与风险评估

主　编　纪兆华　张　鹏　李　强
副主编　杨　迎　杨传军　樊　睿
　　　　吕沐阳　陆晓龙

北京理工大学出版社
BEIJING INSTITUTE OF TECHNOLOGY PRESS

内容简介

本书涵盖了信息安全的理论、技术与管理三大体系，主要介绍信息安全的基本概念、方法和技术，为今后进一步学习、研究信息安全理论与技术或者从事计算机网络信息安全技术与管理工作奠定理论和技术基础。

本书以项目实训的方式，详细介绍了信息安全测评与风险评估的相关知识，并且还介绍了信息安全等级保护各部分内容的测评方法，使读者能够全面掌握信息安全测评与风险评估的实际操作方法。全书共分为 10 个项目，包括信息安全等级保护定级与备案、信息安全等级保护测评准备、信息安全等级保护测评方案编制、信息安全等级保护现场测评——机房环境测评、信息安全等级保护现场测评——路由交换设备测评、信息安全等级保护现场测评——安全防护设备测评、信息安全等级保护现场测评——服务器和终端测评、信息安全等级保护现场测评——Web 应用测评、信息安全等级保护测评报告编制和信息安全风险评估等内容。

本书既可用作职业院校信息安全技术应用专业和计算机应用专业等相关专业的教材，也适用于从事信息安全测评工作或相关工作的读者。

版权专有　侵权必究

图书在版编目（CIP）数据

信息安全测评与风险评估／纪兆华，张鹏，李强主编．－－北京：北京理工大学出版社，2023.9
ISBN 978－7－5763－2879－0

Ⅰ．①信⋯　Ⅱ．①纪⋯　②张⋯　③李⋯　Ⅲ．①信息系统－安全技术－评价－高等职业教育－教材②信息系统－安全技术－风险管理－高等职业教育－教材　Ⅳ．①TP309

中国国家版本馆 CIP 数据核字（2023）第 174819 号

责任编辑：王玲玲　　**文案编辑**：王玲玲
责任校对：刘亚男　　**责任印制**：施胜娟

出版发行 ／ 北京理工大学出版社有限责任公司
社　　址 ／ 北京市丰台区四合庄路 6 号
邮　　编 ／ 100070
电　　话 ／ (010) 68914026（教材售后服务热线）
　　　　　　(010) 68944437（课件资源服务热线）
网　　址 ／ http://www.bitpress.com.cn

版 印 次 ／ 2023 年 9 月第 1 版第 1 次印刷
印　　刷 ／ 河北盛世彩捷印刷有限公司
开　　本 ／ 787 mm×1092 mm　1/16
印　　张 ／ 19.25
字　　数 ／ 508 千字
定　　价 ／ 59.80 元

图书出现印装质量问题，请拨打售后服务热线，负责调换

目前,人类社会已经进入了信息时代,信息已经渗透到了人类社会的每一个角落,就像一只无形的大手渗透于社会各行各业之中,推动着社会的进步。与此同时,信息安全已成为网络安全的基础和关键。信息安全发展至今,已经从强调针对信息及信息系统的各种威胁所采取的必要措施,发展到强调信息系统的保护、检测和恢复能力的信息安全保障,其本质是从被动的、静态的措施,到主动的、动态的能力。

信息安全的威胁来自内部破坏、外部攻击、内外联合进行的破坏以及自然危害等,本书从信息安全管理体系的高度来全面构建和规范信息安全管理,对信息与信息系统可能面临的威胁、脆弱性进行分析,并依据风险评估的结果及等级保护等一整套信息安全管理思想和方法,为信息系统选择有针对性的安全措施,规避、转移和降低风险,妥善应对可能发生的风险,并将风险控制在可接受的范围内,将有效地保障企业的信息安全。

本书性质

信息安全是一个十分重要的课题,其发展对信息安全人才的培养提出了新的需求。信息安全测评与风险评估是解决信息安全问题的主要技术手段。通过对本课程的学习,使学生系统地了解信息安全技术体系,掌握各项信息安全技术的基本原理、方法及各项技术之间的关系,能够选取适当的安全技术解决应用中的安全问题。

信息安全测评与风险评估是计算机应用专业的核心课程之一,属于必修课程。通过对本课程的学习,使学生了解信息的泄露、篡改、假冒、黑客攻击、非法访问、计算机病毒等对信息网络已构成的重大威胁;掌握应对、解决各种信息安全问题的基本理论、方法、技术等内容;学生通过系统、科学的分析问题和解决问题的练习,提高运用理论知识解决实际问题的能力,为今后走向工作岗位进行信息安全理论、技术研究,解决与预防信息安全问题打下坚实的基础。

本书内容

本书的主要任务是介绍信息安全的基本概念、方法和技术,使学生掌握信息安全测评与风险评估的相关知识和内容,为今后从事计算机网络信息安全技术与管理工作奠定理论和技术基础。全书共分为 10 个项目,每个项目内容介绍如下:

项目1 信息安全等级保护定级与备案，主要介绍了信息安全等级保护的相关概念，并且讲解了什么是信息安全风险评估和信息安全风险评估的主要内容等相关知识。

项目2 信息安全等级保护测评准备，主要介绍了信息安全风险评估与信息安全等级保护的相关知识，还讲解了系统基线的检查方法以及对Linux操作系统进行风险评估的方法。

项目3 信息安全等级保护测评方案编制，主要介绍了访问控制、入侵防范、恶意代码和网络安全审计等相关知识和内容，还讲解了攻防环境搭建和主机安全攻防的方法。

项目4 信息安全等级保护现场测评——机房环境测评，主要介绍了物理安全测评中各个安全控制点的具体要求和测评方法，还讲解了磁盘加密和使用云盘进行数据备份的方法。

项目5 信息安全等级保护现场测评——路由交换设备测评，主要介绍了网络安全基线和信息网络架构的相关知识，还讲解了对不同品牌交换机和路由器进行安全测评的方法。

项目6 信息安全等级保护现场测评——安全防护设备测评，主要介绍了网络及安全设备的安全基线基本内容和安全设备的基本配置要求，并且还讲解了安全设备的测评方法。

项目7 信息安全等级保护现场测评——服务器和终端测评，主要介绍了操作系统与数据库安全测评的内容和方法，以及操作系统和数据库的安全基线检查内容与配置技术。

项目8 信息安全等级保护现场测评——Web应用测评，主要介绍了中间件和Web应用的安全基线要求与配置技术，并且还讲解了使用网站万能密码入侵网站的操作方法。

项目9 信息安全等级保护测评报告编制，主要讲解了测评方案编制的工作流程和主要任务，以及信息安全管理体系策划与建立的相关知识。

项目10 信息安全风险评估，主要讲解了安全建设管理测评的相关内容和要求，以及等级保护中安全运维管理的相关内容。

本书作者

信息安全学科内容广泛，发展迅速，信息安全测评及相关内容也在不断更新。本书由纪兆华、张鹏、李强担任主编，杨迎、杨传军、樊睿、吕沐阳、陆晓龙担任副主编，李耀显、许敏等参与编写。在编写过程中，得到了360数字安全集团、深信服科技股份有限公司、杭州安恒信息技术股份有限公司和北京江南天安科技有限公司的大力支持，他们从网络安全等级保护测评的技术层面、管理层面、测评实践等诸多方面补充了大量的资料、相关案例，为教材的编写提供了非常宝贵的参考意见，完善、充实了教材的内容。由于时间较为仓促，书中难免有疏漏之处，在此敬请广大读者朋友批评、指正。

编　者

目 录

项目 1　信息安全等级保护定级与备案 ······ 1
项目介绍 ······ 1
学习目标 ······ 1
学习导图 ······ 2
任务 1.1　IIS 安装 CA 证书 ······ 3
任务目标——掌握使用 IIS 安装 CA 证书的方法 ······ 3
任务环境 ······ 3
知识准备——理解信息安全等级保护的相关概念 ······ 3
任务实施——使用 IIS 安装 CA 证书 ······ 5
任务评价——理解信息安全等级保护 ······ 17
任务测验 ······ 17
任务 1.2　使用 X‐Scan 扫描主机并生成报告 ······ 18
任务目标——掌握使用 X‐Scan 扫描系统漏洞的方法 ······ 18
任务环境 ······ 18
知识准备——关于信息安全风险评估 ······ 18
任务实施——使用 X‐Scan 扫描主机系统漏洞 ······ 19
任务评价——理解安全漏洞扫描 ······ 26
任务测验 ······ 26

项目总结 ······ 27
项目评价 ······ 27

项目 2　信息安全等级保护测评准备 ······ 29
项目介绍 ······ 29
学习目标 ······ 29
学习导图 ······ 30
任务 2.1　信息安全等级测评基本概念 ······ 31

任务目标——掌握信息安全等级测评基本概念 31
　　　任务环境 31
　　　知识准备——了解信息安全等级测评基本概念 31
　　　任务实施——信息安全等级测评基本概念 34
　　　任务评价——理解信息安全等级测评的相关概念 35
　　　任务测验 36
　　任务 2.2　信息安全等级测评准备活动 36
　　　任务目标——掌握信息安全等级测评准备活动的内容和成果 36
　　　任务环境 36
　　　知识准备——了解信息安全等级测评准备活动的内容和成果 36
　　　任务实施——信息安全等级测评准备活动的内容 38
　　　任务评价——理解信息安全等级测评准备活动的内容和成果 39
　　　任务测验 39
　　项目总结 39
　　项目评价 40

项目 3　信息安全等级保护测评方案编制 42
　　项目介绍 42
　　学习目标 42
　　学习导图 43
　　任务 3.1　方案编制活动工作流程 44
　　　任务目标——掌握方案编制活动工作流程 44
　　　任务环境 44
　　　知识准备——理解方案编制活动工作流程 44
　　　任务实施——掌握方案编制活动工作流程的主要任务和工作方法 46
　　　任务评价——掌握方案编制活动工作流程 53
　　　任务测验 53
　　任务 3.2　方案编制活动的输出文档及各方责任 54
　　　任务目标——掌握方案编制活动的输出文档及各方责任 54
　　　任务环境 54
　　　知识准备——理解方案编制活动的输出文档及各方责任 54
　　　任务实施——掌握方案编制活动的输出文档的内容 55
　　　任务评价——掌握方案编制活动的输出文档及各方责任 55
　　　任务测验 56
　　项目总结 56
　　项目评价 56

项目 4　信息安全等级保护现场测评——机房环境测评 58
　　项目介绍 58

| 学习目标 | 58 |
| 学习导图 | 59 |

任务 4.1 风险评估之物理安全测评指导 ... 60
  任务目标——掌握物理安全测评方法 ... 60
  任务环境 ... 60
  知识准备——了解物理安全控制点 ... 60
  任务实施——理解物理环境安全测评方法 ... 65
  任务评价——理解学校机房物理环境安全测评方法 ... 68
  任务测验 ... 68

任务 4.2 信息安全管理工具之磁盘加密 ... 68
  任务目标——掌握磁盘加密的操作方法 ... 68
  任务环境 ... 68
  知识准备——理解什么是磁盘加密 ... 69
  任务实施——在 Windows 系统中实现磁盘加密 ... 69
  任务评价——使用 BitLocker 实现磁盘加密 ... 74
  任务测验 ... 74

任务 4.3 信息安全管理工具之云盘备份或同步数据 ... 75
  任务目标——掌握备份数据的方法 ... 75
  任务环境 ... 75
  知识准备——理解备份数据的重要性 ... 75
  任务实施——将数据手动和自动备份到百度网盘 ... 75
  任务评价——将数据备份到网络云盘 ... 81
  任务测验 ... 81

项目总结 ... 81
项目评价 ... 81

项目 5 信息安全等级保护现场测评——路由交换设备测评 ... 83
项目介绍 ... 83
学习目标 ... 83
学习导图 ... 84

任务 5.1 H3C 网络设备的安全测评 ... 85
  任务目标——掌握 H3C 网络设备安全测评方法 ... 85
  知识准备——网络设备安全基线 ... 85
  任务实施——H3C 网络设备的安全测评 ... 88
  任务评价——理解 H3C 网络设备测评 ... 94
  任务测验 ... 95

任务 5.2 华为交换机和路由器的安全测评 ... 95
  任务目标——掌握华为交换机和路由器测评方法 ... 95

知识准备——信息网络架构 95
　　任务实施——华为交换机和路由器安全测评 97
　　任务评价——理解华为交换机和路由器测评 105
　　任务测验 106
项目总结 106
项目评价 106

项目 6 　信息安全等级保护现场测评——安全防护设备测评 108
项目介绍 108
学习目标 108
学习导图 109
任务 6.1 　DVWA 攻防环境的搭建 110
　　任务目标——掌握 DVWA 攻防环境的搭建 110
　　任务环境 110
　　知识准备——安全设备的安全基线整体内容 110
　　任务实施——搭建 DVWA 攻防环境 111
　　任务评价——了解安全基线的整体内容并掌握 DVMA 攻防环境的搭建 116
　　任务测验 116
任务 6.2 　DVWA 攻防实验——Brute Force 116
　　任务目标——掌握使用 DVWA 暴力破解的方法 117
　　任务环境 117
　　知识准备——安全设备的安全基线检查要求 117
　　任务实施——使用 DVWA 中的 Brute Force 破解用户名和密码 120
　　任务评价——理解安全基线检查要求并掌握使用 DVWA 暴力破解的方法 122
　　任务测验 122
任务 6.3 　不同安全设备的安全测评 123
　　任务目标——理解不同品牌安全设备的测评方法 123
　　任务环境 123
　　知识准备——安全设备的安全基线配置技术 123
　　任务实施——不同品牌安全设备测评 124
　　任务评价——理解不同安全设备的测评方法 133
　　任务测验 133
项目总结 134
项目评价 134

项目 7 　信息安全等级保护现场测评——服务器和终端测评 136
项目介绍 136
学习目标 136
学习导图 137

任务 7.1 操作系统与数据库安全测评基础 ································ 138
任务目标——掌握操作系统与数据库测评方法 ···························· 138
任务环境 ·· 138
知识准备——了解操作系统与数据库测评的准备工作 ······················ 138
任务实施——操作系统与数据库测评 ···································· 138
任务评价——理解操作系统与数据库测评 ································ 144
任务测验 ·· 144

任务 7.2 操作系统安全测评 ··· 144
任务目标——掌握主流服务器操作系统的安全测评 ························ 144
任务环境 ·· 145
知识准备——操作系统安全基线 ·· 145
任务实施——主流服务器操作系统的安全测评 ···························· 149
任务评价——理解主流服务器操作系统测评 ······························ 156
任务测验 ·· 156

任务 7.3 数据库安全测评 ··· 157
任务目标——掌握主流数据库的安全测评 ································ 157
任务环境 ·· 157
知识准备——数据库安全基线 ·· 157
任务实施——主流数据库的安全测评 ···································· 158
任务评价——理解主流数据库系统测评 ·································· 169
任务测验 ·· 169

项目总结 ··· 169
项目评价 ··· 169

项目 8 信息安全等级保护现场测评——Web 应用测评 ···························· 171
项目介绍 ··· 171
学习目标 ··· 171
学习导图 ··· 172

任务 8.1 中间件的安全测评 ··· 173
任务目标——理解不同中间件的测评方法 ································ 173
任务环境 ·· 173
知识准备——中间件安全基线要求与配置技术 ···························· 173
任务实施——不同中间件测评 ·· 176
任务评价——理解中间件安全基线与测评 ································ 183
任务测验 ·· 184

任务 8.2 Web 应用的安全测评 ·· 184
任务目标——掌握 Web 应用的测评 ····································· 184
任务环境 ·· 184

  知识准备——Web 应用的安全基线要求和配置技术 ································ 184

  任务实施——对 Serv‑u_ftp 进行安全测评 ································ 186

  任务评价——理解 Web 应用的安全基线与测评 ································ 192

  任务测验 ·· 192

 任务 8.3 网站万能密码入侵 ································ 192

  任务目标——理解网络渗透 ································ 193

  任务环境 ·· 193

  知识准备——应用系统与数据安全测评 ································ 193

  任务实施——掌握网站万能密码入侵的方法 ································ 198

  任务评价——理解应用系统与数据安全测评方法 ································ 203

  任务测验 ·· 203

 项目总结 ·· 203

 项目评价 ·· 203

项目 9 信息安全等级保护测评报告编制 ································ 205

 项目介绍 ·· 205

 学习目标 ·· 205

 学习导图 ·· 206

 任务 9.1 信息系统资产评估报告 ································ 206

  任务目标——掌握信息系统资产评估报告的撰写方法 ································ 207

  任务环境 ·· 207

  知识准备——测评方案的编制 ································ 207

  任务实施——信息系统资产评估报告的撰写 ································ 208

  任务评价——理解信息系统资产评估报告 ································ 221

  任务测验 ·· 221

 任务 9.2 信息系统脆弱性评估报告 ································ 222

  任务目标——掌握信息系统脆弱性评估报告的撰写方法 ································ 222

  任务环境 ·· 222

  知识准备——信息安全管理体系的策划与建立 ································ 222

  任务实施——信息系统脆弱性评估报告的撰写 ································ 224

  任务评价——理解信息系统脆弱性评估报告 ································ 245

  任务测验 ·· 246

 项目总结 ·· 246

 项目评价 ·· 246

项目 10 信息安全风险评估 ································ 248

 项目介绍 ·· 248

 学习目标 ·· 248

 学习导图 ·· 249

任务10.1　信息系统风险评估综合报告 ··· 249
任务目标——掌握信息系统风险评估综合报告的撰写方法 ······································ 249
任务环境 ··· 249
知识准备——安全建设管理测评 ·· 250
任务实施——信息系统风险评估综合报告的撰写 ··· 255
任务评价——理解信息系统风险评估综合报告 ·· 282
任务测验 ··· 282

任务10.2　安全运维管理测评 ·· 283
任务目标——理解安全运维管理的测评要求 ··· 283
任务环境 ··· 283
知识准备——了解等级保护中安全运维管理内容 ··· 283
任务实施——安全运维管理测评要求 ·· 284
任务评价——理解安全运维管理测评 ·· 292
任务测验 ··· 292

项目总结 ·· 292
项目评价 ·· 292

参考文献 ·· 294

项目 1
信息安全等级保护定级与备案

项目介绍

近年来,国内外网络信息安全事件频发,安全威胁伴随科技发展日趋复杂与严峻,渗入经济社会方方面面。中国作为网络大国,也是面临网络信息安全威胁最严重的国家之一。党的十八大以来,以习近平同志为核心的党中央从总体国家安全观出发,对加强国家信息安全工作做出了重要的部署,对加强信息安全法制建设提出了明确的要求。制定一套符合中国国情的信息安全监管框架与体系成为网络信息安全工作重中之重。

信息作为组织的重要资产,需要得到妥善保护。但随着信息技术的高速发展,特别是Internet的问世及网上交易的启用,许多信息安全的威胁问题也纷纷出现:黑客入侵、计算机病毒、木马病毒、系统后门、信息篡改、丢失、销毁、社会工程学等。这些已给组织的经营管理、生存甚至国家安全都带来严重的影响。所以,我们需要一个系统的信息安全风险评估,从发现风险、控制风险的角度出发,保障组织的信息系统与业务的安全与正常运作。

本项目围绕信息安全等级保护定级与备案进行讲解,设置IIS安装CA证书、使用X-Scan扫描主机并生成报告两个学习任务,在对学习任务进行实际操作之前,还介绍了信息安全等级保护定级与备案相关的基础理论知识,使同学们能够理解相应的理论知识并掌握信息安全保护的操作实践方法。

学习目标

1. 知识目标

通过本项目的学习,应达到如下知识目标:
(1) 理解什么是信息安全等级保护;
(2) 理解信息安全等级保护的相关概念;
(3) 了解信息安全等级保护的相关标准;
(4) 理解什么是信息安全风险评估;
(5) 了解信息安全风险评估的主要内容有哪些。

2. 技能目标

通过本项目的学习,应达到如下技能目标:
(1) 掌握使用IIS安装CA证书的方法;
(2) 掌握使用X-Scan软件进行系统漏洞扫描的方法。

3. 素质目标

通过本项目的学习,应达到如下素质目标:

(1) 具有较强的网络信息安全意识;
(2) 具有较强的集体意识和团队合作的能力。
4. 思政目标

通过本项目的学习,应达到如下思政目标:
(1) 了解信息安全等级保护的发展历程;
(2) 知晓信息安全等级保护的主管部门。

学习导图

本项目通过 IIS 安装 CA 证书和使用 X-Scan 扫描主机并生成报告两个任务的操作,学习信息安全等级保护定级与备案的知识,项目学习路径与学习内容参见学习导图(图 1-1)。

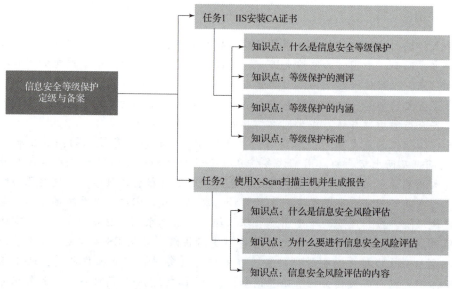

图 1-1 项目 1 学习导图

本项目学习内容与网络安全评估职业技能等级标准内容的对应关系如表 1-1 所示。

表 1-1 本项目与职业技能等级标准内容对应关系

网络安全评估职业技能等级标准			信息安全等级保护定级与备案	
工作任务	职业技能要求	等级	知识点	技能点
理解信息安全等级保护准备知识	①能了解信息安全等级保护的发展历程; ②能了解信息安全等级保护的相关概念; ③了解信息安全等级保护的相关标准; ④能够知晓信息安全风险评估的主要内容; ⑤具有较强的集体意识和团队合作能力	初级	①理解什么是信息安全等级保护; ②理解信息安全等级保护的相关概念; ③了解信息安全等级保护的相关标准; ④理解什么是信息安全风险评估; ⑤了解信息安全风险评估的主要内容有哪些	①掌握使用 IIS 安装 CA 证书的方法; ②掌握使用 X-Scan 软件进行系统漏洞扫描的方法

项目 1　信息安全等级保护定级与备案

任务 1.1　IIS 安装 CA 证书

学会使用 IIS 安装 CA 证书。CA 是证书的签发机构，它是 PKI 的核心。CA 是负责签发证书、认证证书、管理已颁发证书的机关。它要制定政策和具体步骤来验证、识别用户身份，并对用户证书进行签名，以确保证书持有者的身份和公钥的拥有权。在风险评估过程中，需要对系统安全性、加密通信进行检查，CA 证书的颁发，可以有效地加固系统安全性。

任务目标——掌握使用 IIS 安装 CA 证书的方法

CA 是负责签发证书、认证证书、管理已颁发证书的机关，本任务的学习目标是学会使用 IIS 安装 CA 证书。

任务环境

主要设备：Windows Server 服务器，IIS 服务器。

知识准备——理解信息安全等级保护的相关概念

1. 什么是信息安全等级保护

信息安全等级保护是指对国家秘密信息、法人或其他组织及公民专有信息以及公开信息和存储、传输、处理这些信息的信息系统分等级实行安全保护，对信息系统中使用的安全产品实行按等级管理，对信息系统中发生的信息安全事件分等级进行响应、处置。

> **提示：**
> 这里所指的信息系统，是指由计算机及其相关、配套的设备和设施构成的，按照一定的应用目标和规则对信息进行存储、传输、处理的系统或者网络。信息则是指在信息系统中存储、传输、处理的数字化信息。

2019 年 5 月 13 日，网络安全等级保护制度 2.0 标准正式发布，并于 2019 年 12 月 1 日开始实施。自此，我国从等级保护 1.0 时代迈入等级保护 2.0 时代。等级保护 2.0 的一个变化就是标准名称的变化，即由"信息系统安全等级保护"更名为"网络安全等级保护"。

所以，网络安全等级保护和信息安全等级保护都是指等级保护，两者是不同时期对等级保护的不同称谓。需要注意的是，除了名称变化，相比等级保护 1.0，等级保护 2.0 还有其他方面的变化，比如对象范围扩大，将云计算、移动互联、物联网、工业控制系统等也列入标准范围。

2. 等级保护的测评

等级保护的测评，是由具备检验技术能力和政府授权资格的权威机构，依据国家标准、行业标准、地方标准或相关技术规范，按照严格程序对信息系统的安全保障能力进行的科学公正的综合测试评估活动，以帮助系统运行单位分析系统当前的安全运行状况，查找存在的安全问题，并提供安全改进建议，从而最大限度地降低系统的安全风险。

> **提示：**
> 认证是对测评活动是否符合标准化要求和质量管理要求所做的确认，认证以标准和测评的结果作为依据。

> **提示：**
> 我国的系统认证虽然起步较早，但由于认证周期、建设差异等多方面的原因，目前的系统认证数量还非常少。在我国，中国信息安全产品测评认证中心（简称 CNITSEC）是较早并较有影响力地开展有关系统安全测评认证的机构。
> 国家认监委等8部委联合下发的《关于建立国家信息安全产品认证认可体系的通知》（简称57号文）明确规定，对信息安全产品进行"统一标准、技术规范与合格评定程序；统一认证目录；统一认证标志；统一收费标准"的"四统一"认证要求。在国家认监委对信息系统的安全认证相关具体意见尚未出台前，多数情况下，系统安全测评的结果可直接作为主管部门对系统安全认可的依据。

3. 等级保护的内涵

信息安全等级保护是对网络进行分等级保护、分等级监管，是将信息网络、信息系统、网络上的数据和信息，按照重要性和遭受损坏后的危害性分成五个安全保护等级（从第一级到第五级，逐级增高）；等级确认后，第二级（含）以上网络到公安机关备案，公安机关对备案材料和定级准确性进行审核，审核合格后颁发备案证明；备案单位根据网络的安全等级，按照国家标准从技术层面和管理层面开展定级、备案、建设、整改、落实安全责任、建立安全管理制度；选择符合国家要求的测评机构开展等级测评；公安机关对第二级网络进行指导，对第三、四级网络定期开展监督、检查。

4. 等级保护标准

涉及信息安全等级保护的标准有：
- 《计算机信息系统　安全保护等级划分准则》（GB/T 17859—1999）
- 《信息安全技术　网络安全等级保护基本要求》（GB/T 22239—2019）
- 《信息安全技术　网络安全等级保护安全设计技术要求》（GB/T 25070—2019）
- 《信息安全技术　网络安全等级保护测评要求》（GB/T 28448—2019）
- 《信息安全技术　网络安全等级保护测评过程指南》（GB/T 28449—2019）
- 《信息安全技术　信息系统安全等级保护定级指南》（GB/T 22240—2020）
- 《信息安全技术　网络安全等级保护测试评估技术指南》（GB/T 36627—2018）
- 《信息安全技术　网络安全等级保护安全管理中心技术要求》（GB/T 36958—2018）
- 《信息安全技术网络安全等级保护机构能力要求和评估规范》（GB/T 36959—2018）

最常用的信息安全等级保护标准是《信息安全技术网络安全等级保护基本要求》《信息安全技术网络安全等级保护测评要求》和《信息安全技术网络安全等级保护安全设计技术要求》，如图1-2所示。

图 1-2　最常用的信息安全等级保护标准

任务实施——使用 IIS 安装 CA 证书

下面讲解在 Windows Server 服务器中使用 IIS 安装 CA 证书的操作方法。

> 步骤 1：IIS 安装 CA 证书。

01. 在服务器操作系统中单击左下角的"开始"图标，在弹出的系统菜单中执行"控制面板"→"Windows 防火墙"命令，如图 1-3 所示。

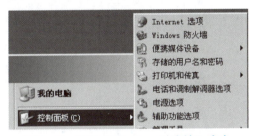

图 1-3　执行"Windows 防火墙"命令

02. 弹出"Windows 防火墙"对话框，切换到"例外"选项卡中，添加例外端口，将 80 端口开放，如图 1-4 所示。

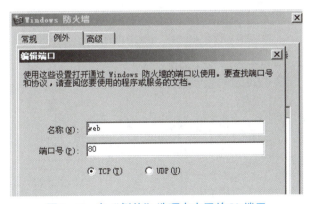

图 1-4　在"例外"选项卡中开放 80 端口

03. 保存并启用规则，如图 1-5 所示，单击"确定"按钮，完成"Windows 防火墙"对话框的设置，关闭该对话框。

04. 打开系统中的 IE 浏览器，在浏览器地址栏中输入 192.168.0.122，按 Enter 键，测试是否能够正常打开测试网页，如图 1-6 所示。

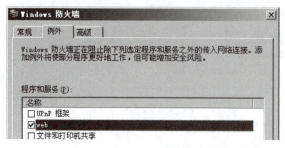

图 1-5　保存并启用规则

图 1-6　测试是否能正常打开网页

➢ **步骤 2**：加固 IIS Web 服务器的安全配置，使 Web 服务只能被内网用户所在的网段访问。

01. 打开 IIS 管理器，在默认网站上单击鼠标右键，在弹出菜单中执行"属性"选项，弹出"默认网站 属性"对话框，切换到"目录安全性"选项卡，如图 1-7 所示。

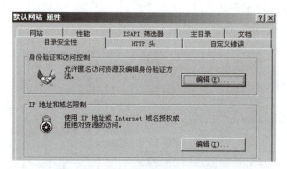

图 1-7　"默认网站 属性"对话框

02. 单击"IP 地址和域名限制"选项的"编辑"按钮，弹出"IP 地址和域名限制"对话框，对相关选项进行设置（本任务的默认网段为 192.168.0.1），如图 1-8 所示。

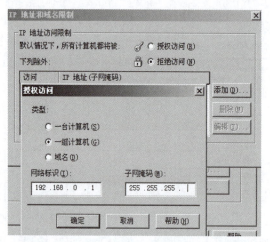

图 1-8　设置"IP 地址和域名限制"对话框

03. 单击"确定"按钮,完成"IP 地址和域名限制"对话框的设置。

➤ **步骤 3:为 IIS Web 服务器申请服务器证书。**

01. 打开"默认网站 属性"对话框中,切换到"目录安全性"选项卡,单击"安全通信"选项卡中的"服务器证书"按钮,如图 1-9 所示。

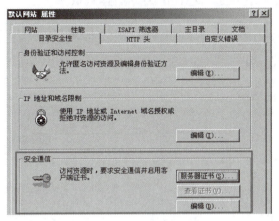

图 1-9 单击"服务器证书"按钮

02. 弹出"IIS 证书向导"对话框,选择"新建证书"选项,如图 1-10 所示。

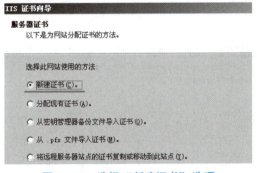

图 1-10 选择"新建证书"选项

03. 单击"下一步"按钮,进入证书名称和安全性设置选项界面,对相关选项进行设置,如图 1-11 所示。

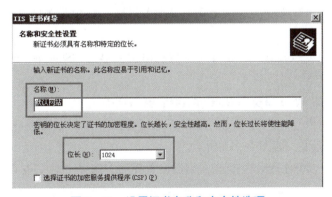

图 1-11 设置证书名称和安全性选项

04. 单击"下一步"按钮,进入单位信息设置选项界面,对相关选项进行设置,如图1-12所示。

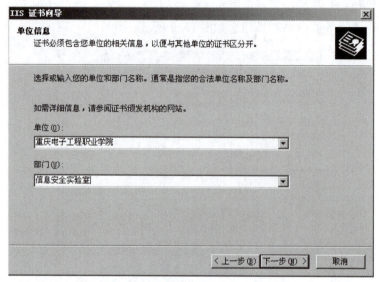

图1-12 设置"单位信息"选项

05. 单击"下一步"按钮,进入站点公用名称设置界面,默认为当前的计算机名称,如图1-13所示。

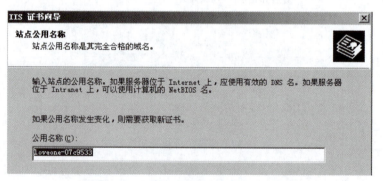

图1-13 设置"站点公用名称"选项

06. 单击"下一步"按钮,进入地理信息设置界面,对相关选项进行设置,如图1-14所示。

07. 单击"下一步"按钮,完成IIS证书的申请,显示IIS证书摘要信息,如图1-15所示。

➤ 步骤4:为IIS Web服务器颁发一年期服务器证书。

01. 在"控制面板"窗口中打开"Windows组件向导"对话框,在"组件"列表中勾选中"证书服务"选项,如图1-16所示。

02. 单击"下一步"按钮,进入CA类型设置界面,选择"独立根CA"选项,如图1-17所示,用于创建CA根证书。

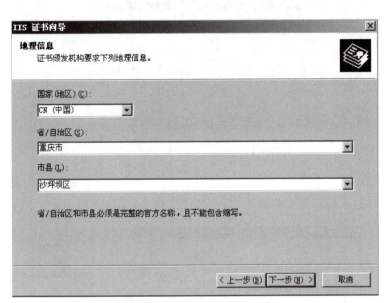

图 1-14　设置"地理信息"选项

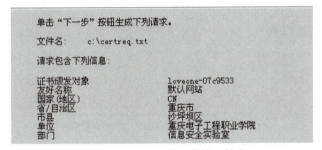

图 1-15　显示 IIS 证书摘要信息

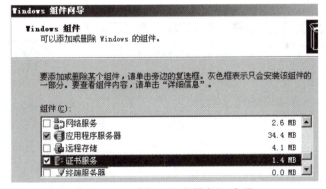

图 1-16　选择"证书服务"选项

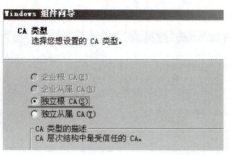

图1-17 选择"独立根CA"选项

03. 单击"下一步"按钮，进入"CA 识别信息"选项设置界面，对相关选项进行设置（注意：公用名称必须与前面服务器证书申请的相同），如图1-18所示。

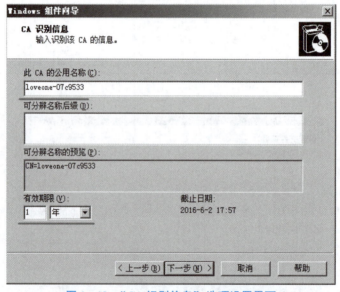

图1-18 "CA 识别信息"选项设置界面

04. 单击"下一步"按钮，进入"证书数据库设置"界面，选择 CA 证书的安装位置，如图1-19所示。

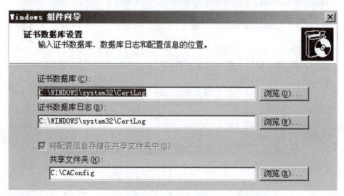

图1-19 选择"证书数据库设置"选项

05. 在"控制面板"窗口中双击"管理工具"选项,进入"管理工具"窗口,双击"证书颁发机构"选项,弹出"证书颁发机构"对话框,在创建的 CA 证书上单击鼠标右键,在弹出菜单中执行"所有任务"→"提交一个新的申请"命令,如图 1-20 所示。

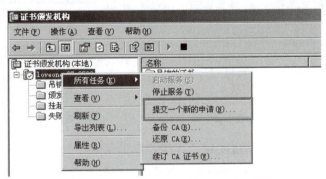

图 1-20　执行"提交一个新的申请"命令

06. 弹出"打开申请文件"对话框,选择需要添加的证书文件,如图 1-21 所示。

图 1-21　选择需要添加的证书文件

07. 单击"确定"按钮,将所选择的证书文件添加到"证书颁发机构"对话框中,在左侧列表中选择"挂起的申请"选项,在右侧选项上单击鼠标右键,在弹出菜单中执行"所有任务"→"颁发"命令,如图 1-22 所示。

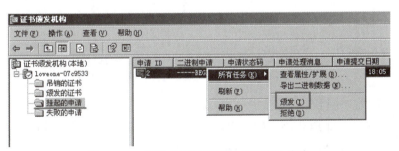

图 1-22　执行"所有任务"→"颁发"命令

08. 弹出"证书导出向导"对话框,单击"浏览"按钮,选择颁发证书导出的位置并命名,如图 1-23 所示。单击"确定"按钮,导出所颁发的证书。

09. 打开"默认网站 属性"对话框中,切换到"目录安全性"选项卡,单击"安全通信"选项卡中的"服务器证书"按钮,弹出"IIS 证书向导"对话框,选择"处理挂起的请求并安装证书"选项,如图 1-24 所示。

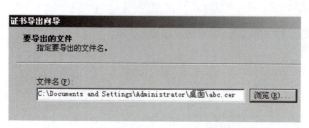

图 1-23　执行"提交一个新的申请"命令

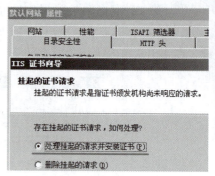

图 1-24　选择安装证书选项

10. 单击"下一步"按钮，切换到"处理挂起的请求"选项设置界面，单击"浏览"按钮，在弹出的对话框中选择刚刚导出的证书文件，如图 1-25 所示。

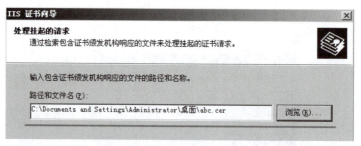

图 1-25　选择导出的证书文件

11. 单击"下一步"按钮，切换到"SSL 端口"选项设置界面，默认为 443 端口，如图 1-26 所示。

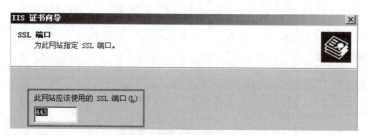

图 1-26　设置"SSL 端口"选项

12. 单击"确定"按钮，完成证书的安装。

➢ 步骤 5：IIS 服务器启动 SSL 安全通信，并安装服务器证书。使用 win-adc 虚拟机中的浏览器访问该 Web 服务进行测试。由于 cn 和 IIS 的域名不一致，所以一定有警报弹出窗。

01. 打开"默认网站 属性"对话框中，切换到"目录安全性"选项卡，单击"安全通信"选项卡中的"编辑"按钮，弹出"安全通信"对话框，选择"要求安全通道（SSL）"选项，"客户端证书"选项选择"忽略客户端证书"，如图 1-27 所示。

02. 单击"确定"按钮，完成"安全通信"对话框的设置。打开 IE 浏览器，在地址栏中输入 192.168.0.122，按 Enter 键，测试证书的安装是否成功，如图 1-28 所示。

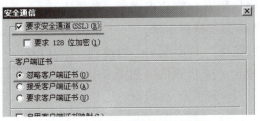

图 1-27 "安全通信"对话框

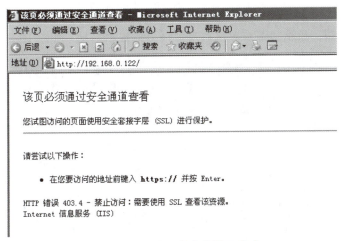

图 1-28 测试证书安装是否成功

03. 在浏览器地址栏中的访问地址前添加 https 加密通道,按 Enter 键再次进行测试,弹出"安全警报"对话框,如图 1-29 所示。

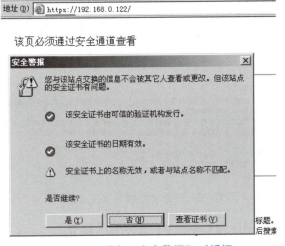

图 1-29 弹出"安全警报"对话框

04. 在弹出的"安全警报"对话框中单击"是"按钮,继续浏览所访问的站点,显示站点页面内容,如图 1-30 所示。

➢ **步骤 6**：IIS 服务器启用客户端证书设置，使用客户端浏览器访问该 Web 服务进行测试。

01. 打开"默认网站 属性"对话框中，切换到"目录安全性"选项卡，单击"安全通信"选项卡中的"编辑"按钮，弹出"安全通信"对话框，选择"要求安全通道（SSL）"选项，"客户端证书"选项选择"要求客户端证书"，如图 1-31 所示。

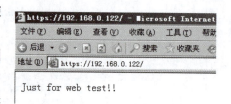

图 1-30　显示页面内容

02. 单击"确定"按钮，完成"安全通信"对话框的设置。打开 IE 浏览器，使用加密通道地址，查看网站，显示"该页要求客户证书"的提示信息，如图 1-32 所示。

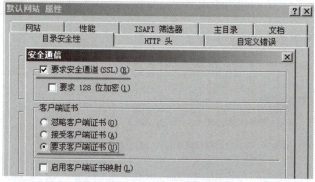

图 1-31　"安全通信"对话框

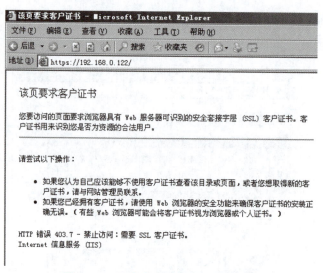

图 1-32　要求客户端证书的测试结果

➢ **步骤 7**：为 PC 客户端申请 CA 证书，并颁发该证书。

01. 在客户端的 PC 电脑中，打开浏览器，输入证书服务器地址 192.168.0.122/certsrv/，显示证书服务的相关信息内容，单击"申请一个证书"链接，如图 1-33 所示。

02. 显示证书申请页面，选择证书类型为 Web 浏览器证书并填写相关信息，如图 1-34 所示。

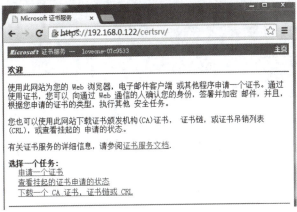

图1-33 单击"申请一个证书"链接

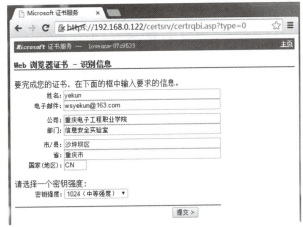

图1-34 填写证书申请相关信息

03. 完成证书申请信息的填写之后,单击"提交"按钮,保存并提交证书申请,显示证书申请的相关信息,如图1-35所示。

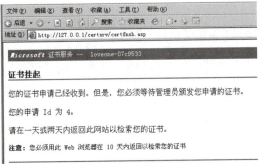

图1-35 显示证书申请信息

04. 在服务器端打开"证书颁发机构"对话框,在左侧选择"颁发的证书"选项,在对话框右侧可以看到ID为4的证书申请,颁发该证书,如图1-36所示。

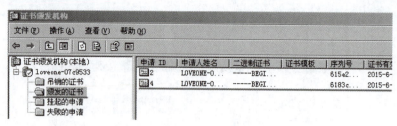

图 1－36　颁发 ID 为 4 的证书申请

> **步骤 8**：**在客户端 PC 机上安装 CA 证书，使用 PC 浏览器访问该 Web 服务器进行测试。**

01. 在客户端的 PC 电脑中，打开浏览器，浏览证书服务器，并单击"安装此 CA 证书"链接，如图 1－37 所示。

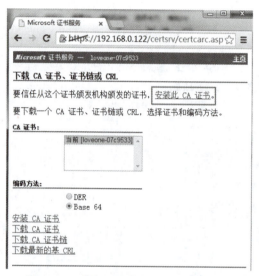

图 1－37　单击"安装此 CA 证书"链接

02. 证书安装成功后，在浏览器窗口中显示"证书已安装"的提示信息，如图 1－38 所示。

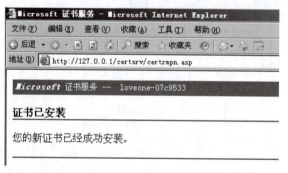

图 1－38　显示"证书已安装"提示信息

03. 再次开启 IIS 服务器证书，设置要求客户端证书。在浏览器地址栏中输入加密通道地址，进行测试，弹出"选择数字证书"对话框，如图 1－39 所示。

项目 1　信息安全等级保护定级与备案

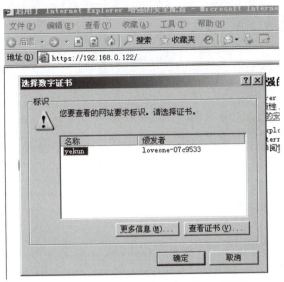

图 1-39　弹出"选择数字证书"对话框

04. 在弹出的"选择数字证书"对话框中选择相应的证书，单击"确定"按钮，即可访问该 Web 服务器页面，并显示页面内容，如图 1-40 所示。

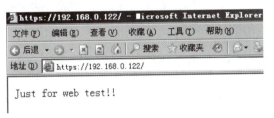

图 1-40　显示服务器页面内容

任务评价——理解信息安全等级保护

本任务主要介绍了信息安全等级保护的相关概念和信息安全等级保护的标准，并且还讲解了使用 IIS 安装 CA 证书的方法。为了帮助学生充分理解信息安全等级保护和使用 IIS 安装 CA 证书，评价标准如下。

①理解什么是信息安全等级保护；
②了解信息安全等级保护的相关标准；
③掌握使用 IIS 安装 CA 证书的方法。

任务测验

完成本任务的学习后，接下来通过几道课后测验，检验一下对本任务的学习效果，同时加深对所学知识的理解。

一、选择题

1. 信息安全等级保护一共分为（　　）。

A. 三级　　　　　B. 四级　　　　　C. 五级　　　　　D. 二级
2. 信息安全等级保护工作，由（　　）负责。
A. 司法部　　　　B. 公安部　　　　C. 监察部　　　　D. 检察院
3. 等级保护的规定动作是（　　）。
A. 系统建设、定级备案、等级测评、整改、监督检查
B. 系统建设、建设整改、等级测评、定级备案
C. 定级备案、系统建设、建设整改、等级测评
D. 定级、备案、等级测评、整改建设、监督检查

二、简答题
1. 简述信息安全等级保护的含义。
2. 思考企业应从哪几方面开展等级保护工作？
3. 以企业为例，思考等级保护工作的阶段内容。

任务1.2　使用 X–Scan 扫描主机并生成报告

系统扫描在风险评估环节中往往起着较大作用，快速、准确地分析系统安全问题。X–Scan 是国内最著名的综合扫描器之一，它完全免费，是不需要安装的绿色软件，界面支持中文和英文两种语言，包括图形界面和命令行方式。

任务目标——掌握使用 X–Scan 扫描系统漏洞的方法

通过本任务，可以初步学习如何使用 X–Scan 扫描系统漏洞，分析基础的漏洞问题，从而掌握信息安全风险评估的相关内容。

任务环境

主要设备：待扫描服务器、PC 机、X–Scan 扫描软件。

知识准备——关于信息安全风险评估

1. 什么是信息安全风险评估

信息安全风险评估是参照风险评估标准和管理规范，对信息系统的资产价值、潜在威胁、薄弱环节、已采取的防护措施等进行分析，判断安全事件发生的概率以及可能造成的损失，提出风险管理措施的过程。当风险评估应用于 IT 领域时，就是对信息安全的风险评估。

2. 为什么要进行信息安全风险评估

➢ 满足国家法律法规要求。
➢ 通过信息安全风险评估对信息系统的资产价值、潜在威胁、薄弱环节、已采取的防护措施等进行分析，可以判断安全事件发生的概率以及可能造成的损失，可降低信息化安全风险。
➢ 信息安全风险评估有助于增强用户对信息系统的安全信心。

➢ 信息安全风险评估促进信息化和系统的安全性。

提示：

　　风险评估的意义是全面、准确地了解组织机构的信息安全现状，发现系统的安全问题及其可能的危害，为系统最终安全需求的提出提供依据；准确了解组织的网络和系统安全现状，为信息化风险转移、科学监控、制订应急方案提供依据及参考。

3. 信息安全风险评估的内容

信息安全风险评估的内容如图 1-41 所示。

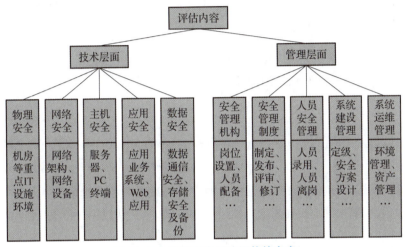

图 1-41　信息安全风险评估的内容

任务实施——使用 X-Scan 扫描主机系统漏洞

接下来，讲解如何对 X-Scan 软件的扫描参数进行设置，并且对服务器的系统漏洞进行扫描。

➢ **步骤 1：下载并运行 X-Scan 系统扫描软件。**

01. X-Scan 是一款完全免费的系统端口扫描软件，可以在互联网中查找并下载该软件，并且该软件不需要安装，直接就可以运行。下载完成解压后得到相应的文件，双击 xscan_gui.exe 文件，如图 1-42 所示。

图 1-42　双击 xscan_gui.exe 文件

02. 运行 X-Scan 软件，显示 X-Scan 软件界面，如图 1-43 所示。界面大体分为三个区域，顶部为菜单栏，菜单栏的下方为工具栏，工具栏的下方为信息显示窗口。如果下载的是英文版，可以执行"Language"菜单中相应的命令，将语言设置为中文。

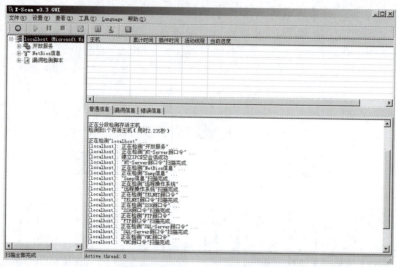

图 1-43　X-Scan 软件界面

> 步骤 2：设置"扫描参数"对话框中的"全局设置"相关选项

01. 执行"菜单"→"扫描参数"命令，或者单击工具栏中的"参数设置"图标，如图 1-44 所示。

02. 弹出"扫描参数"对话框，在左侧列表中选择"检测范围"选项，在右侧单击"示例"按钮，可以在弹出的对话框中查看示例说明，按照示例说明设置待扫描的 IP 范围，如图 1-45 所示。

图 1-44　单击"参数设置"图标

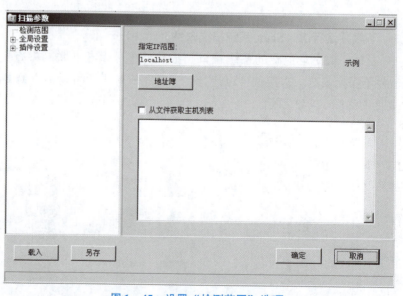

图 1-45　设置"检测范围"选项

03. 在"扫描参数"对话框的左侧展开"全局设置"选项,单击"扫描模块"选项,在对话框右侧可以选择需要扫描的模块,如图 1-46 所示。对于单台设备的扫描,可以选择全部模块,如果扫描某个范围里面的设备,可以按需勾选需要扫描的模块。

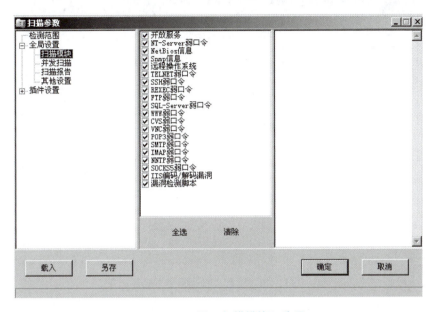

图 1-46 设置"扫描模块"选项

04. 在"扫描参数"对话框的左侧单击"全局设置"选项中的"并发扫描"选项,在对话框的右侧可以设置扫描的并发量,通常采用默认设置,如图 1-47 所示。如果机器性能好,带宽足够,可以适当增大并发量。

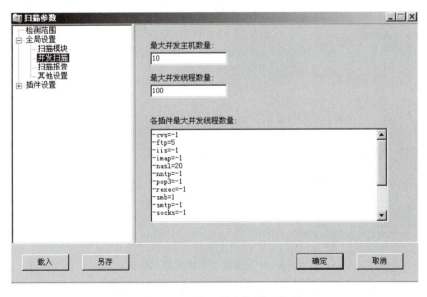

图 1-47 设置"并发扫描"选项

05. 在"扫描参数"对话框的左侧单击"全局设置"选项中的"扫描报告"选项,在对话框的右侧可以设置扫描报告的名称和生成的文件类型等,如图 1-48 所示。

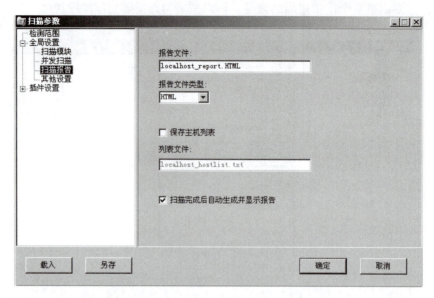

图 1-48　设置"扫描报告"选项

06. 在"扫描参数"对话框的左侧单击"全局设置"选项中的"其他设置"选项,在对话框的右侧可以设置对目标设备的检测机制等选项,如图 1-49 所示。如果是单个设备,建议选择"无条件扫描",因为测试发现 X-Scan 判断主机是否存活不是很准确。

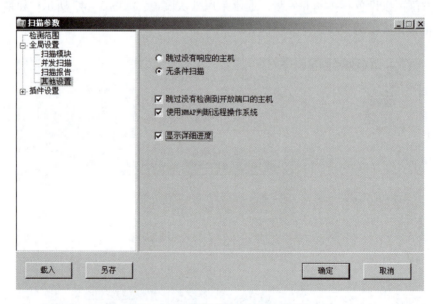

图 1-49　设置"其他设置"选项

➤ 步骤 3:设置"扫描参数"对话框中的"插件设置"相关选项。

01. 在"扫描参数"对话框的左侧展开"插件设置"选项,单击"端口相关设置"选项,在对话框右侧可以对需要检测的端口进行设置,如图1-50所示。

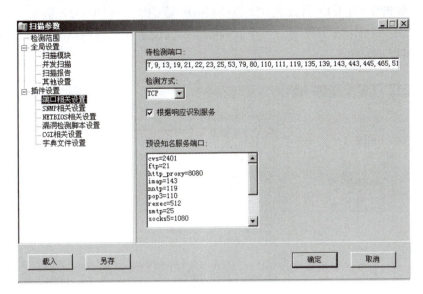

图1-50 设置"端口相关设置"选项

02."待检测端口"可以是任意端口的组合。"检测方式"使用TCP,能够提高X-Scan的准确性,但容易被对方的防火墙阻塞;"检测方式"使用SYN,则检测的准确性稍低,但不容易被对方的防火墙阻塞。根据响应识别服务,勾选"根据响应识别服务"复选框,X-Scan能够根据响应判断运行的服务,即使端口已被更改。"预设知名服务端口"选项,可以自定义某些端口为知名服务端口。

03. 在"扫描参数"对话框的左侧单击"插件设置"中的"SNMP相关设置"选项,在对话框的右侧可以设置SNMP协议检测项,建议全选,如图1-51所示。

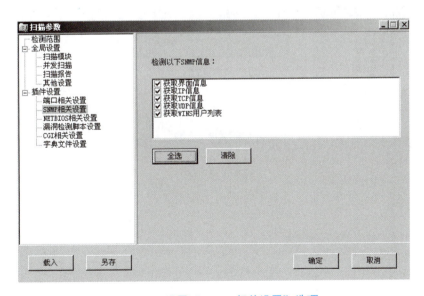

图1-51 设置"SNMP相关设置"选项

04. 在"扫描参数"对话框的左侧单击"插件设置"中的"NETBIOS 相关设置"选项,在对话框的右侧可以设置检测的 NETBIOS 信息,如图 1-52 所示。主要是针对 Windows 系统的 NETBIOS 的检测,当非 Windows 系统设备在进行测试时,NETBIOS 相关设置中的选项可以不勾选。

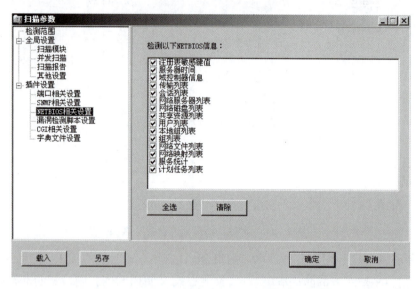

图 1-52 设置"NETBIOS 相关设置"选项

05. 在"扫描参数"对话框的左侧单击"插件设置"中的"漏洞检测脚本设置"选项,在对话框的右侧可以对漏洞检测脚本的相关选项进行设置,采用默认设置即可,如图 1-53 所示。

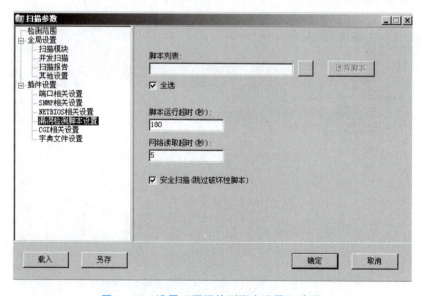

图 1-53 设置"漏洞检测脚本设置"选项

06. 在"扫描参数"对话框的左侧单击"插件设置"中的"CGI 相关设置"选项，在对话框的右侧可以设置 CGI（公用网关接口）的扫描策略，主要是针对 Web 服务器的扫描，通常采用默认设置即可，如图 1-54 所示。

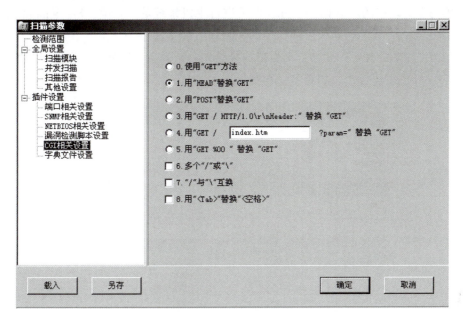

图 1-54　设置"CGI 相关设置"选项

07. 在"扫描参数"对话框左侧单击"插件设置"中的"字典文件设置"选项，在右侧可以设置扫描弱口令时用到的字典，可以编辑字典以自定义弱口令，如图 1-55 所示。

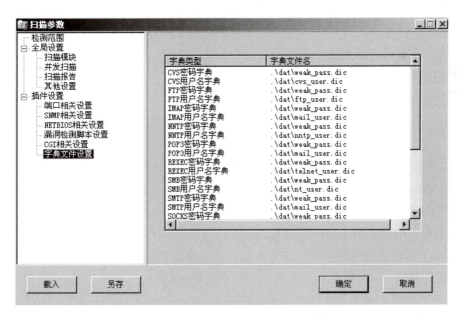

图 1-55　设置"字典文件设置"选项

> **步骤4：对主机系统端口进行扫描。**

01. 完成"扫描参数"对话框中各选项的设置之后，单击"确定"按钮，保存设置，并关闭该对话框。

02. 单击工具栏中的"开始"图标，即可进行主机系统端口扫描，X-Scan界面会显示详细的扫描状态，扫描的时间长短视扫描的深度和广度而定。

03. 扫描结束后，X-Scan会自动弹出扫描结果，结果会详细列出漏洞情况和解决建议，高危漏洞会以红色字体标出，如图1-56所示。

检测结果	
存活主机	1
漏洞数量	3
警告数量	1
提示数量	10

主机列表	
主机	检测结果
192.167.10.222	发现安全漏洞

主机分析：192.167.10.222		
主机地址	端口/服务	服务漏洞
192.167.10.222	MySql (3306/tcp)	发现安全提示
192.167.10.222	www (80/tcp)	发现安全提示
192.167.10.222	ssh (22/tcp)	发现安全漏洞
192.167.10.222	ftp (21/tcp)	发现安全漏洞

图1-56　主机系统扫描结果

任务评价——理解安全漏洞扫描

本任务主要介绍了有关信息安全风险评估的相关内容，并且还讲解了如何使用X-Scan软件进行系统漏洞扫描。为了帮助学生充分理解并掌握系统漏洞扫描的方法，评价标准如下。

①理解什么是信息安全风险评估。
②了解信息安全风险评估的主要内容有哪些。
③掌握使用X-Scan软件进行系统漏洞扫描的方法。

任务测验

完成本任务的学习后，接下来通过几道课后测验，检验一下对本任务的学习效果，同时加深对所学知识的理解。

一、选择题

1. 我国实行信息安全风险评估的意义是（　　）。

A. 准确了解组织的网络和系统安全现状，为信息化风险转移、科学监控、制订应急方案提供依据及参考

B. 按照要求遵守国家法律法规

C. 降低国家安全风险

D. 降低企业安全风险

2. 概述信息安全风险评估的主要层面是（　　）。
A. 物理安全层面、网络安全层面、管理安全层面
B. 技术层面、管理层面
C. 网络安全层面、系统安全层面
D. 以上所有层面

二、简答题
1. 什么是信息安全风险评估？
2. 掌握信息安全风险评估的主要层面。

项目总结

1994年发布的国务院第147号令《中华人民共和国计算机信息系统安全保护条例》第九条中，明确了"计算机信息系统实行安全等级保护，安全等级的划分标准和安全等级保护的具体办法由公安部会同有关部门制定"的具体制度、任务和职责分工，首次以国家行政法规形式确立了信息安全等级保护制度的法律地位。此后，又发布了多条有关信息安全等级保护的相关规定，并且等级保护从计算机信息系统安全保护的一项制度提升到国家信息安全保障一项基本制度。

完成本项目内容的学习，需要能够理解有关信息安全等级保护的相关概念，并且理解什么是信息安全风险评估和信息安全风险评估的主要内容等相关知识。能够自己动手实现CA证书的安装和系统漏洞的扫描与分析。

项目评价

在完成本项目学习任务后，可根据学习达成自我评价表进行综合能力评价，评价表总分110分（含附加分10分）。学习达成自我评价表积分方式：认为达成学习任务者，在□中打"√"；认为未能达成学习者，在□中打"×"。其中，完全达成，可按该项分值100%计算；基本达成，可按该项分值60%计算；未能达成，不计分值。项目1学习达成自我评价表如表1-2所示。

表1-2　项目1学习达成自我评价表

学习目标	学习内容	达成情况
职业道德（10分）	遵纪守法，爱岗敬业。 遵守规程，安全操作。 认真严谨，忠于职守。 精益求精，勇于创新。 诚实守信，服务社会。	完全达成□ 基本达成□ 未能达成□

续表

学习目标	学习内容	达成情况
知识目标（30分）	是否理解什么是信息安全等级保护； 是否理解信息安全等级保护的相关概念； 是否了解信息安全等级保护的相关标准； 是否理解什么是信息安全风险评估； 是否了解信息安全风险评估的主要内容有哪些。	完全达成□ 基本达成□ 未能达成□
技能目标（30分）	是否掌握使用IIS安装CA证书的方法； 是否掌握使用X-Scan软件进行系统漏洞扫描的方法。	完全达成□ 基本达成□ 未能达成□
素质目标与思政目标（20分）	是否具有较强的网络信息安全意识； 是否具有较强的集体意识和团队合作的能力； 是否了解信息安全等级保护的发展历程； 是否知晓信息安全等级保护的主管部门。	完全达成□ 基本达成□ 未能达成□
职业技能等级标准（10分）	初级： 是否了解信息安全等级保护的发展历程； 是否了解信息安全等级保护的相关概念； 是否了解信息安全等级保护的相关标准； 是否知晓信息安全风险评估的主要内容； 是否具有较强的集体意识和团队合作的能力。	完全达成□ 基本达成□ 未能达成□
（附加分） 学习过程 发现问题（5分）		
（附加分） 学习过程 解决问题（5分）		

本表仅供学习者对照学习任务进行自我评价，以便查漏补缺，强化职业岗位能力，以适应社会新需求。

项目 2
信息安全等级保护测评准备

项目介绍

信息安全风险评估作为信息安全保障工作的基础和重要环节，要贯穿于信息系统的规划、设计、实施、运行、维护以及废弃各个阶段，是信息安全工作落实的重要科学方法之一。

信息安全等级保护工作中也大量采用了风险评估的工作方法，在《信息安全等级保护测评报告》第 5 部分安全问题风险分析中就体现了风险评估的内容。安全问题风险评估是指依据信息安全标准规范，采用风险分析的方法进行危害分析和风险等级判定，即，开展等级保护测评结果分析时，要将风险评估作为安全问题分析的一部分。

本项目围绕信息安全等级保护测评准备的相关内容进行讲解，设置信息安全等级测评基本概念、信息安全等级测评准备活动的内容两个学习任务，主要介绍了信息安全等级保护测评的基本概念、方法以及信息安全等级测评准备活动的内容和成果，为同学们深入参与信息安全等级测评实践打下基础。

学习目标

1. 知识目标

通过本项目的学习，应达到如下知识目标：
(1) 了解信息安全等级测评的标准；
(2) 理解信息安全等级测试的相关术语和定义；
(3) 了解信息安全等级测试过程；
(4) 了解信息安全等级测评准备活动工作流程；
(5) 理解信息安全等级测评准备活动主要任务；
(6) 了解信息安全等级测评准备活动输出文档和双方职责。

2. 技能目标

通过本项目的学习，应达到如下技能目标：
(1) 具备信息安全等级测评风险规避的能力；
(2) 具备进行信息安全等级测评的能力；
(3) 具备进行信息安全等级测评准备活动的能力。

3. 素质目标

通过本项目的学习，应达到如下素质目标：
(1) 具有良好的科技文献信息检索能力；
(2) 具有良好的技术文档阅读能力。

4. 思政目标

通过本项目的学习，应达到如下思政目标：

（1）了解信息安全等级保护的相关法律法规；

（2）树立强烈的法律意识。

学习导图

本项目讲解信息安全等级保护测评准备的相关知识内容，主要包括信息安全等级测评基本概念和信息安全等级测评准备活动2个任务7个知识点。项目学习路径与学习内容参见学习导图（图2-1）。

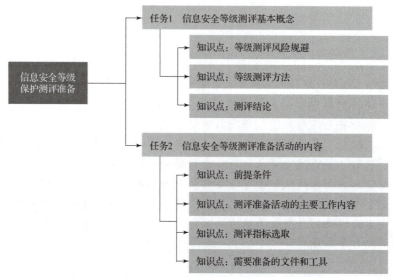

图2-1 项目2 学习导图

本项目学习内容与网络安全评估职业技能等级标准内容的对应关系如表2-1所示。

表2-1 本项目与职业技能等级标准内容对应关系

网络安全评估职业技能等级标准			信息安全等级保护测评准备	
工作任务	职业技能要求	等级	知识点	技能点
理解进行信息安全等级保护测评准备的相关知识	①能了解信息安全常识； ②能了解信息安全等级保护标准体系； ③能了解信息安全等级保护测评方法； ④了解信息安全等级保护的相关法律法规	初级	①了解信息安全等级测评的标准； ②理解信息安全等级测试的相关术语和定义； ③了解信息安全等级测试过程； ④了解信息安全等级测评准备活动工作流程； ⑤理解信息安全等级测评准备活动主要任务； ⑥了解信息安全等级测评准备活动输出文档和双方职责	①具备信息安全等级测评风险规避的能力； ②具备进行信息安全等级测评的能力； ③具备进行信息安全等级测评准备活动的能力

任务 2.1 信息安全等级测评基本概念

信息安全等级保护测评（简称"等级测评"）是指测评机构依据国家信息安全等级保护制度规定，按照有关管理规范和技术标准，对非涉及国家秘密信息系统安全等级保护状况进行检测评估的活动。

任务目标——掌握信息安全等级测评基本概念

通过对本任务的学习，学生可以了解信息安全等级测评基本概念。

任务环境

主要设备：无。

知识准备——了解信息安全等级测评基本概念

1. 信息安全等级测评标准

信息安全等级测评将依据以下标准开展工作：
GB/T 17859—1999《计算机信息系统安全保护等级划分准则》
GB/T 22239—2019《信息安全技术 网络安全等级保护基本要求》
GB/T 25069《信息安全技术 术语》
GB/T 28448—2019《信息安全技术 网络安全等级保护测评要求》
GB/T 28449—2018《信息安全技术 网络安全等级保护测评过程指南》
GB/T 25070—2019《信息安全技术 网络安全等级保护安全设计技术要求》
GB/T 31167—2014《信息安全技术 云计算服务安全指南》
GB/T 31168—2014《信息安全技术 云计算服务安全能力要求》
GB/T 32919—2016《信息安全技术 工业控制系统安全控制应用指南》

2. 术语和定义

（1）评估（Evaluate）
对测评对象可能存在的威胁及其可能产生的后果进行综合评价和预测的过程。

（2）测评对象（Target of Testing and Evaluation）
等级测评过程中不同测评方法作用的对象，主要涉及相关配套制度文档、设备设施及人员等。

（3）等级测评（Testing and Evaluation for Classified Cybersecurity Protection）
测评机构依据国家信息安全等级保护制度规定，按照有关管理规范和技术标准，对非涉及国家秘密的信息安全等级保护状况进行检测评估的活动。

（4）云服务商（Cloud Service Provider）
云计算服务的供应方。

(5) 云服务客户 (Cloud Service Customer)

使用云计算服务同云服务商建立业务关系的参与方。

(6) 虚拟机监视器 (Hypervisor)

运行在基础物理服务器和操作系统之间的中间软件层，可允许多个操作系统和应用共享硬件。

(7) 宿主机 (Host Machine)

运行虚拟机监视器的物理服务器。

3. 信息安全等级测评过程概述

信息安全等级测评过程包括4个基本测评活动：测评准备活动、方案编制活动、现场测评活动、报告编制活动。而测评相关方之间的沟通与洽谈应贯穿整个等级测评过程。每一测评活动有一组确定的工作任务。具体如表2-2所示。

表2-2 信息安全等级测评过程

测评活动	主要工作任务
测评准备活动	◇ 工作启动 ◇ 信息收集和分析 ◇ 工具和表单准备
方案编制活动	◇ 测评对象确定 ◇ 测评指标确定 ◇ 测评内容确定 ◇ 工具测试方法确定 ◇ 测评指导书开发 ◇ 测评方案编制
现场测评活动	◇ 现场测评准备 ◇ 现场测评和结果记录 ◇ 结果确认和资料归还
报告编制活动	◇ 单项测评结果判定 ◇ 单元测评结果判定 ◇ 整体测评 ◇ 系统安全保障评估 ◇ 安全问题风险分析 ◇ 等级测评结论形成 ◇ 测评报告编制

4. 等级测评风险

(1) 影响系统正常运行的风险

在现场测评时，需要对设备和系统进行一定的验证测试工作，部分测试内容需要上机验证并查看一些信息，这就可能对系统运行造成一定的影响，甚至存在误操作的可能。

此外，使用测试工具进行漏洞扫描测试、性能测试及渗透测试等，可能会对网络和系统的负载造成一定的影响，渗透性攻击测试还可能影响到服务器和系统正常运行，例如出现重启、服务中断、渗透过程中植入的代码未完全清理等现象。

（2）敏感信息泄露风险

测评人员有意或无意泄露被测系统状态信息，如网络拓扑、IP 地址、业务流程、业务数据、安全机制、安全隐患和有关文档信息等。

（3）木马植入风险

测评人员在渗透测试完成后，有意或无意将渗透测试过程中用到的测试工具未清理或清理不彻底，或者测试电脑中带有木马程序，带来在被测评系统中植入木马的风险。

5. 等级测评方法

等级测评实施的基本方法是针对特定的测评对象，采用相关的测评手段，遵从一定的测评规程，获取需要的证据数据，给出是否达到特定级别安全保护能力的评判。

在测评中，针对每一个要求项的测评就构成单项测评，针对某个要求项的所有具体测评内容构成测评实施。单项测评中的每一个具体测评实施要求项（以下简称"测评要求项"）是与安全控制点下面所包括的要求项（测评指标）相对应的。在对每一要求项进行测评时，可能用到访谈、核查和测试三种测评方法，也可能用到其中一种或两种。

根据调研结果，分析等级保护对象的业务流程和数据流，确定测评工作的范围。结合等级保护对象的安全级别，综合分析系统中各个设备和组件的功能与特性，从等级保护对象构成组件的重要性、安全性、共享性、全面性和恰当性等几方面属性确定技术层面的测评对象，并将与其相关的人员及管理文档确定为管理层面的测评对象。测评对象可以根据类别加以描述，包括机房、业务应用软件、主机操作系统、数据库管理系统、网络互联设备、安全设备、访谈人员及安全管理文档等。

等级测评活动中涉及测评力度，包括测评广度（覆盖面）和测评深度（强弱度）。安全保护等级较高的测评实施应选择覆盖面更广的测评对象和更强的测评手段，可以获得可信度更高的测评证据。

6. 单项测评和整体测评

等级测评包括单项测评和整体测评。

单项测评是针对各安全要求项的测评，支持测评结果的可重复性和可再现性。本标准中单项测评由测评指标、测评对象、测评实施和单元判定结果构成。针对每个测评单元进行的编号，请参见 GB/T 28448—2019《信息安全技术 网络安全等级保护测评要求》的附录 C。

整体测评是在单项测评基础上，对等级保护对象整体安全保护能力的判断。整体安全保护能力从纵深防护和措施互补两个角度评判。

等级保护对象整体测评应从安全控制点、安全控制点间和区域间等方面进行测评和综合安全分析，从而给出等级测评结论。

整体测评包括安全控制点测评、安全控制点间测评和区域间测评。

安全控制点测评是指对单个控制点中所有要求项的符合程度进行分析和判定。

安全控制点间安全测评是指对同一区域同一类内的两个或者两个以上不同安全控制点间的关联进行测评分析，其目的是确定这些关联对等级保护对象整体安全保护能力的影响。

区域间安全测评是指对互连互通的不同区域之间的关联进行测评分析，其目的是确定这些关联对等级保护对象整体安全保护能力的影响。

任务实施——信息安全等级测评基本概念

1. 等级测评风险规避

在等级测评过程中，可以通过采取以下措施规避风险：

（1）签署委托测评协议

在测评工作正式开始之前，测评方和被测评单位需要以委托协议的方式明确测评工作的目标、范围、人员组成、计划安排、执行步骤和要求以及双方的责任和义务等，使得测评双方对测评过程中的基本问题达成共识。

（2）签署保密协议

测评相关方应签署合乎法律规范的保密协议，以约束测评相关方现在及将来的行为。保密协议规定了测评相关方保密方面的权利与义务。测评过程中获取的相关系统数据信息及测评工作的成果属被测评单位所有，测评方对其的引用与公开应得到相关单位的授权，否则，相关单位将按照保密协议的要求追究测评单位的法律责任。

（3）现场测评工作风险的规避

现场测评之前，测评机构应与相关单位签署现场测评授权书，要求相关方对系统及数据进行备份，并对可能出现的事件制订应急处理方案。

进行验证测试和工具测试时，避开业务高峰期，在系统资源处于空闲状态时进行，或配置与生产环境一致的模拟/仿真环境，在模拟/仿真环境下开展漏洞扫描等测试工作；上机验证测试由测评人员提出需要验证的内容，系统运营、使用单位的技术人员进行实际操作。整个现场测评过程要求系统运营、使用单位全程监督。

（4）测评现场还原

测评工作完成后，测评人员应将测评过程中获取的所有特权交回，把测评过程中借阅的相关资料文档归还，并将测评环境恢复至测评前状态。

2. 等级测评方法

（1）访谈（Interview）

测评人员通过引导等级保护对象相关人员进行有目的的（有针对性的）交流，以帮助测评人员理解、澄清或取得证据的过程。

（2）核查（Examine）

测评人员通过对测评对象（如制度文档、各类设备及相关安全配置等）进行观察、查验和分析，以帮助测评人员理解、澄清或取得证据的过程。

（3）测试（Test）

测评人员使用预定的方法/工具使测评对象（各类设备或安全配置）产生特定的结果，将运行结果与预期的结果进行比对的过程。

等级测评活动中涉及测评力度,包括测评广度(覆盖面)和测评深度(强弱度)。安全保护等级较高的测评实施应选择覆盖面更广的测评对象和更强的测评手段,可以获得可信度更高的测评证据。

测评的广度和深度落实到访谈、核查和测试三种不同的测评方法上,能体现出测评实施过程中访谈、核查和测试的投入程度的不同。

如表2-3所示,从测评对象数量和种类以及测评深度等方面详细分析了不同测评方法的测评力度在不同级别的等级保护对象安全测评中的具体体现。

表2-3 不同级别的等级保护对象的测评力度要求

测评力度	测评方法	第一级	第二级	第三级	第四级
广度	访谈	测评对象在种类和数量上抽样,种类和数量都较少	测评对象在种类和数量上抽样,种类和数量都较多	测评对象在数量上抽样,在种类上基本覆盖	测评对象在数量上抽样,在种类上全部覆盖
	核查				
	测试				
深度	访谈	简要	充分	较全面	全面核查
	核查				
	测试	功能测试	功能测试	功能测试和测试验证	功能测试和测试验证

每个级别测评要求都包括安全测评通用要求、云计算安全测评扩展要求、移动互联安全测评扩展要求、物联网安全测评扩展要求和工业控制系统安全测评扩展要求等5个部分。

3. 测评结论

等级测评报告应给出等级保护对象的等级测评结论,确认等级保护对象达到相应等级保护要求的程度。

应结合各类的测评结论和对单项测评结果的风险分析给出等级测评结论:

①符合:定级对象中未发现安全问题,等级测评结果中所有测评项的单项测评结果中部分符合和不符合项的统计结果全为0,综合得分为100分。

②基本符合:定级对象中存在安全问题,部分符合和不符合项的统计结果不全为0,但存在的安全问题不会导致定级对象面临高等级安全风险,且综合得分不低于阈值。

③不符合:定级对象中存在安全问题,部分符合项和不符合项的统计结果不全为0,而且存在的安全问题会导致定级对象面临高等级安全风险,或中低风险所占比例超过阈值。

任务评价——理解信息安全等级测评的相关概念

本任务介绍了信息安全等级测评基本概念的相关知识,以及信息安全等级测评的基本方法、测评结论的内容等。为了帮助学生充分理解信息安全等级测评基本概念,评价标准如下。

①了解信息安全等级测评标准;

②了解信息安全等级测评内容；
③了解信息安全等级测评的方法。

任务测验

完成本任务的学习后，接下来通过几道课后测验，检验一下对本任务的学习效果，同时，加深对所学知识的理解。

一、选择题

1. 信息安全等级测评依据的标准有（　　）。
   A. GB/T 22239—2019《信息安全技术 网络安全等级保护基本要求》
   B. GB/T 28448—2019《信息安全技术 网络安全等级保护测评要求》
   C. GB/T 28449—2018《信息安全技术 网络安全等级保护测评过程指南》
   D. 以上都是
2. 信息安全等级测评过程包含的基本测评活动有（　　）。
   A. 评估准备、风险分析、风险要素识别与风险处置
   B. 评估准备、风险要素识别、风险分析与风险处置
   C. 测评准备、方案编制、现场测评和分析与报告编制
   D. 测评准备、现场测评、方案编制和分析与报告编制

二、简答题

1. 简单描述信息安全等级测评中单项测评与整体测评。
2. 简单描述信息安全等级测评的方法。

任务2.2　信息安全等级测评准备活动

等级测评是合规性评判活动，基本依据不是个人或者测评机构的经验，而是信息安全等级保护的国家有关标准，无论是测评指标来源，还是测评方法的选择、测评内容的确定以及结果判定等活动，均应依据国家相关的标准进行，按照特定方法对信息系统的安全保护能力进行科学公正的综合评判过程。

任务目标——掌握信息安全等级测评准备活动的内容和成果

通过对本任务的学习，学生可以掌握信息安全等级测评准备活动的工作内容和成果。

任务环境

主要设备：无。

知识准备——了解信息安全等级测评准备活动的内容和成果

1. 测评准备活动工作流程

测评准备活动的目标是顺利启动测评项目，收集定级对象相关资料，准备测评所需资

料，为编制测评方案打下良好的基础。

测评准备活动包括工作启动、信息收集和分析、工具和表单准备 3 项主要任务。这 3 项任务的基本工作流程如图 2-2 所示。

图 2-2　测评准备活动的基本工作流程

2. 测评准备活动主要任务

（1）工作启动

在工作启动任务中，测评机构组建等级测评项目组，获取测评委托单位及定级对象的基本情况，从基本资料、人员、计划安排等方面为整个等级测评项目的实施做好充分准备。

输入：委托测评协议书。

任务描述：

①根据测评双方签订的委托测评协议书和系统规模，测评机构组建测评项目组，从人员方面做好准备，并编制项目计划书。

②测评机构要求测评委托单位提供基本资料，为全面初步了解被测定级对象准备资料。

输出/产品：项目计划书。

（2）信息收集和分析

测评机构通过查阅被测定级对象已有资料或使用系统调查表格的方式，了解整个系统的构成和保护情况以及责任部门相关情况，为编写测评方案、开展现场测评和安全评估工作奠定基础。

输入：项目计划书，系统调查表格，被测定级对象相关资料。

任务描述：

①测评机构收集等级测评需要的相关资料，包括测评委托单位的管理架构、技术体系、运行情况、建设方案、建设过程中相关测试文档等。云计算平台、物联网、移动互联、工业控制系统的补充收集内容参见附录 D。

②测评机构将系统调查表格提交给测评委托单位，督促被测定级对象相关人员准确填写调查表格。

③测评机构收回填写完成的调查表格，并分析调查结果，了解和熟悉被测定级对象的实际情况。这些信息可以参考自查报告或上次等级测评报告结果。

④如果调查表格信息填写存在不准确、不完善或有相互矛盾的地方，测评机构应与填表人进行沟通和确认，必要时安排一次现场调查，与相关人员进行面对面的沟通和确认，确保系统信息调查的准确性和完整性。

输出/产品：填好的调查表格，各种与被测定级对象相关的技术资料。

（3）工具和表单准备

测评项目组成员在进行现场测评之前，应熟悉被测定级对象、调试测评工具、准备各种表单等。

输入：填好的调查表格，各种与被测定级对象相关的技术资料。

任务描述：

①测评人员调试本次测评过程中将用到的测评工具，包括漏洞扫描工具、渗透性测试工具、性能测试工具和协议分析工具等。

②测评人员在测评环境模拟被测定级对象架构，为开发相关的网络及主机设备等测评对象测评指导书做好准备，并进行必要的工具验证。

③准备和打印表单，主要包括风险告知书、文档交接单、会议记录表单、会议签到表单等。

输出/产品：选用的测评工具清单，打印的各类表单。

3. 测评准备活动输出文档

测评准备活动的输出文档及其内容如表2-4所示。

表2-4 测评准备活动的输出文档及其内容

任务	输出文档	文档内容
工作启动	项目计划书	项目概述、工作依据、技术思路、工作内容和项目组织等
信息收集和分析	填好的调查表格，各种与被测定级对象相关的技术资料	被测定级对象的安全保护等级、业务情况、数据情况、网络情况、软硬件情况、管理模式和相关部门及角色等
工具和表单准备	选用的测评工具清单 打印的各类表单：风险告知书、文档交接单、会议记录表单、会议签到表单	风险告知、交接的文档名称、会议记录、会议签到表

任务实施——信息安全等级测评准备活动的内容

1. 前提条件

在开展信息安全等级测评工作前，测评单位需要与被测系统单位签署测评合同或者委托测评协议书，内容包含被测系统及级别、测评时间等内容。

2. 测评准备活动的主要工作内容

测评准备活动的主要工作内容有：

①成立测评项目团队；

②确定测评依据和方法；

③进行被测系统调研；

④制订测评方案；

⑤获得最高管理者对测评工作的支持。

3. 测评指标选取

根据被测系统的等级选取测评指标，主要根据被测系统信息安全等级（S）、系统服务安全等级（A）、综合安全等级（G）选取各系统测评指标。

4. 需要准备的文件和工具

①调查问卷；

②访谈记录模板；

③资产调查表；

④漏洞扫描工具、渗透性测试工具、性能测试工具和协议分析工具等软硬件工具；

⑤测评项目计划书；

⑥应急预案；

⑦保密协议；

⑧工具测试授权书。

任务评价——理解信息安全等级测评准备活动的内容和成果

本任务主要介绍了信息安全等级测评准备活动的内容和成果，为了帮助学生充分理解信息安全等级测评准备活动的内容和成果，评价标准如下。

①了解信息安全等级测评准备活动的工作流程；

②了解信息安全等级测评准备活动的主要内容和成果。

任务测验

完成本任务的学习后，接下来通过几道课后测验，检验一下对本任务的学习效果，同时，加深对所学知识的理解。

一、选择题

1. 以下不属于信息安全测评准备活动所包含的任务的是（ ）。

A. 工作启动　　　B. 信息搜集和分析　　　C. 工具和表单准备　　　D. 测评报告

2. 信息安全风险评估的评估准备阶段的主要工作内容是（ ）。

A. 对评估实施有效性的保证

B. 对评估活动中的各类关键要素资产、威胁、脆弱性、安全措施进行识别与赋值

C. 对识别阶段中获得的各类信息进行关联分析，并计算风险值

D. 对评估出的风险提出相应的处置建议

二、简答题

1. 测评准备活动中的重要工作内容有哪些？
2. 测评准备活动需要准备的文件和工具有哪些？

项目总结

《中华人民共和国网络安全法》于 2017 年 6 月 1 日开始实施，明确了国家实行信息安全等级保护制度。

完成本项目内容的学习，使得学生能够了解信息安全等级测评的基本概念和内容、信息

安全等级测评准备活动的内容和成果，为学生深入学习信息安全等级测评知识和参加信息安全等级测评实践打下基础。

项目评价

在完成本项目学习任务后，可根据学习达成自我评价表进行综合能力评价，评价表总分110分（含附加分10分）。学习达成自我评价表积分方式：认为达成学习任务者，在□中打"√"；认为未能达成学习者，在□中打"×"。其中，完全达成，可按该项分值100%计算；基本达成，可按该项分值60%计算；未能达成，不计分值。项目2学习达成自我评价表如表2-5所示。

表2-5 项目2学习达成自我评价表

学习目标	学习内容	达成情况
职业道德（10分）	遵纪守法，爱岗敬业。 遵守规程，安全操作。 认真严谨，忠于职守。 精益求精，勇于创新。 诚实守信，服务社会。	完全达成□ 基本达成□ 未能达成□
知识目标（30分）	是否了解信息安全等级测评的标准； 是否理解信息安全等级测试的相关术语和定义； 是否了解信息安全等级测试过程； 是否了解信息安全等级测评准备活动工作流程； 是否理解信息安全等级测评准备活动主要任务； 是否了解信息安全等级测评准备活动输出文档和双方职责。	完全达成□ 基本达成□ 未能达成□
技能目标（30分）	是否具备信息安全等级测评风险规避的能力； 是否具备进行信息安全等级测评的能力； 是否具备进行信息安全等级测评准备活动的能力。	完全达成□ 基本达成□ 未能达成□
素质目标与思政目标（20分）	是否具有良好的科技文献信息检索能力； 是否具有良好的技术文档阅读的能力； 是否了解信息安全等级保护的相关法律法规； 是否树立强烈的法律意识。	完全达成□ 基本达成□ 未能达成□
职业技能等级标准（10分）	初级： 是否了解信息安全常识； 是否了解信息安全等级保护标准体系 是否了解信息安全等级保护测评方法； 是否了解信息安全等级保护的相关法律法规。	完全达成□ 基本达成□ 未能达成□

续表

学习目标	学习内容	达成情况
(附加分) 学习过程 发现问题（5分）		
(附加分) 学习过程 解决问题（5分）		

本表仅供学习者对照学习任务进行自我评价，以便查漏补缺，强化职业岗位能力，以适应社会新需求。

项目 3
信息安全等级保护测评方案编制

项目介绍

在信息安全等级测评工作中,测评准备活动结束后,将进入方案编制活动阶段。方案编制活动是开展等级测评工作的关键活动,为现场测评提供最基本的文档和指导方案。方案编制活动的主要任务是确定与被测信息系统相适应的测评对象、测评指标及测评内容等,并根据需要重用或开发测评指导书,形成测评方案。

本项目围绕信息安全等级保护测评方案编制的相关内容进行讲解,设置方案编制活动工作流程、方案编制活动的输出文档及各方责任两个学习任务,主要介绍信息安全等级保护测评方案编制活动的流程、主要任务和工作方法、输出文档及各方责任。

学习目标

1. 知识目标

通过本项目的学习,应达到如下知识目标:
(1) 理解方案编制活动的工作流程;
(2) 了解方案编制活动的工作内容和方法;
(3) 理解方案编制活动的输出文档和内容;
(4) 了解方案编制活动的各方责任。

2. 技能目标

通过本项目的学习,应达到如下技能目标:
(1) 掌握方案编制活动工作流程的主要任务;
(2) 掌握方案编制活动工作流程的工作方法;
(3) 掌握方案编制活动输出文档的内容。

3. 素质目标

通过本项目的学习,应达到如下素质目标:
(1) 具有良好的工作流程控制能力;
(2) 具有良好的理论知识理解能力。

4. 思政目标

通过本项目的学习,应达到如下思政目标:

(1) 理解信息安全等级保护的重大意义；

(2) 树立信息安全意识。

学习导图

本项目讲解信息安全等级保护测评方案编制的相关知识内容，主要包括信息安全等级测评方案编制工作流程、方案编制活动的输出文档及各方责任 2 个任务 8 个知识点。项目学习路径与学习内容参见学习导图（图 3-1）。

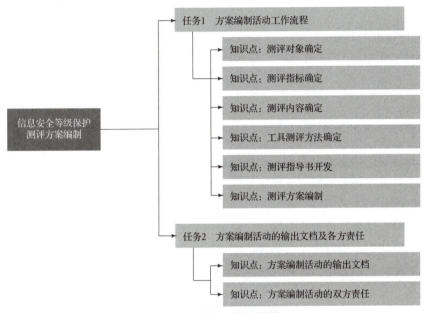

图 3-1　项目 3 学习导图

本项目学习内容与网络安全评估职业技能等级标准内容的对应关系如表 3-1 所示。

表 3-1　本项目与职业技能等级标准内容对应关系

网络安全评估职业技能等级标准			信息安全等级保护测评方案编制	
工作任务	职业技能要求	等级	知识点	技能点
了解信息安全等级保护测评方案编制活动的工作流程与输出文档	①了解信息安全等级保护测评方案编制的工作流程； ②了解信息安全等级保护测评方案最终的输出文档； ③了解信息安全等级保护体系建设方案； ④了解信息安全常识	初级	①理解方案编制活动的工作流程； ②了解方案编制活动工作内容和方法； ③理解方案编制活动输出文档和内容； ④了解方案编制活动的各方责任	①掌握方案编制活动工作流程的主要任务； ②掌握方案编制活动工作流程的工作方法； ③掌握方案编制活动输出文档的内容

任务 3.1　方案编制活动工作流程

信息安全等级保护测评方案编制是开展等级测评工作的关键活动，方案编制活动的目标是整理测评准备活动中获取的定级对象相关资料，为现场测评提供基本的文档和指导方案。

任务目标——掌握方案编制活动工作流程

通过对本任务的学习，学生理解方案编制活动工作流程及其相关知识，并且掌握方案编制活动的工作内容和方法。

任务环境

无。

知识准备——理解方案编制活动工作流程

方案编制活动包括测评对象确定、测评指标确定、测评内容确定、工具测试方法确定、测评指导书开发及测评方案编制6项主要任务。

1. 测评对象确定

根据系统调查结果，分析整个被测定级对象业务流程、数据流程、范围、特点及各个设备及组件的主要功能，确定出本次测评的测评对象。

输入：填好的调查表格，各种与被测定级对象相关的技术资料。

任务描述：

①根据调查表格获得的被测定级对象基本情况，识别出被测定级对象的整体结构并加以描述。

②根据填好的调查表格，识别出被测定级对象边界及边界设备并加以描述。

③根据业务类型及其重要程度将定级对象划分为不同的区域。根据区域划分情况描述每个区域内的主要业务应用、业务流程、区域边界以及它们之间的连接情况等。

④识别并描述被测定级对象的主要设备，并说明各个设备主要承载的业务、软件安装情况以及各个设备之间的主要连接情况等。

⑤结合被测定级对象的安全级别和重要程度，综合分析系统中各个设备和组件的功能、特点，从被测定级对象构成组件的重要性、安全性、共享性、全面性和恰当性等几方面属性确定出技术层面的测评对象，并将与被测定级对象相关的人员及管理文档确定为测评对象。

⑥根据类别描述测评对象，包括机房、业务应用软件、主机操作系统、数据库管理系统、网络互联设备、安全设备、访谈人员及安全管理文档等。

输出/产品：测评方案的测评对象部分。

2. 测评指标确定

根据被测定级对象定级结果确定出本次测评的基本测评指标，根据测评委托单位及被测定级对象业务自身需求确定出本次测评的特殊测评指标。

输入：填好的调查表格，GB/T 22239、行业规范、业务需求文档。

任务描述：

①根据被测定级对象的定级结果，包括业务信息安全保护等级和系统服务安全保护等级，得出被测定级对象的系统服务保证类（A类）基本安全要求、业务信息安全类（S类）基本安全要求以及通用安全保护类（G类）基本安全要求的组合情况。

②根据被测定级对象的A类、S类及G类基本安全要求的组合情况，从信息安全技术、信息安全等级保护基本要求各部分标准、行业规范中选择相应等级的基本安全要求作为基本测评指标。

③根据被测定级对象实际情况，确定不适用测评指标。

④根据测评委托单位及被测定级对象业务自身需求，确定特殊测评指标。

⑤对确定的基本测评指标和特殊测评指标进行描述，并分析给出指标不适用的原因。

输出/产品：测评方案的测评指标部分。

3. 测评内容确定

本部分确定现场测评的具体实施内容，即单项测评内容。

输入：填好的系统调查表格，测评方案的测评对象部分，测评方案的测评指标部分。

任务描述：

依据GB/T 22239，将前面已经得到的测评指标和测评对象结合起来，将测评指标映射到各测评对象上，然后结合测评对象的特点，说明各测评对象所采取的测评方法。如此构成一个个可以具体实施测评的单项测评内容。测评内容是测评人员开发测评指导书的基础。

输出/产品：测评方案的测评实施部分。

4. 工具测评方法确定

在等级测评中，需要使用测试工具进行测试，测试工具可能用到漏洞扫描器、渗透测试工具集、协议分析仪等。

输入：测评方案的测评实施部分，GB/T 22239，选用的测评工具清单。

任务描述：

①确定工具测试环境，根据被测系统的实时性要求，可选择生产环境或与生产环境各项安全配置相同的备份环境、生产验证环境或测试环境作为工具测试环境。

②确定需要进行测试的测评对象。

③选择测试路径。一般来说，测试工具的接入采取从外到内，从其他网络到本地网络的逐步逐点接入，即，测试工具从被测定级对象边界外接入、在被测定级对象内部与测评对象不同区域网络及同一网络区域内接入等几种方式。

④根据测试路径，确定测试工具的接入点。

输出/产品：测评方案的工具测试方法及内容部分。

5. 测评指导书开发

测评指导书是具体指导测评人员如何进行测评活动的文档，是现场测评的工具、方法和操作步骤等的详细描述。因此，测评指导书应当尽可能详尽、充分。

输入：测评方案的单项测评实施部分、工具测试内容及方法部分。

任务描述：

①描述单个测评对象，包括测评对象的名称、位置信息、用途、管理人员等信息。

②根据 GB/T 28448 的单项测评实施确定测评活动，包括测评项、测评方法、操作步骤和预期结果等四部分。

根据测评指导书，形成测评结果记录表格。

输出/产品：测评指导书，测评结果记录表格。

6. 测评方案编制

测评方案是等级测评工作实施的基础，指导等级测评工作的现场实施活动。测评方案应包括但不局限于以下内容：项目概述、测评对象、测评指标、测评内容、测评方法等。

输入：委托测评协议书，填好的调研表格，各种与被测定级对象相关的技术资料，选用的测评工具清单，GB/T 22239 或行业规范中相应等级的基本要求，测评方案的测评对象、测评指标、单项测评实施部分、工具测试方法及内容部分等。

任务描述：

①根据委托测评协议书和填好的调研表格，提取项目来源、测评委托单位整体信息化建设情况及被测定级对象与单位其他系统之间的连接情况等。

②根据等级保护过程中的等级测评实施要求，将测评活动所依据的标准罗列出来。

③参阅委托测评协议书和被测定级对象情况，估算现场测评工作量。工作量根据测评对象的数量和工具测试的接入点及测试内容等情况进行估算。

④根据测评项目组成员安排，编制工作安排情况。

⑤根据以往测评经验以及被测定级对象规模，编制具体测评计划，包括现场工作人员的分工和时间安排。

⑥汇总上述内容及方案编制活动的其他任务获取的内容形成测评方案文稿。

⑦评审和提交测评方案。测评方案初稿应通过测评项目组全体成员评审，修改完成后形成提交稿。然后，测评机构将测评方案提交给测评委托单位签字认可。

⑧根据测评方案制订风险规避实施方案。

输出/产品：经过评审和确认的测评方案文本，风险规避实施方案文本。

任务实施——掌握方案编制活动工作流程的主要任务和工作方法

1. 测评对象确定准则和样例

（1）测评对象确定准则

测评对象是等级测评的直接工作对象，也是在被测定级对象中实现特定测评指标所对应的安全功能的具体系统组件，因此，选择测评对象是编制测评方案的必要步骤，也是整个测评工作的重要环节。恰当选择测评对象的种类和数量是整个等级测评工作能够获取足够证据、了解到被测定级对象的真实安全保护状况的重要保证。

在确定测评对象时，需遵循如图 3-2 所示的原则。

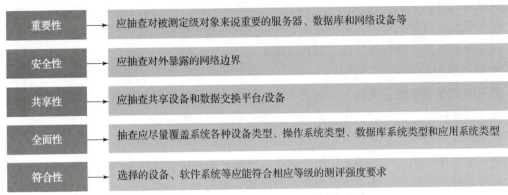

图 3-2 确定测评对象时需要遵循的原则

（2）测评对象确定步骤

在确定测试对象时，可参考以下步骤：

①对系统构成组件进行分类，如可在粗粒度上分为客户端（主要考虑操作系统）、服务器（包括操作系统、数据库管理系统、应用平台和业务应用软件系统）、网络互联设备、安全设备、安全相关人员和安全管理文档，也可以在上述分类基础上继续细化。

②对于每一类系统构成组件，应依据调研结果进行重要性分析，选择对被测定级对象而言重要程度高的服务器操作系统、数据库系统、网络互联设备、安全设备、安全相关人员以及安全管理文档等。

③对步骤②获得的选择结果，分别进行安全性、共享性和全面性分析，进一步完善测评对象集合。

④依据被测评定级对象的安全保护等级对应的测评力度进行恰当性分析，综合衡量测评投入和结果产出，恰当地确定测评对象的种类和数量。

（3）测评对象确定样例

- 第一级定级对象

第一级定级对象的等级测评，测评对象的种类和数量比较少，重点抽查关键的设备、设施、人员和文档等。抽查的测评对象种类主要考虑以下几个方面：

➢ 主机房（包括其环境、设备和设施等），如果某一辅机房中放置了服务于整个定级对象或对定级对象的安全性起决定作用的设备、设施，那么也应该作为测评对象；

➢ 整个系统的网络拓扑结构；

➢ 安全设备，包括防火墙、入侵检测设备、防病毒网关等；

➢ 边界网络设备（可能会包含安全设备），包括路由器、防火墙和认证网关等；

➢ 对整个定级对象的安全性起决定作用的网络互联设备，如核心交换机、路由器等；

➢ 承载最能够代表被测定级对象使命的业务或数据的核心服务器（包括其操作系统和数据库）；

➢ 最能够代表被测定级对象使命的重要业务应用系统；

➢ 信息安全主管人员；

➢ 涉及定级对象安全的主要管理制度和记录，包括进出机房的登记记录、定级对象相关设计验收文档等。

在本级定级对象测评时,定级对象中配置相同的安全设备、边界网络设备、网络互联设备以及服务器应至少抽查一台作为测评对象。

- 第二级定级对象

第二级定级对象的等级测评,测评对象的种类和数量都较多,重点抽查重要的设备、设施、人员和文档等。抽查的测评对象种类主要考虑以下几个方面:

➢ 主机房(包括其环境、设备和设施等),如果某一辅机房中放置了服务于整个定级对象或对定级对象的安全性起决定作用的设备、设施,那么也应该作为测评对象;

➢ 存储被测定级对象重要数据的介质的存放环境;

➢ 整个系统的网络拓扑结构;

➢ 安全设备,包括防火墙、入侵检测设备、防病毒网关等;

➢ 边界网络设备(可能会包含安全设备),包括路由器、防火墙和认证网关等;

➢ 对整个定级对象或其局部的安全性起决定作用的网络互联设备,如核心交换机、汇聚层交换机、核心路由器等;

➢ 承载被测定级对象核心或重要业务、数据的服务器(包括其操作系统和数据库);

➢ 重要管理终端;

➢ 能够代表被测定级对象主要使命的业务应用系统;

➢ 信息安全主管人员、各方面的负责人员;

➢ 涉及定级对象安全的所有管理制度和记录。

在本级定级对象测评时,定级对象中配置相同的安全设备、边界网络设备、网络互联设备以及服务器应至少抽查两台作为测评对象。

- 第三级定级对象

第三级定级对象的等级测评,测评对象种类上基本覆盖、数量进行抽样,重点抽查主要的设备、设施、人员和文档等。抽查的测评对象种类主要考虑以下几个方面:

➢ 主机房(包括其环境、设备和设施等)和部分辅机房,应将放置了服务于定级对象的局部(包括整体)或对定级对象的局部(包括整体)安全性起重要作用的设备、设施的辅机房选取作为测评对象;

➢ 存储被测定级对象重要数据的介质的存放环境;

➢ 办公场地;

➢ 整个系统的网络拓扑结构;

➢ 安全设备,包括防火墙、入侵检测设备和防病毒网关等;

➢ 边界网络设备(可能会包含安全设备),包括路由器、防火墙、认证网关和边界接入设备(如楼层交换机)等;

➢ 对整个定级对象或其局部的安全性起作用的网络互联设备,如核心交换机、汇聚层交换机、路由器等;

➢ 承载被测定级对象主要业务或数据的服务器(包括其操作系统和数据库);

➢ 管理终端和主要业务应用系统终端;

- 能够完成被测定级对象不同业务使命的业务应用系统；
- 业务备份系统；
- 信息安全主管人员、各方面的负责人员、具体负责安全管理的当事人、业务负责人；
- 涉及定级对象安全的所有管理制度和记录。

在本级定级对象测评时，定级对象中配置相同的安全设备、边界网络设备、网络互联设备、服务器、终端以及备份设备，每类应至少抽查两台作为测评对象。

- 第四级定级对象

第四级定级对象的等级测评，测评对象种类上完全覆盖、数量进行抽样，重点抽查不同种类的设备、设施、人员和文档等。抽查的测评对象种类主要考虑以下几个方面：
- 主机房和全部辅机房（包括其环境、设备和设施等）；
- 介质的存放环境；
- 办公场地；
- 整个系统的网络拓扑结构；
- 安全设备，包括防火墙、入侵检测设备和防病毒网关等；
- 边界网络设备（可能会包含安全设备），包括路由器、防火墙、认证网关和边界接入设备（如楼层交换机）等；
- 主要网络互联设备，包括核心和汇聚层交换机；
- 主要服务器（包括其操作系统和数据库）；
- 管理终端和主要业务应用系统终端；
- 全部应用系统；
- 业务备份系统；
- 信息安全主管人员、各方面的负责人员、具体负责安全管理的当事人、业务负责人；
- 涉及定级对象安全的所有管理制度和记录。

在本级定级对象测评时，定级对象中配置相同的安全设备、边界网络设备、网络互联设备、服务器、终端以及备份设备，每类应至少抽查三台作为测评对象。

2. 等级测评现场测评方式及工作任务

测评人员根据测评指导书实施现场测评时，一般包括访谈、检查和测试3种测评方式。

（1）访谈

输入：现场测评工作计划，测评指导书，技术和管理安全测评的测评结果记录表格。

任务描述：

测评人员与被测定级对象有关人员（个人/群体）进行交流、讨论等活动，获取相关证据，了解有关信息。在访谈范围上，不同等级定级对象在测评时有不同的要求，一般应基本覆盖所有的安全相关人员类型，在数量上抽样。具体可参照《信息安全技术 网络安全等级保护测评》要求各部分标准中的各级要求。

输出/产品：技术和管理安全测评的测评结果记录。

（2）检查

检查可细分为文档审查、实地察看和配置检查等几种具体方法。

- 文档审查

输入：现场测评工作计划，安全策略，安全方针文件，安全管理制度，安全管理的执行过程文档，系统设计方案，网络设备的技术资料，系统和产品的实际配置说明，系统的各种运行记录文档，机房建设相关资料，机房出入记录等过程记录文档，测评指导书，管理安全测评的测评结果记录表格。

任务描述：

①检查 GB/T 22239 中规定的制度、策略、操作规程等文档是否齐备。

②检查是否有完整的制度执行情况记录，如机房出入登记记录、电子记录、高等级系统的关键设备的使用登记记录等。

③检查安全策略以及技术相关文档是否明确说明相关技术要求实现方式。

④对上述文档进行审核与分析，检查它们的完整性和这些文件之间的内部一致性。

输出/产品：技术和管理安全测评的测评结果记录。

- 实地察看

输入：测评指导书，技术安全和管理安全测评结果记录表格。

任务描述：

根据被测定级对象的实际情况，测评人员到系统运行现场通过实地观察人员行为、技术设施和物理环境状况来判断人员的安全意识、业务操作、管理程序和系统物理环境等方面的安全情况，测评其是否符合相应等级的安全要求。

输出/产品：技术安全和管理安全测评结果记录。

- 配置检查

输入：测评指导书，技术安全测评结果记录表格。

任务描述：

①根据测评结果记录表格内容，利用上机验证的方式检查应用系统、主机系统、数据库系统以及各设备的配置是否正确，是否与文档、相关设备和部件保持一致，对文档审核的内容进行核实（包括日志审计等）。

②如果系统在输入无效命令时不能完成其功能，应测试其是否对无效命令进行错误处理。

③针对网络连接，应对连接规则进行验证。

输出/产品：技术安全测评结果记录。

（3）测试

输入：现场测评工作计划，测评指导书，技术安全测评结果记录表格。

任务描述：

①根据测评指导书，利用技术工具对系统进行测试，包括基于网络探测和基于主机审计的漏洞扫描、渗透性测试、功能测试、性能测试、入侵检测和协议分析等。

②备份测试结果。

输出/产品：技术安全测评结果记录，测试完成后的电子输出记录，备份的测试结果文件。

3. 新技术新应用等级测评实施补充

1）云计算等级测评实施补充

（1）测评准备活动

• 信息收集和分析

针对云计算平台的等级测评，测评机构收集的相关资料还应包括云计算平台运营机构的管理架构、技术实现机制及架构、运行情况、云计算平台的定级情况、云计算平台的等级测评结果等。

针对云租户系统的等级测评，测评机构收集的相关资料还应包括云计算平台运营机构与租户的关系、定级对象的相关情况等。

在云租户系统的等级测评中，测评委托单位为云租户，云租户应督促被测定级对象相关人员及云计算平台运营机构相关人员准确填写调查表格。

• 测评准备活动中双方职责

作为云租户的测评委托单位，职责还应包括：负责与云服务商沟通和协调，为测评人员的信息收集工作提供协助。

（2）现场测评活动

• 现场测评活动中双方职责

作为云租户的测评委托单位，职责还应包括：协助测评机构获得云计算平台现场测评授权、负责协调云服务商配合测评或提供云计算平台等级测评报告等。

（3）测评对象确定样例

在确定测评对象的基础上，四个级别的测评对象确定均还需考虑以下几个方面：

➢ 虚拟设备，包括虚拟机、虚拟网络设备、虚拟安全设备等；

➢ 云操作系统、云业务管理平台、虚拟机监视器；

➢ 云租户网络控制器；

➢ 云应用开发平台等。

2）物联网等级测评实施补充

（1）测评准备活动

• 信息收集和分析

测评机构收集等级测评需要的相关资料还应包括各类感知层设备的检测情况、感知层设备部署情况、感知层物理环境、感知层通信协议等。

（2）方案编制活动

• 工具测试方法确定

工具测试还应增加感知层渗透测试。即，应基于感知层应用场景，针对各类感知层设备（如智能卡、RFID 标签、读写器等）开展旁路攻击、置乱攻击、嵌入式软件安全等方面的测试。

（3）测评对象确定样例

在确定测评对象的基础上，四个级别的测评对象确定均还需考虑以下几个方面：

➢ 感知节点工作环境（包括感知节点和网关等感知层节点工作环境）；

➢ 边界网络设备、认证网关、感知层网关等；
➢ 对整个定级对象的安全性起决定作用的网络互联设备、感知层网关等。

3）移动互联等级测评实施补充

（1）测评准备活动

- 信息收集和分析

测评机构收集等级测评需要的相关资料还应包括各类无线接入设备部署情况、移动终端使用情况、移动应用程序、移动通信协议等。

（2）方案编制活动

- 工具测试方法确定

工具测试还应增加移动终端安全测试，即，应包括对移动应用程序的逆向分析测试。

（3）测评对象确定样例

在确定测评对象的基础上，四个级别的测评对象确定均还需考虑以下几个方面：

➢ 无线接入设备工作环境；
➢ 移动终端、移动应用软件、移动终端管理系统；
➢ 对整个定级对象的安全性起决定作用的网络互联设备、无线接入设备；
➢ 无线接入网关等。

4）工业控制系统等级测评实施补充

（1）工业控制系统等级测评整体要求

- 完整性原则

现代工业控制系统是一个复杂的信息物理融合系统，除了传统的 IT 系统对象外，其特有的控制设备（如 PLC、操作员工作站、DCS 控制器等）也需要仔细保护，因为它们直接负责控制过程。所以，要求测评时注意测评对象选取的完整性。

- 最小影响原则

工业控制系统要求响应必须是实时的，较长延迟或大幅波动的响应都是不允许的，并且工业控制系统对于可用性的严格要求也不允许重新启动之类的响应。需要从项目管理和技术应用的层面，考虑测评对目标系统的正常运行可能产生的不利影响，将风险降到最低，保证目标系统业务正常运行。

（2）测评准备活动

- 信息收集和分析

注意收集特有的信息，如工控设备类型、系统架构、逻辑层次结构、工艺流程、功能安全需求、业务安全保护等级、通信协议、安全组织架构、历史安全事件等。

（3）方案编制活动

- 工具测试方法确定

测试的前提是不影响生产及系统的可用性，并通过持续的测试来发现问题，测试点的选择需要考虑针对重点工艺、重要流程的监控。

- 测评对象确定

➢ 识别并描述被测系统的逻辑分层。

项目3 信息安全等级保护测评方案编制

一般工业控制系统都会根据生产业务将系统划分为不同的逻辑层次。对于没有进行逻辑层次划分的系统，应首先根据被测系统实际情况进行层次划分并加以描述。描述内容主要包括逻辑层次划分、每个层次内的主要工艺流程、安全功能、层次的边界以及层次之间的连接情况等。

➢ 描述测评对象。

对上述描述内容进行整理，确定测评对象并加以描述。描述测评对象，一般以被测系统的网络拓扑结构为基础，采用总分式的描述方法，先说明整体架构，然后描述系统设计目标，最后介绍被测系统的逻辑层次组成、工艺流程、安全功能及重要资产等。

（4）测评对象确定样例

在确定测评对象的基础上，四个级别的测评对象确定均还需考虑以下几个方面：

➢ 现场设备工作环境；

➢ 工程师站、操作员站、OPC 服务器、实时数据库服务器和控制器嵌入式软件等；

➢ 对整个定级对象的安全性起决定作用的网络互联设备、无线接入设备等。

5）IPv6 系统等级测评实施补充

● 测评对象确定样例

在确定测评对象的基础上，四个级别的测评对象确定均还需考虑以下几个方面：

➢ IPv4/IPv6 转换设备或隧道端设备等；

➢ 对整个定级对象的安全性起决定作用的双栈设备等；

➢ 承载被测定级对象主要业务或数据的双栈服务器等。

任务评价——掌握方案编制活动工作流程

本任务主要介绍了方案编制活动工作流程及其工作内容。为了帮助学生充分理解本任务所讲解的内容，评价标准如下。

①理解方案编制活动的工作流程；

②了解方案编制活动的工作内容和方法。

任务测验

完成本任务的学习后，接下来通过几道课后测验，检验一下对本任务的学习效果，同时加深对所学知识的理解。

一、选择题

1. 在测评对象确定中，根据系统调查结果，分析整个被测定级对象（　　）、数据流程、范围、特点及各个设备及组件的主要功能，确定出本次测评的测评对象。

A. 业务处理　　　B. 业务流程　　　C. 分析流程　　　D. 处理流程

2. 在测评指标确定中，根据被测定级对象定级结果确定出本次测评的基本测评指标，根据测评委托单位及被测定级对象业务自身需求确定出本次测评的（　　）。

A. 基本测评指标　　　　　　　　B. 特殊测评指标

C. 普通测评指标　　　　　　　　D. 常用测评指标

二、简答题

1. 简述方案编制活动工作流程的主要任务。
2. 等级测评现场测评包含几种测评方式？分别进行简单介绍。

任务 3.2 方案编制活动的输出文档及各方责任

信息安全等级保护测评方案编制活动的主要任务是确定与被测信息系统相适应的测评对象、测评指标及测评内容等，并根据需要重用或开发测评指导书，形成测评方案。

任务目标——掌握方案编制活动的输出文档及各方责任

通过对本任务的学习，学生理解方案编制活动的输出文档及各方责任，并且掌握方案编制活动的输出文档的内容。

任务环境

无。

知识准备——理解方案编制活动的输出文档及各方责任

1. 方案编制活动的输出文档

方案编制活动的输出文档如表 3-2 所示。

表 3-2 方案编制活动的输出文档

任务	输出文档
测评对象确定	测评方案的测评对象部分
测评指标确定	测评方案的测评指标部分
测评内容确定	测评方案的单项测评实施部分
工具测试方法确定	测评方案的工具测试方法及内容部分
测评指导书开发	测评指导书、测评结果记录表格
测评方案编制	经过评审和确认的测评方案文本 风险规避实施方案文本

2. 方案编制活动的双方责任

（1）测评机构职责

①详细分析被测定级对象的整体结构、边界、网络区域、设备部署情况等。

②初步判断被测定级对象的安全薄弱点。

③分析确定测评对象、测评指标，确定测评内容和工具测试方法。

④编制测评方案文本,并对其进行内部评审。
⑤制订风险规避实施方案。

(2) 测评委托单位职责

①为测评机构完成测评方案提供有关信息和资料。
②评审和确认测评方案文本。
③评审和确认测评机构提供的风险规避实施方案。
④若确定不在生产环境开展测评,则部署配置与生产环境各项安全配置相同的备份环境、生产验证环境或测试环境作为测试环境。

任务实施——掌握方案编制活动的输出文档的内容

在方案编制活动中,输出文档的内容具体如下。

1. 测评对象确定

测评对象确定部分的文档内容,包含在测评方案中的测评对象部分,具体内容包括被测定级对象的整体结构、边界、网络区域、重要节点、测评对象等。

2. 测评指标确定

测评指标确定部分的文档内容,包含在测评方案中的测评指标部分,具体内容包括被测定级对象定级结果、测评指标等。

3. 测评内容确定

测评内容确定部分的文档内容,包含在测评方案中的单项测评实施部分,具体内容包括单项测评实施内容。

4. 工具测试方法确定

工具测试方法确定部分的文档内容,包含在测评方案中的工具测试方法及内容部分,具体内容包括工具测试接入点及测试方法。

5. 测评指导书开发

测评指导书开发的文档内容,包括测评指导书编制、测评结果记录表格等,具体内容包括各测评对象的测评内容及方法及测评结果记录表格表头等。

6. 测评方案编制

测评方案编制的文档内容,包括测评方案编制、经过评审和确认的测评方案文本、风险规避实施方案文本等,具体内容包括项目概述、测评对象、测评指标、测试工具接入点、单项测评实施内容、风险规避措施等。

任务评价——掌握方案编制活动的输出文档及各方责任

本任务主要介绍了方案编制活动工作流程及其工作内容。为了帮助学生充分理解本任务所讲解的内容,评价标准如下。

①理解方案编制活动的输出文档和内容;
②了解方案编制活动的各方责任。

任务测验

完成本任务的学习后,接下来通过几道课后测验,检验一下对本任务的学习效果,同时加深对所学知识的理解。

一、选择题

1. 在测评指导书开发中,测评指导书是具体指导测评人员如何进行(　　)的文档,是现场测评的工具、方法和操作步骤等的详细描述,是保证测评活动规范的根本。因此,测评指导书应当尽可能详尽、充分。

　A. 访谈活动　　　　　　　　　　B. 检查活动
　C. 测评活动　　　　　　　　　　D. 测试活动

2. 在测评方案编制中,测评方案是等级测评工作实施的基础,指导等级测评工作的现场实施活动。测评方案应包括但不局限于以下内容:(　　)、测评对象、测评指标、测评内容、测评方法等。

　A. 项目概述　　　　　　　　　　B. 物理安全
　C. 项目建设　　　　　　　　　　D. 测评工具

二、简答题

1. 简述方案编制活动的输出文档及其内容。
2. 简述方案编制活动的各方责任。

项目总结

信息安全等级保护是党中央、国务院决定在网络信息安全领域实施的基本国策,是贯彻落实《中华人民共和国网络安全法》的重要举措。信息安全等级保护是国家信息安全保障工作的基本制度,是实现国家对重要网络、信息系统、数据资源实施重点保护的重大措施,是维护国家关键信息基础设施的重要手段。

完成本项目内容的学习,需要能够理解信息安全等级保护测评方案编制活动的流程、主要任务和工作方法、输出文档及各方责任。

项目评价

在完成本项目学习任务后,可根据学习达成自我评价表进行综合能力评价,评价表总分110分(含附加分10分)。学习达成自我评价表积分方式:认为达成学习任务者,在□中打"√";认为未能达成学习者,在□中打"×"。其中,完全达成,可按该项分值100%计算;基本达成,可按该项分值60%计算;未能达成,不计分值。项目3学习达成自我评价表如表3-3所示。

表3-3 项目3学习达成自我评价表

学习目标	学习内容	达成情况
职业道德（10分）	遵纪守法，爱岗敬业。 遵守规程，安全操作。 认真严谨，忠于职守。 精益求精，勇于创新。 诚实守信，服务社会。	完全达成☐ 基本达成☐ 未能达成☐
知识目标（30分）	是否理解方案编制活动的工作流程； 是否了解方案编制活动的工作内容和方法； 是否理解方案编制活动的输出文档和内容； 是否了解方案编制活动的各方责任。	完全达成☐ 基本达成☐ 未能达成☐
技能目标（30分）	是否掌握方案编制活动工作流程的主要任务； 是否掌握方案编制活动工作流程的工作方法； 是否掌握方案编制活动输出文档的内容。	完全达成☐ 基本达成☐ 未能达成☐
素质目标与 思政目标（20分）	是否具有良好的工作流程控制能力； 是否具有良好的理论知识理解能力； 是否理解信息安全等级保护的重大意义； 是否树立信息安全意识。	完全达成☐ 基本达成☐ 未能达成☐
职业技能 等级标准（10分）	初级： 是否了解信息安全等级保护测评方案编制的工作流程； 是否了解信息安全等级保护测评方案最终的输出文档； 是否了解信息安全等级保护体系建设方案； 是否了解信息安全常识。	完全达成☐ 基本达成☐ 未能达成☐
（附加分） 学习过程 发现问题（5分）		
（附加分） 学习过程 解决问题（5分）		

本表仅供学习者对照学习任务进行自我评价，以便查漏补缺，强化职业岗位能力，以适应社会新需求。

项目 4

信息安全等级保护现场测评
——机房环境测评

项目介绍

物理安全即保障等级保护对象中设备的物理安全,包括防止设备被破坏、被盗用,保障物理环境的条件,确保设备正常运行,减少技术保障等,是所有安全的基础。通常等级保护对象的设备均集中存放在机房中,通过物理辅助设施(如门禁、空调等)保障它们的安全。

本项目围绕机房环境测评的相关内容进行讲解,设置风险评估之物理安全测评指导、信息安全管理工具之磁盘加密、信息安全管理工具之云盘备份或同步数据 3 个学习任务,主要介绍物理安全测评中各个安全控制点的具体要求和测试方法,并且介绍对磁盘进行加密处理和对数据进行备份的操作方法。

学习目标

1. 知识目标

通过本项目的学习,应达到如下知识目标:
(1) 能够准确说出物理环境安全的各个安全控制点;
(2) 了解各个控制点所涉及的设施和设备;
(3) 理解什么是磁盘加密;
(4) 理解数据备份的重要性。

2. 技能目标

通过本项目的学习,应达到如下技能目标:
(1) 掌握物理环境安全的测评方法;
(2) 掌握使用"BitLocker 驱动器加密"功能对磁盘进行加密操作的方法;
(3) 理解并掌握恢复密钥的使用方法;
(4) 掌握使用网络云盘进行数据备份的方法。

3. 素质目标

通过本项目的学习,应达到如下素质目标:
(1) 具有良好的机房环境观察能力;
(2) 具有良好的软件下载安装能力。

项目 4　信息安全等级保护现场测评——机房环境测评

4. 思政目标

通过本项目的学习，应达到如下思政目标：

（1）认识到信息安全面临的复杂、严峻形势；

（2）认识到国家对网络信息安全的重视程度。

学习导图

本项目讲解信息安全等级保护现场测评——机房环境测评的相关知识内容，主要包括风险评估之物理安全测评指导、信息安全管理工具之磁盘加密、信息安全管理工具之云盘备份或同步数据 3 个任务 12 个知识点。项目学习路径与学习内容参见学习导图（图 4-1）。

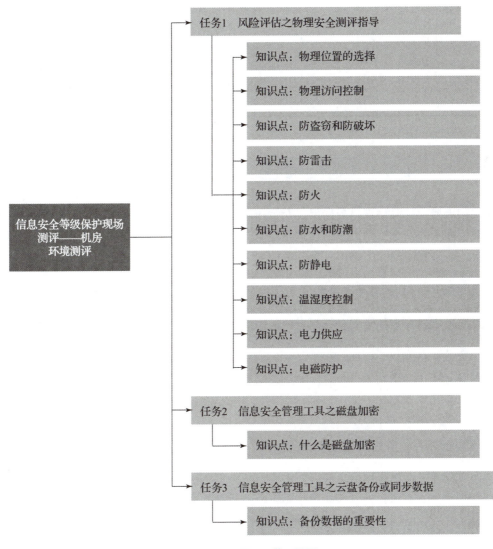

图 4-1　项目 4 学习导图

本项目学习内容与网络安全评估职业技能等级标准内容的对应关系如表4-1所示。

表4-1 本项目与职业技能等级标准内容对应关系

网络安全评估职业技能等级标准			信息安全等级保护现场测评——机房环境测评	
工作任务	职业技能要求	等级	知识点	技能点
理解机房环境测评的内容和方法	①能够了解现场测评活动的主要任务； ②能够理解现场测评活动的物理安全控制点； ③能够掌握磁盘加密的方法； ④能够掌握数据备份的方法	初级	①准确说出物理环境安全的各个安全控制点； ②了解各个控制点所涉及的设施和设备； ③理解什么是磁盘加密； ④理解数据备份的重要性	①掌握物理环境安全的测评方法； ②掌握使用"BitLocker驱动器加密"功能对磁盘进行加密操作方法； ③理解并掌握恢复密钥的使用方法； ④掌握使用网络云盘进行数据备份的方法

任务4.1 风险评估之物理安全测评指导

安全物理环境针对物理机房提出了安全控制要求，主要对象为物理环境、物理设备和物理设施等；涉及的安全控制点包括物理位置的选择、物理访问控制、防盗窃和防破坏、防雷击、防火、防水和防潮、防静电、温湿度控制、电力供应和电磁防护。

任务目标——掌握物理安全测评方法

通过学习物理安全各个安全控制点的具体要求，以及各个控制点所涉及的设施设备，掌握物理安全各控制点的测试方法。

任务环境

主要设备：学校机房物理环境。

知识准备——了解物理安全控制点

本任务将列出在风险评估过程中，需要对物理安全进行哪些检测项，该如何去检查物理安全是否达到风险评估要求。下面对学校机房的物理环境进行安全测评。

1. 物理位置的选择

按照表4-2所示测评项进行测评。

表4-2 物理位置选择的测评

测评项	测评实施	预期结果
1. 机房场地应选择在具有防震、防风和防雨等能力的建筑内	（1）应核查所在建筑物是否具有建筑物抗震设防审批文档； （2）应核查机房是否不存在雨水渗漏现象； （3）应核查门窗是否不存在因风导致的尘土严重现象； （4）应核查屋顶、墙体、门窗和地面等是否存在破损开裂现象	（1）具有建筑物抗震设防审批文档。 （2）机房具有防风、防雨能力
2. 机房场地应避免设在建筑物的高层或地下室，否则，应加强防水和防潮措施	（1）应检查机房场地是否避免在建筑物的高层或地下室，以及用水设备的下层或隔壁。 （2）如果否，则核查机房是否采取了防水和防潮措施	（1）机房场地不在用水区域的垂直下方。 （2）如果否，是否采取了必要的防水防潮措施

2. 物理访问控制

按照表4-3所示测评项进行测评。

表4-3 物理访问控制的测评

测评项	测评实施	预期结果
1. 机房出入口应配置电子门禁系统，控制、鉴别和记录进入的人员	（1）应核查出入口是否配置电子门禁系统； （2）应核查电子门禁系统是否可以鉴别、记录进入的人员信息	（1）机房所有开放的出入口均配置电子门禁系统，能够识别进出人员身份。 （2）电子门禁系统可以记录进入人员信息
2. 重要区域应配置第二道电子门禁系统，控制、鉴别和记录进入的人员（四级要求）	（1）应核查重要区域出入口是否配置第二道电子门禁系统； （2）应核查电子门禁系统是否可以鉴别、记录进入的人员信息	（1）重要区域配置第二道电子门禁系统。 （2）电子门禁系统有验收文档或产品安全认证资质。 （3）通过电子门禁系统记录能够鉴别和记录进入人员的身份

3. 防盗窃和防破坏

按照表4-4所示测评项进行测评。

表 4-4 防盗窃和防破坏的测评

测评项	测评实施	预期结果
1. 应将设备或主要部件进行固定，并设置明显的不易除去的标记	（1）应核查机房内设备或主要部件是否固定； （2）应核查机房内设备或主要部件上是否设置了明显且不易除去的标识	（1）主要设备或设备的主要部件已固定在机架上。 （2）主要设备或设备的主要部件上设置明显的不易除去的标记
2. 应将通信线缆铺设在隐蔽安全处	应检查通信线缆是否铺设在隐蔽处（如铺设在地下或管道中等）	通信线缆铺设在不易被发现的地方
3. 应设置机房防盗报警系统或设置有专人值守的视频监控系统	（1）应核查机房内是否配置防盗警系统或专人值守的视频监控系统； （2）应核查防盗报警系统或视频监控系统是否启用	（1）机房安装防盗报警设施或专人值守视频监控系统。 （2）防盗报警设施和视频监控系统正常运行。 （3）具有机房防盗报警设施安全资质材料、安装测试和验收报告。 （4）具有防盗报警设施的运行记录、定期检查和维护记录

4. 防雷击

按照表 4-5 所示测评项进行测评。

表 4-5 防雷击的测评

测评项	测评实施	预期结果
1. 应将各类机柜、设施和设备等通过接地系统安全接地	应核查机房内机柜、设施和设备等是否进行接地处理	机房内机柜、设施和设备等已进行接地处理
2. 应采取措施防止感应雷，例如设置防雷保安器或过压保护装置等	（1）应核查机房内是否设置防感应雷措施。 （2）应核查防雷装置是否通过验收或国家有关部门的技术检测	（1）机房内设置了防感应雷措施。 （2）相关措施已通过验收或有关部门技术检测

5. 防火

按照表 4-6 所示测评项进行测评。

表 4-6 防火的测评

测评项	测评实施	预期结果
1. 机房应设置火灾自动消防系统，能够自动检测火情、自动报警，并自动灭火	（1）应核查机房内是否设置火灾自动消防系统； （2）应核查火灾自动消防系统是否可以自动检测火情、自动报警并自动灭火	（1）机房设置了自动检测火情、自动报警、自动灭火的自动消防系统。 （2）自动消防系统是经消防检测部门检测合格的产品。 （3）消防产品有效期合格。 （4）自动消防系统处于正常运行状态。 （5）具有运行记录、定期检查和维护记录
2. 机房及相关的工作房间和辅助房间应采用具有耐火等级的建筑材料	应检查机房设计/验收文档，查看是否说明机房及相关的工作房间和辅助房间的建筑材料具有相应的耐火等级	（1）具有机房设计或验收文档。 （2）验收文档中描述机房及相关的工作房间和辅助房间采用具有耐火等级的建筑材料
3. 应对机房划分区域进行管理，区域和区域之间设置隔离防火措施	（1）应访谈机房管理员是否进行了区域划分。 （2）应核查各域间是否采取了防火措施进行隔离	机房重要区域与其他区域之间采取隔离防火措施

6. 防水和防潮

按照表 4-7 所示测评项进行测评。

表 4-7 防水和防潮的测评

测评项	测评实施	预期结果
1. 应采取措施防止雨水通过机房窗户、屋顶和墙壁渗透	（1）应核查窗户、屋顶和墙壁是否采取了防雨水渗透的措施，如机房是否具有对外开放的窗户，如果有窗户，是否采取必要的防雨措施。屋顶和墙壁等是否不存在漏水、渗透和返潮现象，机房及其环境是否不存在明显的漏水和返潮的威胁	（1）穿过机房墙壁或楼板的给水排水管道采取防渗漏和防结露等防水保护措施。 （2）机房的窗户、屋顶和墙壁等未出现过漏水、渗透和返潮现象。 （3）机房的窗户、屋顶和墙壁进行过防水防渗处理

续表

测评项	测评实施	预期结果
2. 应采取措施防止机房内水蒸气结露和地下积水的转移与渗透	（1）应核查机房内是否采取了防止水蒸气结露的措施。 （2）应核查机房内是否采取了排泄地下积水，防止地下积水渗透的措施	（1）具有机房内空调机和加湿器，并设置了挡水和排水设施。 （2）湿度较高地区的机房有除湿装置并能够正常运行。 （3）具有定期检查和维护记录。 （4）具有机房湿度记录
3. 应安装对水敏感的检测仪表或元件，对机房进行防水检测和报警	（1）应核查机房内是否安装了对水敏感的检测装置。 （2）应核查防水检测和报警装置是否启用	（1）设置对水敏感的检测仪表或元件，对机房进行防水检测和报警。 （2）仪表或元件正常运行

7. 防静电

按照表4-8所示测评项进行测评。

表4-8 防静电的测评

测评项	测评实施	预期结果
1. 应采用防静电地板或地面并采用必要的接地防静电措施	（1）应核查机房内是否安装了防静电地板或地面。 （2）应核查机房内是否采用了接地防静电措施	（1）机房不存在静电现象。 （2）机房采用了防静电地板或铺设防静电地面
2. 应采取措施防止静电的产生，例如采用静电消除器、佩戴防静电手环等	应核查机房内是否配备了防静电设备	机房配置了防静电设备

8. 温湿度控制

按照表4-9所示测评项进行测评。

表4-9 温湿度控制的测评

测评项	测评实施	预期结果
应设置温湿度自动调节设施，使机房温湿度的变化在设备运行所允许范围之内	（1）应核查机房内是否配备了专用空调。 （2）应核查机房内温湿度是否在设备运行所允许范围之内	（1）设置了机房配备温湿度自动调节设施。 （2）温湿度自动调节设施能够正常运行在允许范围之内

9. 电力供应

按照表 4-10 所示测评项进行测评。

表 4-10 电力供应的测评

测评项	测评实施	预期结果
1. 应在机房供电线路上设置稳压器和过电压防护设备	应核查供电线路上是否配备稳压器和过电压防护设备	（1）机房的计算机系统供电线路上设置稳压器和过电压防护设备。 （2）稳压器和过电压防护设备正常运行。 （3）供电电压正常
2. 应提供短期的备用电力供应，至少满足主要设备在断电情况下的正常运行要求	（1）应核查是否配备 UPS 等后备电源系统。 （2）应核查 UPS 等后备电源系统是否满足设备在断电情况下的正常运行要求	（1）机房计算机系统配备了短期备用电源设备（UPS）。 （2）短期备用电源设备正常运行
3. 应设置冗余或并行的电力电缆线路为计算机系统供电	应核查机房内是否设置了冗余或并行的电力电缆线路为计算机系统供电	设置了冗余或并行的供电线路
4. 应建立备用供电系统。（四级）	（1）应核查是否配置了应急供电设施。 （2）应核查应急供电设施是否可用	建立了备用供电系统（发电机）

10. 电磁防护

按照表 4-11 所示测评项进行测评。

表 4-11 电磁防护的测评

测评项	测评实施	预期结果
1. 电源线和通信线缆应隔离铺设，避免互相干扰	应检查机房布线，查看是否做到电源线和通信线缆隔离	机房布线做到电源线和通信线缆隔离铺设
2. 应对关键设备实施电磁屏蔽	应核查机房内是否为关键设备配备了电磁屏蔽装置	处理敏感信息的设备存放在具有电磁屏蔽功能的环境中

任务实施——理解物理环境安全测评方法

在进行物理环境安全测评时，要掌握具体的风险判定方法。

1. 机房出入口访问控制措施缺失

机房出入口访问控制措施缺失的风险判定如表4-12所示。

表4-12 机房出入口访问控制措施缺失

标准要求	适用范围	判例场景	补偿因素
机房出入口应配置电子门禁系统,控制、鉴别和记录进入的人员	二级及以上系统	机房出入口无任何访问控制措施,例如未安装电子或机械门锁(包括机房大门处于未上锁状态)、无专人值守等	机房所在位置处于受控区域,非授权人员无法随意进出机房,可根据实际措施效果,酌情判定风险等级

2. 机房防盗措施缺失

机房防盗措施缺失的风险判定如表4-13所示。

表4-13 机房防盗措施缺失

标准要求	适用范围	判例场景	补偿因素
应设置机房防盗报警系统或设置有专人值守的视频监控系统	三级及以上系统	(1)机房或机房所在区域无防盗报警系统,无法对盗窃事件进行告警、追溯。(2)未设置有专人值守的视频监控系统	机房出入口或机房所在区域有其他控制措施,例如机房出入口设有专人值守,机房所在位置处于受控区域等,非授权人员无法进入该区域,可根据实际措施效果,酌情判定风险等级

3. 机房防火措施缺失

机房防火措施缺失的风险判定如表4-14所示。

表4-14 机房防火措施缺失

标准要求	适用范围	判例场景	补偿因素
机房应设置火灾自动消防系统,能够自动检测火情、自动报警,并自动灭火	二级及以上系统	(1)机房无任何有效消防措施,例如无检测火情、感应报警设施,手提式灭火器等灭火设施,消防设备未进行年检或已失效而无法正常使用等情况。(2)机房所采取的灭火系统或设备不符合国家相关规定	机房安排专人值守或设置了专人值守的视频监控系统,并且机房附近有符合国家消防标准的灭火设备,一旦发生火灾,能及时进行灭火,可根据实际措施效果,酌情判定风险等级

4. 机房短期备用电力供应措施缺失

机房短期备用电力供应措施缺失的风险判定如表 4-15 所示。

表 4-15 机房短期备用电力供应措施缺失

标准要求	适用范围	判例场景	补偿因素
应提供短期的备用电力供应,至少满足设备在断电情况下的正常运行要求	二级及以上系统	(1) 机房无短期备用电力供应设备,例如 UPS、柴油发电机、应急供电车等。(2) 机房现有备用电力供应无法满足定级对象短期正常运行	对于机房配备多路供电的情况,可从供电方同时断电发生概率等角度进行综合风险分析,根据分析结果,酌情判定风险等级

5. 机房应急供电措施缺失

机房应急供电措施缺失的风险判定如表 4-16 所示。

表 4-16 机房应急供电措施缺失

标准要求	适用范围	判例场景	补偿因素
应提供应急供电设施	高可用性的四级系统	(1) 机房未配备应急供电设施,例如柴油发电机、应急供电车等。(2) 应急供电措施不可用或无法满足定级对象正常运行需求	(1) 对于机房配备多路供电的情况,可从供电方同时断电发生概率等角度进行综合风险分析,根据分析结果,酌情判定风险等级。(2) 对于采用多数据中心方式部署,且通过技术手段实现应用级灾备,能降低单一机房发生电力故障所带来的可用性方面影响的情况,可从影响程度、RTO 等角度进行综合风险分析,根据分析结果,酌情判定风险等级

6. 云计算基础设施物理位置不当

云计算基础设施物理位置不当的风险判定如表 4-17 所示。

表 4-17 云计算基础设施物理位置不当

标准要求	适用范围	判例场景	补偿因素
应保证云计算基础设施位于中国境内	二级及以上云计算平台	云计算基础设施,例如云计算服务器、存储设备、网络设备、云管理平台、信息系统等运行业务和承载数据的软硬件等不在中国境内	无

任务评价——理解学校机房物理环境安全测评方法

本任务主要介绍了学校机房物理环境安全各个安全控制点的具体要求，以及物理安全各控制点的测试方法。为了帮助学生充分理解物理环境安全测评方法，评价标准如下。

①能够准确说出物理环境安全的各个安全控制点；

②了解各个控制点所涉及的设施和设备；

③掌握物理环境安全的测评方法。

任务测验

完成本任务的学习后，接下来通过几道课后测验，检验一下对本任务的学习效果，同时加深对所学知识的理解。

一、选择题

1. 保障等级保护对象中设备的物理安全是所有安全的（　　）。

  A. 基础   B. 根本   C. 特点   D. 技术

2. 机房供电线路上需要安装（　　），防止电力波动对电子设备造成损害。

  A. 并行的电路   B. 电流稳压器和电压过载保护装置

  C. 防静电手环   D. 视频监控系统

二、简答题

1. 简述机房温湿度的范围。

2. 简述机房防火的几点要求。

3. 简述安全物理环境防静电方面的测试方法。

任务 4.2　信息安全管理工具之磁盘加密

做好信息安全工作，必须有良好的信息安全管理工具。在 Windows 操作系统中提供了"BitLocker 驱动器加密"功能，通过该功能可以对涉密或敏感文档的加密保护，达到机密数据的访问控制。

任务目标——掌握磁盘加密的操作方法

风险评估过程中，对数据安全有要求，如何保障企业或者个人数据安全，防止数据被盗用、恶意复制和查看。可以使用系统加密方式对本机磁盘进行加密，用户在访问磁盘数据时需要进行身份认证才能打开磁盘。本任务主要是掌握如何使用 Windows 系统自带的"BitLocker 驱动器加密"功能实现对本地计算机磁盘的加密操作。

任务环境

主要设备：学生笔记本电脑或 PC 机、Windows 系统自带工具。

知识准备——理解什么是磁盘加密

磁盘加密是指将计算机用户的磁盘进行加密,防止信息泄露。计算机磁盘加密有五种方法:修改硬盘分区表信息、对磁盘启动添加口令、对磁盘实现用户加密管理、对某个逻辑盘实现写保护、磁盘扇区数据加密。本任务主要讲解如何对本地计算机中的某个本地磁盘添加密钥,从而实现磁盘数据信息的保护。

任务实施——在 Windows 系统中实现磁盘加密

接下来,通过使用 Windows 操作系统中的"BitLocker 驱动器加密"功能实现本地计算机中的磁盘加密。

➤ **步骤1:设置磁盘加密密钥。**

01. 在 Windows 操作系统中打开"所有控制面板项"对话框,将"查看方式"切换为"小图标",在对话框中单击"BitLocker 驱动器加密"选项,如图 4-2 所示。

图 4-2 单击"BitLocker 驱动器加密"选项

02. 在对话框中显示 BitLocker 驱动器加密的相关信息,查看本机磁盘 BitLocker 加密状态,如图 4-3 所示。

图 4-3 查看本机磁盘 BitLocker 加密状态

03. 在对话框中选择需要加密的磁盘，启用 BitLocker，可以选择使用密码解锁驱动器或者使用智能卡解锁驱动器，本任务选择使用密码解锁驱动器，输入密码，如图 4-4 所示。

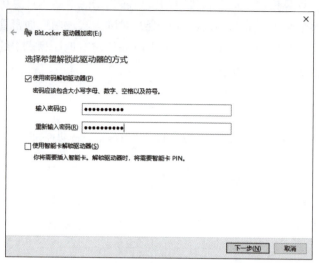

图 4-4　使用密码解锁驱动器并设置密码

04. 单击"下一步"按钮，显示备份恢复密钥选项，如图 4-5 所示，可以选择将密钥保存到 Microsoft 账户、保存到 U 盘、保存到文件、打印恢复密钥。该密钥在用户忘记磁盘密码时使用。

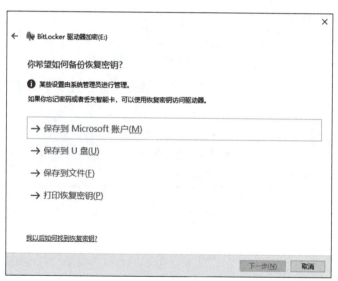

图 4-5　备份恢复密钥的相关选项

05. 单击"保存到文件"选项，将密钥保存到文件，在弹出的对话框中选择密钥保存位置，如图 4-6 所示。单击"保存"按钮，将密钥保存到指定的文件。

➢ **步骤 2：选择要加密的磁盘空间大小。**

01. 在对话框中选择要加密的驱动器空间大小，如图 4-7 所示。

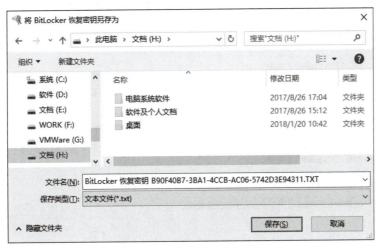

图 4-6 将密钥保存到文件

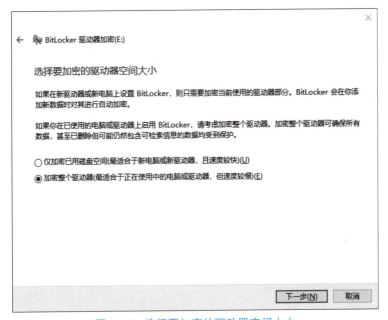

图 4-7 选择要加密的驱动器空间大小

02. 如果在新驱动器或新电脑上设置 BitLocker，则只需要加密当前使用的驱动器部分。BitLocker 会在添加新数据时对其进行自动加密。如果在已使用的电脑或驱动器上启用 BitLocker，请考虑加密整个驱动器。加密整个驱动器可确保所有数据，甚至已删除但可能仍然包含可检索信息的数据均受到保护。

> 步骤 3：选择加密模式。

01. 单击"下一步"按钮，进入加密模式的选择界面，如图 4-8 所示。

02. 如果加密的是 U 盘或移动硬盘，需要在早期版本的操作系统上使用；如果用户安装的是 WinXP/Win7/Win10 双系统，则只能选择"兼容模式"。如果用户加密的是 Win10 单系统下的固定硬盘分区，则建议选择"新加密模式"，性能更好。

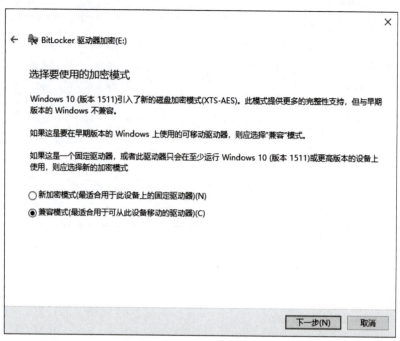

图 4-8 选择加密模式

> **步骤 4**:确认对驱动器进行加密处理。

01. 完成加密模式的选择之后,单击"下一步"按钮,显示确认加密驱动器界面,如图 4-9 所示。

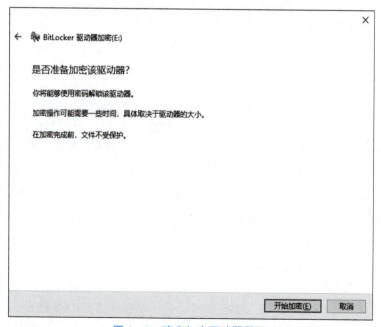

图 4-9 确定加密驱动器界面

02. 单击"开始加密"按钮,开始对所选择的驱动器进行加密处理,并显示处理进度,如图 4-10 所示。

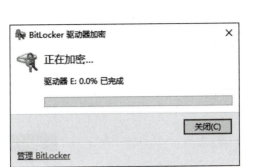

图 4 – 10　显示加密处理进度

➤ 步骤 5：验证磁盘安全性。

01. 完成驱动器磁盘的加密处理后，可以对磁盘安全性进行验证。打开"我的电脑"，可以看到被加密的磁盘显示一个小锁图标，双击该磁盘，显示密码输入对话框，如图 4 – 11 所示。可以直接输入所设置的密码进行解锁。

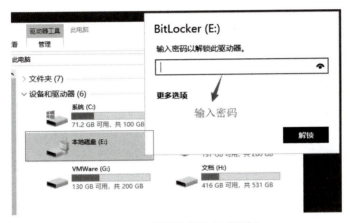

图 4 – 11　显示密码输入对话框

02. 如果忘记解锁密码，可以单击"更多选项"文字，单击其下方的"输入恢复密钥"文字，如图 4 – 12 所示。

图 4 – 12　单击"输入恢复密钥"文字

03. 显示 48 位恢复密钥的输入对话框，如图 4 – 13 所示。

· 73 ·

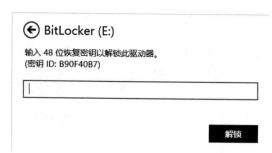

图 4–13 恢复密钥输入对话框

04. 可以使用所保存的恢复密钥进行解锁。打开加密磁盘时所保存的密钥文本文件，找到 48 位的恢复密钥进行复制，如图 4–14 所示。在对话框中粘贴 48 位恢复密钥，即可对加密磁盘进行解锁。

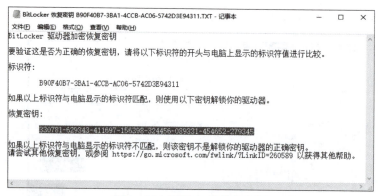

图 4–14 找到 48 位恢复密钥

任务评价——使用 BitLocker 实现磁盘加密

本任务主要介绍了使用 Windows 操作系统中的"BitLocker 驱动器加密"功能实现本地计算机中的磁盘加密。为了帮助学生充分理解并掌握磁盘加密的方法，评价标准如下。

①理解什么是磁盘加密；

②掌握使用"BitLocker 驱动器加密"功能对磁盘进行加密操作的方法；

③理解并掌握恢复密钥的使用方法。

任务测验

完成本任务的学习后，接下来通过几道课后测验，检验一下对本任务的学习效果，同时加深对所学知识的理解。

一、选择题

1. 下列不是安全物理环境测评控制项的是（　　）。

　　A. 防静电　　　　　　B. 防水　　　　　　C. 防火　　　　　　D. 防变质

2. 以下不是计算机磁盘加密方法的是（　　）。

　　A. 修改硬盘分区表信息　　　　　　B. 对磁盘启动添加口令

C. 对磁盘实现用户加密管理 D. 使用安全网络

二、简答题

什么是磁盘加密？

任务4.3 信息安全管理工具之云盘备份或同步数据

数据备份是信息安全的一个重要内容，只要发生数据传输、数据存储和数据交换，就有可能产生数据故障。如果没有采取数据备份和数据恢复手段与措施，就会导致数据的丢失，有时会造成无法弥补的损失。本任务主要介绍如何通过网络云盘进行数据备份或数据同步。

任务目标——掌握备份数据的方法

可以使用百度网盘对数据进行自动备份，但电脑上的数据修改之后，自动同步在网盘空间，使得数据在备份的同时，可以使得数据异地获取，大大提高了数据的安全性和便捷性。当然，为了确定数据不被盗用，还可以搭建私有云存储。

任务环境

主要设备：学生笔记本电脑或PC机、百度网盘。

知识准备——理解备份数据的重要性

风险评估过程中，对数据安全有要求，备份就是其中一项要求，数据备份不仅仅应用于企业，在个人使用方面，数据备份仍然处于相当重要的部分。我们在工作或生活中，常常会误删数据，或者是异地出差，无法获取需要的文档资料。

任务实施——将数据手动和自动备份到百度网盘

下载并安装百度网盘，使用百度网盘实现本地计算机中内容的手动和自动备份功能。

➢ 步骤1：安装百度网盘并新建文件夹。

01. 在百度官网下载百度网盘客户端，在电脑中安装并打开百度网盘客户端，显示百度网盘登录界面，如图4-15所示。如果没有百度账号，可以先注册账号（也可使用QQ或微博账号快速登录）。

02. 成功登录百度网盘客户端之后，进入网盘管理界面，单击"新建文件夹"选项，在网盘中新建一个文件夹，并重命名为"风险评估指导实验"，如图4-16所示。

➢ 步骤2：手动将文件或文件夹上传到网盘进行备份。

01. 双击刚新建的"风险评估指导实验"，进入该文件夹中，单击界面中的"上传文件"按钮，如图4-17所示。

02. 在弹出的"请选择文件/文件夹"对话框中选择需要备份的文件或者文件夹，如图4-18所示。

图4-15　百度网盘登录界面

图4-16　在网盘中新建文件夹

图4-17　单击"上传文件"按钮

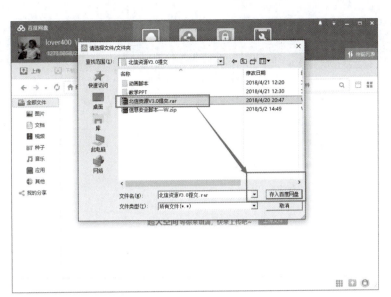

图4-18 选择需要备份的文件或文件夹

03. 单击"存入百度网盘"按钮,即可自动将所选择的文件或文件夹上传到网盘文件夹中。上传完成后,在百度网盘找到备份文件,如图4-19所示。

图4-19 上传文件或文件夹至网盘中

➤ 步骤3:设置文件夹自动备份功能。

01. 如果希望实现文件夹自动备份到网盘,可以在百度网盘客户端窗口中单击"功能宝箱"图标,如图4-20所示。

图 4-20　单击"功能宝箱"图标

02. 进入百度网盘的"功能宝箱"界面中，单击"自动备份"选项，如图 4-21 所示。

图 4-21　单击"自动备份"选项

03. 在弹出的"管理自动备份"窗口中单击"手动添加文件夹"选项，如图 4-22 所示。

图 4-22 单击"手动添加文件夹"选项

04. 在弹出的"选择要备份的文件夹"对话框中选择本地计算机中需要备份的磁盘或文件夹,如图 4-23 所示。

图 4-23 选择需要备份的磁盘或文件夹

05. 完成本地计算机中需要备份的磁盘或文件夹的选择之后,单击"备份到云端"按钮,弹出"选择网盘保存路径"对话框,选择备份文件在网盘中的存储位置路径,如图 4-24 所示。

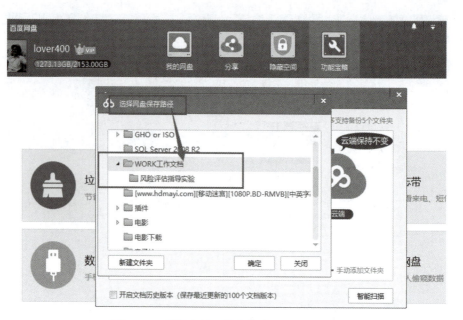

图 4-24　选择备份文件在网盘中的存储位置

06. 单击"确定"按钮，完成网盘存储路径的选择，保存策略，查看网盘中备份文件夹状态是否与本地文件夹文件相同，如果不相同，则自动进行数据上传备份，如图 4-25 所示。

图 4-25　对所选择的文件夹进行自动上传备份

07. 完成数据手动备份到网盘或者自动备份到网盘的操作。

任务评价——将数据备份到网络云盘

本任务主要介绍了使用百度网盘实现本地计算机中内容的手动和自动备份功能。为了帮助学生充分理解将数据备份到网盘云盘的方法，评价标准如下。
①掌握网络云盘的下载和安装；
②掌握如何将本地计算机中的数据手动上传到网盘云盘中；
③掌握实现同步自动备份本地计算机中的数据到网盘云盘的方法。

任务测验

完成本任务的学习后，接下来通过几道课后测验，检验一下对本任务的学习效果，同时加深对所学知识的理解。

一、选择题
1. 下列不是机房防火的控制措施的是（　　）。
   A. 设置火灾自动消防系统　　　　B. 机房区域和区域之间设置隔离防火措施
   C. 安装漏水监测绳　　　　　　　D. 采用具有耐火等级的建筑材料
2. 以下情况可能会产生数据故障的是（　　）。
   A. 数据传输　　　B. 数据存储　　　C. 数据交换　　　D. 数据备份

二、简答题
为什么要进行数据备份？

项目总结

我国基础信息网络和重要信息系统安全面临的形势十分严峻，既有外部威胁的因素，又有系统自身的脆弱性和薄弱环节，维护国家信息安全的任务十分艰巨、繁重。面对严峻的网络信息安全形势，中央网信小组着眼于国家安全和长远发展，统筹协调涉及经济、政治、文化、社会及军事等各个领域的网络安全和信息化重大问题，研究制定网络安全和信息化发展战略、宏观规划和重大政策，推动国家网络安全和信息化法治建设，不断增强网络及信息安全保障能力。

完成本项目内容的学习，需要能够理解并掌握物理安全测评中各个安全控制点的具体要求，以及物理安全各控制点的测试方法。能够自己动手对磁盘进行加密操作，并且能够使用云盘进行数据内容的备份和自动同步。

项目评价

在完成本项目学习任务后，可根据学习达成自我评价表进行综合能力评价，评价表总分110分（含附加分10分）。学习达成自我评价表积分方式：认为达成学习任务者，在□中打

"√";认为未能达成学习者,在□中打"×"。其中,完全达成,可按该项分值 100% 计算;基本达成,可按该项分值 60% 计算;未能达成,不计分值。项目 4 学习达成自我评价表如表 4-18 所示。

表 4-18 项目 4 学习达成自我评价表

学习目标	学习内容	达成情况
职业道德（10 分）	遵纪守法，爱岗敬业。 遵守规程，安全操作。 认真严谨，忠于职守。 精益求精，勇于创新。 诚实守信，服务社会。	完全达成□ 基本达成□ 未能达成□
知识目标（30 分）	是否能够准确说出物理环境安全的各个安全控制点； 是否了解各个控制点所涉及的设施和设备； 是否理解什么是磁盘加密； 是否理解数据备份的重要性。	完全达成□ 基本达成□ 未能达成□
技能目标（30 分）	是否掌握物理环境安全的测评方法； 是否掌握使用"BitLocker 驱动器加密"功能对磁盘进行加密操作的方法； 是否理解并掌握恢复密钥的使用方法； 是否掌握使用网络云盘进行数据备份的方法。	完全达成□ 基本达成□ 未能达成□
素质目标与思政目标（20 分）	是否具有良好的机房环境观察能力； 是否具有良好的软件下载安装能力； 是否认识到信息安全面临的复杂、严峻形势； 是否认识到国家对网络信息安全的重视程度。	完全达成□ 基本达成□ 未能达成□
职业技能等级标准（10 分）	初级： 是否了解现场测评活动的主要任务； 是否理解现场测评活动的物理安全控制点； 是否掌握磁盘加密的方法； 是否掌握数据备份的方法。	完全达成□ 基本达成□ 未能达成□
（附加分） 学习过程 发现问题（5 分）		
（附加分） 学习过程 解决问题（5 分）		

本表仅供学习者对照学习任务进行自我评价，以便查漏补缺，强化职业岗位能力，以适应社会新需求。

项目 5

信息安全等级保护现场测评
——路由交换设备测评

项目介绍

网络是信息传输、接收、共享的平台,通过网络设备、通信介质等将终端设备联系到一起,从而实现资源共享及信息协作。信息安全测评是对信息网络中的网络结构、功能配置、自身防护等方面的测评和分析,发现网络中可能存在的安全功能缺陷、配置不安全等方面的问题。

本项目围绕路由交换设备测评的相关内容进行讲解,设置 H3C 网络设备的安全测评、华为交换机和路由器的安全测评 2 个学习任务,使同学们理解并掌握交换机和路由器等网络设备的安全测评方法,并且还介绍了有关网络安全基线和信息网络架构的相关知识,以及安全网络测评的重点。

学习目标

1. 知识目标

通过本项目的学习,应达到如下知识目标:
(1) 了解网络设备基线检查要求和配置技术;
(2) 理解信息网络架构的相关知识;
(3) 了解安全区域边界测评对象和测评重点;
(4) 了解安全通信网络测评对象和测评重点。

2. 技能目标

通过本项目的学习,应达到如下技能目标:
(1) 掌握 H3C 网络设备的测评方法;
(2) 掌握华为交换机和路由器的测评方法。

3. 素质目标

通过本项目的学习,应达到如下素质目标:
(1) 具有良好的网络设备认知能力;
(2) 具有良好的网络设备技术文档学习能力。

4. 思政目标

通过本项目的学习,应达到如下思政目标:

(1) 理解信息安全等级保护对于国家信息安全保障的重要性;
(2) 理解实施信息安全等级保护的优势。

学习导图

本项目讲解信息安全等级保护现场测评——路由交换设备测评的相关知识内容,主要包括 H3C 网络设备的安全测评、华为交换机和路由器的安全测评 2 个任务 7 个知识点。项目学习路径与学习内容参见学习导图(图 5-1)。

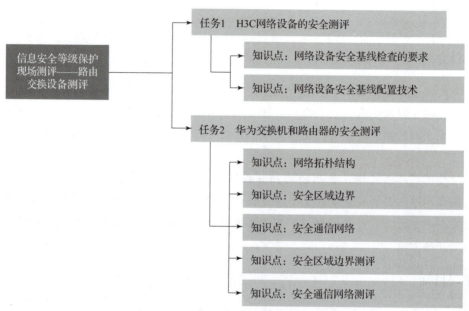

图 5-1 项目 5 学习导图

本项目学习内容与网络安全评估职业技能等级标准内容的对应关系如表 5-1 所示。

表 5-1 本项目与职业技能等级标准内容对应关系

网络安全评估职业技能等级标准			信息安全等级保护现场测评——路由交换设备测评	
工作任务	职业技能要求	等级	知识点	技能点
理解并掌握网络设备的测评方法	①能够了解网络设备安全基线的配置方法; ②能够理解网络安全边界及安全通信网络; ③能够了解网络架构和通信传输; ④能够对交换机和路由器进行安全测评	初级	①了解网络设备基线检查要求和配置技术; ②理解信息网络架构的相关知识; ③了解安全区域边界测评对象和测评重点; ④了解安全通信网络测评对象和测评重点	①掌握 H3C 网络设备的测评方法; ②掌握华为交换机和路由器的测评方法

任务 5.1　H3C 网络设备的安全测评

《信息安全技术　网络安全等级保护基本要求》GB/T 22239—2019 针对信息系统的不同安全等级，对网络安全提出了不同的基本要求。测评过程需要针对网络拓扑、路由器、防火墙、网关等测评对象，从网络结构安全、网络访问控制、网络入侵防范等方面分别进行测评。

任务目标——掌握 H3C 网络设备安全测评方法

了解网络设备安全基线的相关知识，并掌握 H3C 网络设备安全测评的方法。

知识准备——网络设备安全基线

安全基线是指满足最小信息安全保证的基本要求，作为信息系统的初始化安装配置标准，以及在实施安全评估或安全加固时提供标准依据与操作指导。

1. 网络设备安全基线检查的要求

（1）网络设备账号口令

网络设备账号口令的检查要求如表 5-2 所示。

表 5-2　网络设备账号口令的检查要求

检查项目	基本要求
账号身份认证	对登录账户进行身份认证，可采用 AAA 认证配置或其他方式
特权口令安全	对口令加密存储，该登录口令要求长度至少为 8 位，应为字母、数字、特殊符号中至少 2 类的组合
Console 模式口令安全	为 Console 口模式设置登录口令，该登录口令要加密存储，要求长度至少为 8 位，应为字母、数字、特殊符号中至少 2 类的组合
账号登录地址限制	应对管理账户登录地址进行限制
登录会话超时	如果登录会话超时，账户应自动退出

（2）网络设备安全配置

网络设备安全配置的检查要求如表 5-3 所示。

表 5-3　网络设备安全配置的检查要求

检查项目	基本要求
通信加密	采用加密网络协议，如 SSH
禁用 CDP 协议	禁用 Cisco 设备 CDP 发现协议
关闭默认服务	关闭默认状态下开启的高危服务

续表

检查项目	基本要求
修改默认 Banner login 信息	修改默认 banner login 信息
禁止或修改 SNMP 服务	应禁止 SNMP 服务，或修改 SNMP 团体字符串（要求长度至少为 8 位，应为字母、数字、特殊符号中至少 2 类的组合）
指定 DNS 服务器 IP 地址	应指定 DNS 服务器 IP 地址
OSPF 路由协议加密	对 OSPF 路由协议进行加密
禁止 AUX 端口	禁止 AUX 端口
NTP 配置	应确保设备时间与内网 NTP 服务器同步

（3）网络设备日志审计

网络设备日志审计的检查要求如表 5-4 所示。

表 5-4 网络设备日志审计的检查要求

检查项目	基本要求
日志记录	开启所有安全设备日志记录功能，记录内容应包括事件发生的时间、操作者的身份、地址及做了哪些操作
日志存储	至少连续记录 3 个月日志，尽量部署统一审计系统（可以统一审计所有网络设备、安全设备、主机、中间件、数据库）

2. 网络设备安全基线配置技术

（1）系统管理

通过配置网络设备系统管理，提高系统运维管理安全性，系统管理基线配置技术要求如表 5-5 所示。

表 5-5 网络设备系统管理基线配置技术要求

基线配置技术要求	基线标准点（参数）	说明
远程 SSH 服务（可选）	启用	采用 SSH 服务代替 Telnet 服务管理网络设备，提高设备管理安全性
认证方式	tacas/radius 认证	启用设备认证
非管理员 IP 地址	禁止	配置访问控制列表，只允许管理员 IP 或网段能访问网络设备管理服务
配置 Console 端口	口令认证	Console 需配置口令认证信息
统一时间	接入统一 NTP 服务器	保障生产环境所有设备时间统一

(2) 用户账号与口令

通过配置网络设备用户账号与口令安全策略,提高系统账号与口令安全性。用户账号与口令基线配置技术要求如表 5-6 所示。

表 5-6　网络设备用户账号与口令基线配置技术要求

基线配置技术要求	基线标准点(参数)	说明
service password 口令	加密	采用 service password – encryption
enable 口令	加密	采用 service password – encryption
账号登录空闲超时时间	5 分钟	设置 Console 和 VTY 的登录超时时间 5 分钟
口令最小长度	8 位	口令长度为 8 个字符

(3) 日志与审计

通过对网络设备的日志进行安全控制与管理,提高日志的安全性与有效性。日志与审计基线配置技术要求如表 5-7 所示。

表 5-7　网络设备日志与审计基线配置技术要求

基线配置技术要求	基线标准点(参数)	说明
更改 SNMP 的团体字符串(可选)	更改 SNMP Community	修改默认值 public,更改 SNMP 主机 IP
系统日志存储	对接到网管日志服务器	使用日志服务器接收与存储主机日志,网管平台统一管理
日志保存要求	6 个月	等保三级要求日志必须保存 6 个月

(4) 服务优化

通过优化网络设备,提高系统服务安全性,服务优化基线配置技术要求如表 5-8 所示。

表 5-8　网络设备服务优化基线配置技术要求

基线配置技术要求	基线标准点(参数)	说明
TCP、UDP Small 服务(可选)	禁止	禁用无用服务
Finger 服务	禁止	禁用无用服务
HTTP 服务	禁止	禁用无用服务
HTTPS 服务	禁止	禁用无用服务
BOOTp 服务	禁止	禁用无用服务
IP Source Routing 服务	禁止	禁用无用服务
ARP – Proxy 服务	禁止	禁用无用服务
cdp 服务(可选)	禁止	禁用无用服务(只适用于边界设备)
FTP 服务(可选)	禁止	禁用无用服务

(5) 访问控制

通过对网络设备配置进行调整,提高设备或网络安全性,访问控制基线配置技术要求如表 5-9 所示。

表 5-9 网络设备访问控制基线配置技术要求

基线配置技术要求	基线标准点(参数)	说明
login banner 信息	修改默认值为警示语	默认值不为空
BGP 认证(可选)	启用	加强路由信息安全
EIGRP 认证(可选)	启用	加强路由信息安全
OSPF 认证(可选)	启用	加强路由信息安全
RIPv2 认证(可选)	启用	加强路由信息安全
MAC 绑定(可选)	IP+MAC+端口绑定	重要服务器采用 IP+MAC+端口绑定
网络端口 AUX(可选)	关闭	关闭没用网络端口

任务实施——H3C 网络设备的安全测评

了解了网络设备安全基线检查要求和配置技术,接下来介绍 H3C 网络设备的测评内容与测评方法。按照表 5-10 所示测评项对 H3C 网络设备进行安全测评。

表 5-10 H3C 网络设备的安全测评

分类	检查选项	评估操作示例
1. 系统管理	系统版本及配置	要求: 使用 display version 命令,查看输出中 version 部分,版本是否为最新版,并询问管理员配置备份情况。 参考配置: [H3C] display version [H3C] tftp 1.1.1.2 put vrpcfg.cfg vrpcfg.cfg 回退方法:(将原先保存的配置文件还原回去) [H3C] tftp 172.20.34.2 get config.cfg config.cfg

续表

分类	检查选项	评估操作示例
2. 账号管理	共享账户检查	**要求：** 使用 display current – configuration 配置查看命令，查看输出中 username 部分是否有意义不明或测试类的账户，如 H3C、user、admin、test 等，根据输出询问管理员账户使用情况。 **参考配置：** 根据客户实际需求来判断是否需要账户分级（可选） ［H3C］aaa ［H3C］local – user user1 password cipher PWD1 ［H3C］local – user user1 service – type telnet ［H3C］local – user user2 password cipher PWD2 ［H3C］local – user user2 service – type ftp # ［H3C］user – interface vty 0 4 ［H3C – ui – vty0 – 4］authentication – mode aaa 回退方法： ［H3C］aaa ［H3C］undo local – user user1
3. 口令要求	口令加密功能配置	**要求：** 使用 display current – configuration 命令，查看关键字 super password 和 local – user 输出中密码字段为密文。 如未使用加密，则直接输出明文密码。 **参考配置：** 用户账户设置及加密： ＜H3C＞system – view ［H3C］local – user user1 password cipher PWD1_lkgt. N 高级用户界面设置及加密： ＜H3C＞system – view ［H3C］super password level 3 cipher N`C55QK＜`=／Q =^Q'MAF4 ＜1！！ 回退方法： 用户账号设置还原为明文： ＜H3C＞system – view ［H3C］undo local user1 password ciper 123456 ［H3C］local – user user1 password simple 123456

续表

分类	检查选项	评估操作示例
3. 口令要求	口令复杂度要求	**要求**： 对于采用静态口令认证技术的设备，口令长度至少8位，并包括数字、小写字母、大写字母和特殊符号4类中至少2类。 由于密码部分一般为加密，所以向安全管理人员说明口令规则要求，请客户方判断是否符合要求。 例如：[H3C]local-user user1 password cipher NumABC%$ **参考配置**： H3C路由交换设备本身不提供口令复杂度校验功能，一般作为安全管理要求。如需要进行强制校验，可通过第三方设备实现
4. 日志审计	远程日志服务器存储	**要求**： 登录后执行display info-center命令，查看输出中Information Center状态是否为enabled； Log host后面的主机名或IP指向日志服务器； 通常记录日志数不为0。 注意：锁定info-center关键字查看是否启用相关配置（请参考配置方法中的配置指南）。 **参考配置**： 路由器配置： [H3C]info-center enable [H3C]info-center loghost 10.90.200.93 facility local0 language English [H3C]info-center source default channel loghost log level notifications [H3C]display info-center 如果使用SNMP记录日志配置如下： [H3C]snmp-agent [H3C]snmp-agent sys-info version all [H3C]snmp-agent community read ahltnms [H3C]snmp-agent community write ahltnms [H3C]snmp-agent traps enable [H3C]snmp-agent target-host trap address udp-domain 10.199.39.215 [H3C]params securityname trapcomm 回退方法： [H3C] undo info-center enable 如果不使用SNMP记录日志配置如下： [H3C]snmp-agent [H3C]undo snmp-agent traps enable

续表

分类	检查选项	评估操作示例
5. 设备管理	SSH 登录维护	**要求：** 使用 display current – configuration 命令，定位 peer – public – key 关键字，查看是否含有密钥。 远程登录指定 SSH 协议，使用 display current – configuration 命令，输出中查看是否有 protocol inbound ssh 字样。 **参考配置：** ［H3C］rsa peer – public – key quidway002 ［H3C – rsa – public – key］public – key – code begin ［H3C – rsa – key – code］308186028180739A291ABDA704F5D93D C8FDF 84C427463199 ［H3C – rsa – key – code］1C164B0DF178C55FA833591C7D47D538 1D09 CE82913D7EDF9 ［H3C – rsa – key – code］C08511D83CA4ED2B30B809808EB0D1F5 2D04 5DE40861B74A0 ［H3C – rsa – key – code］E135523CCD74CAC61F8E58C452B2F3F2 DA0D CC48E3306367F ［H3C – rsa – key – code］E187BDD944018B3B69F3CBB0A573202C 16BB 2FC1ACF3EC8F8 ［H3C – rsa – key – code］28D55A36F1CDDC4BB45504F020125 ［H3C – rsa – key – code］public – key – code end ［H3C – rsa – key – code］peer – public – key end ［H3C］aaa ［H3C］local – user client001 password simple huawei ［H3C］local – user client002 password simple quidway ［H3C］authentication – scheme default ［H3C］authorization – scheme default ［H3C］accounting – scheme default ［H3C］domain default ［H3C］ssh user client002 assign rsa – key quidway002 ［H3C］ssh user client001 authentication – type password ［H3C］ssh user client002 authentication – type RSA ［H3C］user – interface con 0 ［H3C］user – interface vty 0 4 ［H3C – ui – vty0 – 4］authentication – mode aaa ［H3C – ui – vty0 – 4］protocol inbound ssh 只允许特定地址访问： ［H3C］acl 2000 ［H3C – acl – basic – 2000］rule permit ip source 10. 0. 0. 1 0 ［H3C］user – interface vty 0 4 ［H3C – ui – vty0 – 4］acl 2000 inbound **回退方法：** ［H3C］user – interface con 0 ［H3C］user – interface vty 0 4 ［H3C – ui – vty0 – 4］authentication – mode aaa ［H3C – ui – vty0 – 4］protocol inbound telnet（回退到 telnet 方式）

续表

分类	检查选项	评估操作示例

5. 设备管理	登录账户超时退出	**要求：**
		每种登录方式均设置了 timeout 值。使用 display current – configuration 命令，如下例：
		//Console 登录限制超时时间为 5 分钟
		user – interface con 0
		idle – timeout 5 0
		//Telent/SSH 登录限制超时时间为 5 分钟
		user – interface vty 0 4
		idle – timeout 5 0
		……
		参考配置：
		Console 登录连接超时：
		[H3C] user – interface con 0
		[H3C – ui – console0] idle – timeout 5 0
		远程登录连接超时：
		[H3C] user – interface vty 0 4
		[H3C – ui – vty0 – 4] idle – timeout 5 0
		本例配置连接超时时间为 5 分钟。
		回退方法：
		Console 登录连接超时，回退步骤：
		[H3C] user – interface con 0
		[H3C – ui – console0] undo idle – timeout
		远程登录连接超时，回退步骤：
		[H3C] user – interface vty 0 4
		[H3C – ui – vty0 – 4] undo idle – timeout

	SNMP 安全强化	**要求：** 要求关闭 SNMP 服务，防止管理漏洞，如果开启，需要设置 SNMP 的 Community 为大于 8 位的复杂字符串，并限制源地址段，防止信息泄露。 命令：输入[H3C] display current – configuration，查看 snmp – agent 关键字是否按照参考配置操作中的配置方法配置。 **参考配置：** 关闭 SNMP 服务： [H3C] undo snmp – agent 开启 SNMP 服务，需要设置复杂字符串，并限制源地址段，命令如下： [H3C] snmp – agent [H3C] snmp – agent sys – info version all [H3C] snmp – agent community read ahltnms [H3C] snmp – agent community write ahltnms [H3C] snmp – agent traps enable [H3C] snmp – agent target – host trap address udp – domain 10.199.39.215 params securityname trapcomm [H3C] snmp – agent community read 1 acl 1 **回退方法：** [H3C] snmp – agent [H3C] undo snmp – agent traps enable

续表

分类	检查选项	评估操作示例
5. 设备管理	关闭未使用接口	**要求**： 使用 display current – configuration 命令，查看交换机的 interface 是否存在 shutdown 情况。 **参考配置**： ［H3C］interface ethernet 3/0/1 ［H3C – Ethernet3/0/1］shutdown 回退方法： ［H3C］interface ethernet 3/0/1 ［H3C – Ethernet3/0/1］undo shutdown
	SNMP 服务主机限制	**要求**： 使用 display current – configuration 命令，查看输出中 SNMP 服务绑定 ACL 进行控制。示例如下： ［H3C］display current – configuration …. acl number 2000 match – order config rule 1 permit source 10.110.100.52 0 snmp – agent community read aaa acl 2000 snmp – agent group v2c groupa acl 2000 **参考配置**： 使用 ACL 限制只与特定主机进行 SNMP 协议交互： ＜H3C＞ system – view ［H3C］acl number 2000 match – order config ［H3C – acl – basic – 2000］rule 1 permit source 10.110.100.52 0 ［H3C – acl – basic – 2000］rule 2 permit source 10.110.100.46 0 ［H3C – acl – basic – 2000］rule 3 deny source any ［H3C – acl – basic – 2000］quit ［H3C］snmp – agent community read aaa acl 2000 ［H3C］snmp – agent group v2c groupa acl 2000 ［H3C］snmp – agent usm – user v2c usera groupa acl 2000 回退方法： ［H3C］undo snmp – agent community read aaa acl 2000
	禁用 SNMP 写功能	**要求**： 使用 display current – configuration 命令，查看输出中 SNMP 权限是否为 Read – Only（简写为 RO）。示例输出： ［H3C］ display current – configuration ｜ in snmp snmp – agent community write ahltnms **参考配置**： ＜H3C＞ system – view ［H3C］undo snmp – agent community write ahltnms 回退方法： ＜H3C＞ system – view ［H3C］snmp – agent community write ahltnms

续表

分类	检查选项	评估操作示例
6. 服务安全	关闭非必要网络服务功能	**要求：** 关闭网络设备不必要的服务，比如 HTTP、FTP、TFTP 服务等，可根据实际情况调整。 使用 display current – configuration 命令，参考配置方法确定哪些功能处于禁止状态；查看输出中哪些处于 undo 状态。 **参考配置：** 禁用 HTTP 服务： ［H3C］ip http shutdown 禁用 FTP 服务： ［H3C］ftp server disable 禁用 TFTP 服务： ［H3C］tftp server disable **回退方法：** 开启 HTTP 服务： ［H3C］undo ip http shutdown 开启 FTP 服务： ［H3C］ftp server enable 开启 TFTP 服务： ［H3C］tftp server enable
7. 安全防护	日志时间 NTP	**要求：** 使用 display current – configuration 命令，查看是有如下配置：ntp – service 相关关键字。 **参考配置：** 关闭 NTP 服务： 　［H3C］ undo ntp – service unicast – server 1.1.1.1 启用 NTP 认证： 　［H3C］ ntp – service authentication – keyid 1 authentication – mode md5 N'C55QK <`=/Q =^Q'MAF4 <1！！ 　［H3C］ ntp – service unicast – server 2.2.2.2 authentication – keyid 1 **回退方法：** 见加固方法的关闭 NTP 服务的操作

任务评价——理解 H3C 网络设备测评

本任务主要介绍了网络设备基线检查要求和配置技术，以及 H3C 网络设备的测评方法。为了帮助学生充分理解本任务所讲解的内容，评价标准如下。

①了解网络设备基线检查要求和配置技术；
②掌握 H3C 网络设备的测评方法。

任务测验

完成本任务的学习后，接下来通过几道课后测验，检验一下对本任务的学习效果，同时加深对所学知识的理解。

一、选择题

1. （　　）是指满足最小信息安全保证的基本要求，作为公司信息系统的初始化安装配置标准，以及实施安全评估或安全加固时提供标准依据与操作指导。
   A. 信息安全　　　　B. 等级保护　　　　C. 安全基线　　　　D. 网络安全
2. 以下不属于安全通信网络的防范要求的是（　　）。
   A. 安全区域边界　　B. 网络架构　　　　C. 通信传输　　　　D. 可信验证

二、简答题

1. 什么是安全基线？安全基线制定的原则是什么？
2. 简单介绍安全区域边界的测评对象和测评重点。

任务 5.2　华为交换机和路由器的安全测评

现代社会已经成为网络社会，并且影响着社会各个行业的生存及发展，而交换机及路由器又是构成网络的重要组成部分，所以交换机及路由器的安全性在此显得尤为重要。由于其关系到企业网络的安全性，所以企业需要学会利用身边的现有资源，进一步加强企业网交换机与路由器的安全的防范措施，进而提升企业的网络可靠性与安全性。

任务目标——掌握华为交换机和路由器测评方法

了解信息网络架构的相关知识，并掌握华为交换机和路由器测评的方法。

知识准备——信息网络架构

网络架构是进行通信连接的一种网络结构。网络架构是为设计、构建和管理一个通信网络而提供一个构架和技术基础的蓝图。网络构架定义了数据网络通信系统的每个方面，包括但不限于用户使用的接口类型、使用的网络协议和可能使用的网络布线的类型。

1. 网络拓扑结构

拓扑图就是网络结构图，拓扑图的作用是可以更直观明了地看清楚网络中各个节点之间的链接及接口之间的链接，便于网络拓扑结构的分析，方便配置和排除错误。图 5-2 所示为典型的网络拓扑结构示意图。

2. 安全区域边界

安全区域边界主要针对系统边界提出安全保护要求，系统边界一般包括整网互联边界和不同级别系统之间的边界。

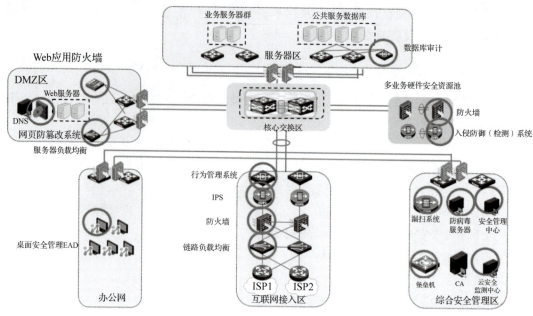

图 5-2 网络拓扑结构示意图

安全区域边界一般由网闸、防火墙、WAF、防病毒网关、抗 APT 攻击系统等具备访问控制和安全防护功能的安全设备或组件进行保护。

安全区域边界的防范要求如图 5-3 所示。

3. 安全通信网络

安全通信网络主要是指组织中的数据通信网络,其由网络设备、安全设备、可信计算设备和通信链路等相关组件构成,为等级保护对象各个部分提供安全的数据通信传输功能。安全通信网络的防范要求如图 5-4 所示。

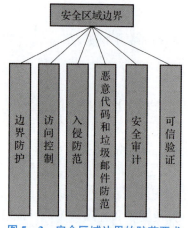

图 5-3 安全区域边界的防范要求

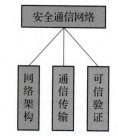

图 5-4 安全通信网络的防范要求

4. 安全区域边界测评

安全区域边界需要对边界防护、访问控制、入侵防范、恶意代码和反垃圾邮件防范、安全审计等方面进行测评。

(1）测评对象

➢ 网闸、防火墙、路由器、交换机和无线接入网关设备等提供访问控制功能的设备或相关组件。

➢ 抗 APT 攻击系统、网络回溯系统、威胁情报检测系统、抗 DDoS 攻击系统和入侵保护系统或相关组件。

➢ 防病毒网关和 UTM 等提供防恶意代码功能的系统或相关组件。

➢ 防垃圾邮件网关等提供防垃圾邮件功能的系统或相关组件。

➢ 终端管理系统或相关设备。

(2）测评重点

➢ 所有网络通信是否通过受控端口进行。

➢ 非授权接入和非法外联的控制。

➢ 边界访问控制策略的设置情况。

➢ 是否能够防止内外以及新型网络攻击。

➢ 关键网络节点采取全面的技术措施防止恶意代码。

➢ 可信验证技术的使用情况。

5. 安全通信网络测评

通信网络一般由网络设备、安全设备和通信链路等相关组件构成，为等级保护对象各个部分进行安全通信传输等。

(1）测评对象

➢ 路由器、交换机、无线接入设备和防火墙等提供网络通信功能和带宽控制功能的设备或相关组件。

➢ 综合网管系统等。

➢ 网络拓扑。

➢ 提供密码技术功能的设备或组件。

➢ 提供可信验证的设备或组件、提供集中审计功能的系统等。

(2）测评重点

➢ 通过综合网管等相关系统核查网络设备和网络带宽是否满足业务需求。

➢ 重要网络区域是否采取可靠的技术隔离手段。

➢ 通信线路、关键网络设备和关键计算设备的高可用性。

➢ 数据的完整性和保密性。

➢ 可信验证技术的使用情况。

任务实施——华为交换机和路由器安全测评

了解了信息网络架构的相关知识，接下来介绍华为交换机和路由器的测评内容与测评方法。

➢ **步骤1：华为交换机安全测评。**

按照表 5－11 所示测评项对华为交换机进行安全测评。

表 5-11 华为交换机安全测评

分类	检查选项	风险等级	评估操作示例
1. 关闭不必要的服务	禁止 FTP 服务器（File Transfer Protocol）	Ⅲ	检查方法： 全局模式下是否启用如下命令： Quidway# undo ftp server
	禁止 NTP 服务	Ⅲ	检查方法： show run、show ntp status
	禁止 DHCP Server 服务	Ⅲ	检查方法： 全局模式下是否启用如下命令： Quidway# undo dhcp server
	禁止 HGMP 服务	Ⅲ	检查方法： 全局模式下是否启用如下命令： Quidway# hgmpserver disable Quidway# undo hgmpserver
2. 登录要求和账号管理	设置用户权限	Ⅰ	检查方法： 全局模式下是否启用如下命令： 方法一： Quidway# authentication - mode password Quidway# set authentication password {cipher | simple} xxxxx 方法二： Quidway# authentication - mode scheme Quidway# local - user xxx Quidway# password {cipher | simple} xxxxx
	对 CON 端口的登录要求	Ⅱ	检查方法： 全局模式下是否启用如下命令： 第一种方法：采用密码认证 user - interface con 0 authentication - mod password set authentication password cipher xxxxxxx 第二种方法：采用本地用户名和密码认证 local - user huawei password cipher xxxxxxx user - interface con 0 authentication - mode local exit

续表

分类	检查选项	风险等级	评估操作示例
2. 登录要求和账号管理	远程登录采用加密传输（SSH）	II	检查方法： 全局模式下是否启用如下命令： ［Quidway］user - interface vty 0 4 ［Quidway - ui - vty0 - 4］authentication - mode local ［Quidway - ui - vty0 - 4］protocol inbound ssh ［Quidway］local - user client002 password simple Huawei ［Quidway］ssh user client002 authentication - type RSA
	对 AUX 端口的管理要求	II	检查方法： 全局模式下是否启用如下命令： Quidway# line aux 0 Quidway# undo modem xxxx
	远程登录的安全要求	II	检查方法： 全局模式下是否启用如下命令： 方法一：用户终端的本地口令认证 # user - interface vty 0 4 # authentication - mode password # set authentication password ［simple ｜ cipher］xxxxx 方法二：本地用户名/密码认证 # local - user xxx password ［simple ｜ cipher］xxx # user - interface vty 0 4 # authentication - mode local 方法三：本地 AAA 认证 # aaa enable # aaa authentication - scheme login default local # local - user xxx password ［simple ｜ cipher］xxx # authentication - mode scheme default 方法四：远程 RADIUS 认证 # aaa - enable # aaa authentication - scheme login xxx radius # radius - server xxx.xxx.xxx.xxx authentication - port xxxx # authentication - mode scheme xxx 其中，xxx 为认证方法表名

续表

分类	检查选项	风险等级	评估操作示例
2. 登录要求和账号管理	限制远程登录源地址	Ⅱ	检查方法： 全局模式下是否启用如下命令： Quidway# access – list 1 Quidway#rule 1 permit 10.1.1.1 0.0.0.255 ! Quidway#user – interface vty 0 4 Quidway – LINE#acl 1 inbound !
	本机认证和授权	Ⅰ	检查方法： 全局模式下是否启用如下命令： # local – user xxx password ［simple ｜ cipher］xxx # user – interface vty 0 4 # authentication – mode local
3. SNMP协议设置和日志审计	设置SNMP密码	Ⅱ	检查方法： 全局模式下是否启用如下命令： snmp – agent community read xxxxxxxx snmp – agent community write xxxxxxxx （xxxxxxxx 建议使用8位以上）
	更改SNMP TRAP协议端口	Ⅱ	检查方法： 全局模式下是否启用如下命令： #snmp – agent target – host trap address udp – domain xxx.xxx.xxx.xxx udp – port xxx
	限制SNMP发起连接源地址	Ⅱ	检查方法： 全局模式下是否启用如下命令： show snmp、show run
	开启日志审计功能	Ⅱ	检查方法： show logging、show logging buffer1
4. 二层安全要求	端口配置广播抑制	Ⅲ	检查方法： 全局模式下是否启用如下命令： #broadcast – suppression 10

续表

分类	检查选项	风险等级	评估操作示例
5. 其他安全要求	禁止未使用或空闲的端口	Ⅲ	检查方法： 全局模式下是否启用如下命令： #shutdown（不用端口）
	符合 header 的设置要求	Ⅲ	检查方法： 全局模式下是否启用如下命令： header login xxxx 要求标准： 设备 Banner 不应当出现对攻击者有价值的信息。如： （1）设备厂商和型号 （2）单位（部门）名称或者简称 （3）设备功能 （4）地理位置 （5）管理员信息 （6）欢迎访问类信息等
	启用源地址路由检查（二层不适用）	Ⅲ	检查方法： 不用端口模式下是否启用如下命令： # urpf enable

➤ **步骤2：华为路由器的安全测评。**

按照表5-12所示测评项对华为路由器进行安全测评。

表5-12　华为路由器安全测评

分类	检查选项	风险等级	评估操作示例
1. 关闭不必要的服务	禁止 FTP 服务器 （File Transfer Protocol）	Ⅲ	检查方法： 全局模式下是否启用如下命令： Quidway# undo ftp server
	禁止 NTP 服务	Ⅲ	检查方法： 全局模式下是否启用如下命令： Quidway# undo ntp – service
	禁止 DHCP Server 服务	Ⅲ	检查方法： 全局模式下是否启用如下命令： Quidway# undo dhcp server
	禁止 HGMP 服务	Ⅲ	检查方法： 全局模式下是否启用如下命令： Quidway# hgmpserver disable Quidway# undo hgmpserver

续表

分类	检查选项	风险等级	评估操作示例
2. 登录要求和账号管理	设置用户权限	I	检查方法： 全局模式下是否启用如下命令： 方法一： Quidway# authentication – mode password Quidway # set authentication password ｛cipher ｜ simple｝ xxxxx 方法二： Quidway# authentication – mode scheme Quidway# local – user xxx Quidway# password ｛cipher ｜ simple｝ xxxxx
	对 CON 端口的登录要求	II	检查方法： 全局模式下是否启用如下命令： 第一种方法：采用密码认证 user – interface con 0 authentication – mod password set authentication password cipher xxxxxxx 第二种方法：采用本地用户名和密码认证 local – user huawei password cipher xxx
	远程登录采用加密传输（SSH）	II	检查方法： 全局模式下是否启用如下命令： ［Quidway］user – interface vty 0 4 ［Quidway – ui – vty0 – 4］authentication – mode local ［Quidway – ui – vty0 – 4］protocol inbound ssh ［Quidway］local – user client002 password simple huawei ［Quidway］ssh user client002 authen
	对 AUX 端口的管理要求	II	检查方法： 全局模式下是否启用如下命令： Quidway# line aux 0 Quidway# undo modem xxxx
	远程登录的安全要求	II	检查方法： 全局模式下是否启用如下命令： 方法一：用户终端的本地口令认证 # user – interface vty 0 4 # authentication – mode password # set authentication password ［simple ｜ cipher］xxxxx 方法二：本地用户名/密码认证 # local – user xxx password ［simple ｜ cipher］xxx # user – interface vty

续表

分类	检查选项	风险等级	评估操作示例
2. 登录要求和账号管理	限制远程登录源地址	Ⅱ	检查方法： 全局模式下是否启用如下命令： Quidway# access－list 1 Quidway#rule 1 permit 10.1.1.1 0.0.0.255 ! Quidway#user－interface vty 0 4 Quidway－LINE#acl 1 inbound !
	本机认证和授权	Ⅰ	检查方法： 全局模式下是否启用如下命令： # local－user xxx password [simple｜cipher] xxx # user－interface vty 0 4 # authentication－mode local
3. SNMP 协议设置和日志审计	设置 SNMP 密码	Ⅱ	检查方法： 全局模式下是否启用如下命令： snmp－agent community read xxxxxxxx snmp－agent community write xxxxxxxx （xxxxxxxx 建议使用 8 位以上）
	更改 SNMP TRAP 协议端口	Ⅱ	检查方法： 全局模式下是否启用如下命令： #snmp－agent target－host trap address udp－domain xxx.xxx.xxx.xxx udp－port xxx
	限制 SNMP 发起连接源地址	Ⅱ	检查方法： 全局模式下是否启用如下命令： # snmp－server community read FullHardPassword acl 3（只允许访问列表规定的主机进行 SNMP 协议交互）
	开启日志审计功能	Ⅱ	检查方法： 第一种：SNMP TRAP 的方式 指定接收 SNMP 消息的主机地址以及 UDP 端口号 #snmp－agent target－host trap ip－address 允许设备发送 trap 报文 #snmp－agent trap enable 第二种：SYSLOG 的方式 #info－center loghost 10.113.0.41

续表

分类	检查选项	风险等级	评估操作示例
4. IP 协议安全	路由器以 UDP/TCP 协议对外提供服务，供外部主机进行访问，如作为 NTP 服务器、TELNET 服务器、TFTP 服务器、FTP 服务器、SSH 服务器等，应配置路由器，只允许特定主机访问	Ⅱ	检查方法： 全局模式下是否启用如下命令： acl number 1 rule 1 deny ip 127.0.0.0 0.255.255.255 any log … int f1/1 firewall packet – filter 3001 inbound（outbound）
	过滤已知攻击： 在网络边界设置安全访问控制，过滤掉已知安全攻击数据包，例如 udp 1434 端口（防止 SQL slammer 蠕虫）、tcp 445、5800、5900（防止 Della 蠕虫）	Ⅲ	检查方法： 全局模式下是否启用如下命令： acl number 3001 rule 1 deny tcp destination – port eq 135 rule 2 deny udp destination – port eq 135 rule 5 deny tcp destination – port eq 139 rule 7 deny tcp destination – port eq 445 rule 8 deny udp destination – port eq 445 rule 9 deny tcp destination – port eq 539 rule 10 deny udp destination – port eq 539 rule 11 deny udp destination – port eq 593 rule 12 deny tcp destination – port eq 593 rule 13 deny udp destination – port eq 1434 rule 14 deny tcp destination – port eq 4444 rule 15 deny tcp destination – port eq 9996 rule 16 deny tcp destination – port eq 5554 rule 17 deny udp destination – port eq 9996 ［Quidway – 接口］firewall packet – filter 1 inbound（outbound）
	功能禁用： （1）禁用 IP 源路由功能，除非特别需要。 （2）禁用 PROXY ARP 功能，除非路由器端口工作在桥接模式。 （3）禁用直播（IP DIRECTED BROADCAST）功能。 （4）在非可信网段内禁用 IP 重定向功能。 （5）在非可信网段内禁用 IP 掩码响应功能	Ⅲ	检查方法： 全局模式下是否启用如下命令： （1）禁用 IP 源路由 undo ip source – route … （2）禁用 PROXY ARP int s0/0 undo ip proxy – arp … （3）禁用直播功能，12.0 之后默认 int s0 undo ip directed – broadcast … （4）禁用 IP 重定向 int s0 undo ip unreachable undo ip redirects （5）禁用 IP 掩码响应 undo ip mask – repy

续表

分类	检查选项	风险等级	评估操作示例
4. IP协议安全	启用动态IGP（RIPV2、OSPF、ISIS等）或EGP（BGP）协议时，启用路由协议认证功能，如MD5加密，确保与可信方进行路由协议交互	Ⅲ	检查方法： 全局模式下是否启用如下命令： (1)！1、RIPV2 rip rip authentication – mode md5 usual key – string … (2)！2、OSPF ospf area – ID ospf authentication – mode md5 key_ id key
5. 其他安全要求	禁止未使用或空闲的端口	Ⅲ	检查方法： 不用端口模式下是否启用如下命令： #shutdown（不用端口）
	符合header的设置要求	Ⅲ	检查方法： 全局模式下是否启用如下命令： header login xxxx 要求标准： 设备Banner不应当出现对攻击者有价值的信息。如： (1) 设备厂商和型号 (2) 单位（部门）名称或者简称 (3) 设备功能 (4) 地理位置 (5) 管理员信息 (6) 欢迎访问类信息等
	启用源地址路由检查（二层不适用）	Ⅲ	检查方法： 不用端口模式下是否启用如下命令： # urpf enable

任务评价——理解华为交换机和路由器测评

本任务主要介绍了安全区域边界和安全通信网络测评的相关知识，以及华为交换机和路由器的测评方法。为了帮助学生充分理解本任务所讲解的内容，评价标准如下。

①了解信息网络架构的相关知识；

②掌握华为交换机和路由器的测评方法。

任务测验

完成本任务的学习后,接下来通过几道课后测验,检验一下对本任务的学习效果,同时加深对所学知识的理解。

一、选择题

1. 以下传输协议保证通信过程中数据的完整性和保密性的是(　　)。
   A. Telnet　　　　B. ICMP　　　　C. RDP　　　　D. HTTPS
2. 以下选项属于等保2.0安全通信网络的控制点的是(　　)。
   A. 入侵防范　　　B. 安全管理　　　C. 访问控制　　　D. 通信传输

二、简答题

1. 什么是安全区域分界和安全区域网络?
2. 简单介绍安全通信网络的测评对象和测评重点。

项目总结

信息安全等级保护是国家信息安全保障工作的基本制度、基本策略、基本方法。开展信息安全等级保护工作不仅是实现国家对重要信息系统重点保护的重大措施,也是一项事关国家安全、社会稳定的政治任务。

完成本项目内容的学习,需要能够了解网络安全基线和信息网络架构的相关知识,以及安全网络测评的重点。能够自己动手进行H3C网络设备的安全测评,并且能够对华为交换机和路由器进行安全测评。

项目评价

在完成本项目学习任务后,可根据学习达成自我评价表进行综合能力评价,评价表总分110分(含附加分10分)。学习达成自我评价表积分方式:认为达成学习任务者,在□中打"√";认为未能达成学习者,在□中打"×"。其中,完全达成,可按该项分值100%计算;基本达成,可按该项分值60%计算;未能达成,不计分值。项目5学习达成自我评价表如表5-13所示。

表5-13　项目5学习达成自我评价表

学习目标	学习内容	达成情况
职业道德(10分)	遵纪守法,爱岗敬业。 遵守规程,安全操作。 认真严谨,忠于职守。 精益求精,勇于创新。 诚实守信,服务社会。	完全达成□ 基本达成□ 未能达成□

续表

学习目标	学习内容	达成情况
知识目标（30 分）	是否了解网络设备基线检查要求和配置技术； 是否理解信息网络架构的相关知识； 是否了解安全区域边界测评对象和测评重点； 是否了解安全通信网络测评对象和测评重点。	完全达成□ 基本达成□ 未能达成□
技能目标（30 分）	是否掌握 H3C 网络设备的测评方法； 是否掌握华为交换机和路由器的测评方法； 是否掌握思科交换机和路由器的测评方法。	完全达成□ 基本达成□ 未能达成□
素质目标与 思政目标（20 分）	是否具有良好的网络设备认知能力； 是否具有良好的网络设备技术文档学习能力； 是否理解信息安全等级保护对于国家信息安全保障的重要性； 是否理解实施信息安全等级保护的优势。	完全达成□ 基本达成□ 未能达成□
职业技能 等级标准（10 分）	初级： 是否了解网络设备安全基线的配置方法； 是否理解网络安全边界及安全通信网络； 是否了解网络架构和通信传输； 是否能够对交换机和路由器进行安全测评。	完全达成□ 基本达成□ 未能达成□
（附加分） 学习过程 发现问题（5 分）		
（附加分） 学习过程 解决问题（5 分）		

本表仅供学习者对照学习任务进行自我评价，以便查漏补缺，强化职业岗位能力，以适应社会新需求。

项目 6

信息安全等级保护现场测评
——安全防护设备测评

项目介绍

网络设备和安全设备是连接到网络中的物理实体。常见的网络设备有交换机、网桥、路由器、网关等;常见的安全设备有防火墙、IPS、IDS 等。

安全产品系统自身固有的安全问题、软硬件 BUG,是无法控制的,主要包括账号、口令、授权、日志、IP 通信等方面内容,造成了安全风险,需根据不同厂商多年实践的基线规范,结合业务特点,进行局部调整、完善。

本项目围绕安全防护设备测评的相关内容进行讲解,设置 DVWA 攻防环境的搭建、DVWA 攻防实验——Brute Force、不同安全设备的安全测评 3 个学习任务,使同学们掌握攻防环境搭建和不同品牌防火墙及其他安全设备的测评方法。

学习目标

1. 知识目标

通过本项目的学习,应达到如下知识目标:
(1) 了解安全设备的安全基线所包含的整体内容;
(2) 了解安全设备的安全基线检查的要求;
(3) 了解安全设备的安全基线配置技术。

2. 技能目标

通过本项目的学习,应达到如下技能目标:
(1) 掌握 DVMA 攻防环境的搭建方法;
(2) 掌握使用 DVWA 中的 Brute Force 破解用户名和密码的方法;
(3) 掌握不同品牌安全设备的测评方法。

3. 素质目标

通过本项目的学习,应达到如下素质目标:
(1) 认识并了解不同的安全防护设备;
(2) 具有良好的攻防环境问题解决能力。

4. 思政目标

通过本项目的学习,应达到如下思政目标:
(1) 理解国家对于网络信息安全的重视程度;

（2）培养国家安全观。

学习导图

本项目讲解信息安全等级保护现场测评——安全防护设备测评的相关知识内容，主要包括 DVWA 攻防环境的搭建、DVWA 攻防实验——Brute Force、不同安全设备的安全测评 3 个任务 8 个知识点。项目学习路径与学习内容参见学习导图（图 6-1）。

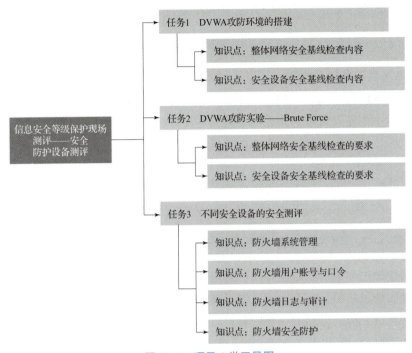

图 6-1 项目 6 学习导图

本项目学习内容与网络安全评估职业技能等级标准内容的对应关系见表 6-1。

表 6-1 本项目与职业技能等级标准内容对应关系

网络安全评估职业技能等级标准			信息安全等级保护现场测评——安全防护设备测评	
工作任务	职业技能要求	等级	知识点	技能点
理解并掌握安全防护设备的测评方法	①能够掌握网络攻防环境的搭建方法；②能够掌握使用工具破解用户名和密码的方法；③能够对不同品牌防火墙和其他安全设备进行测评	初级	①了解安全设备的安全基线所包含的整体内容；②了解安全基线检查的要求；③了解安全基线配置技术	①掌握 DVMA 攻防环境的搭建方法；②掌握使用 DVWA 中的 Brute Force 破解用户名和密码的方法；③掌握不同品牌安全设备的测评方法

任务 6.1 DVWA 攻防环境的搭建

DVWA（Damn Vulnerable Web Application）是用 PHP + MySQL 编写的一套用于常规 Web 漏洞教学和检测的 Web 脆弱性测试程序，它包含了 SQL 注入、XSS、CSRF 等常见的一些安全漏洞。其主要目的是帮助安全专业人员在合法的环境下测试他们的技术和工具，也可以帮助开发人员更好地理解如何加固他们开发的 Web 系统。

任务目标——掌握 DVWA 攻防环境的搭建

通过 DVWA 攻防环境的搭建，可以让学生学会网站环境集成包的安装及使用。利用该集成包，学生还可以搭建部署其他 PHP 网站源码，其是目前市场上常用的集成软件包，并掌握数据库的基本创建及管理。修改网站数据库配置文件，与数据库连接，使网站调用本地数据库。

任务环境

主要设备：PC 机，phpStudy 软件，DVWA 网站源码包。

知识准备——安全设备的安全基线整体内容

企业网络建设过程中，随着业务项目的增加、网络的拓展组网，网络设备会随着规模不断增加。在增加的设备中，一个好的运维习惯可以提高企业内部安全网络属性，对于一个合格的网络安全运维人员，应当有一套针对自己网络环境的安全基线。

1. 整体网络安全基线检查内容

整体网络的安全基线所包含的内容如图 6-2 所示。

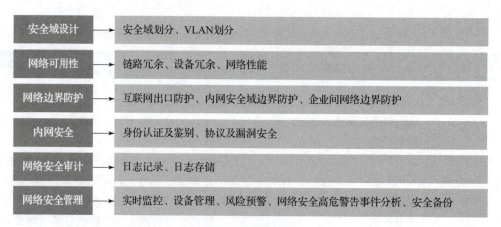

图 6-2 整体网络

2. 安全设备安全基线检查内容

安全设备安全基线检查的内容如图 6-3 所示。

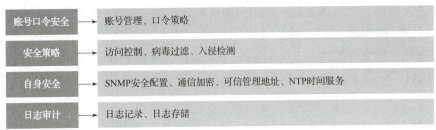

图 6-3　安全设备安全基本检查的内容

任务实施——搭建 DVWA 攻防环境

接下来,在 PC 机中安装并配置 phpStudy 软件,并且将准备好的 DVWA 网站源码包放置到 phpStudy 环境中,搭建 DVMA 攻防环境。

➢ **步骤 1**:下载并安装 **phpStudy** 集成软件。

01. 打开浏览器,在地址栏中输入 phpStudy 的官方网站地址 http://www.phpstudy.net/,打开官方网站,如图 6-4 所示。

图 6-4　打开 phpStudy 官方网站

02. 执行顶部菜单栏中的"Windows 版"→"phpstudy 客户端"命令,进入 Windows 版 phpStudy 客户端的下载页面,如图 6-5 所示。

图 6-5　进入 Windows 版 phpStudy 客户端下载页

03. 单击页面中的"立即下载"按钮，即可下载 phpStudy 客户端程序。下载完成后，对所下载的文件进行解压安装，如图 6-6 所示。

04. 在解压后的文件夹中双击 phpStudy.exe 文件，启动 PHPStudy 程序，单击"启动"按钮，启动运行 Apache 和 MySQL 软件，如图 6-7 所示。

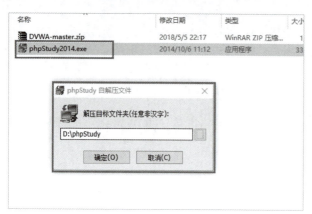

图 6-6 解压 phpStudy 软件

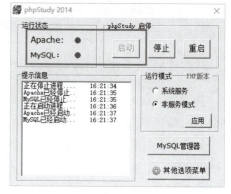

图 6-7 启动运行 Apache 和 MySQL 软件

➢ **步骤 2**：登录 MySQL 管理平台，并新建数据库。

01. 在"phpStudy 2014"对话框中单击"MySQL 管理器"按钮，在弹出的菜单中执行"phpMyAdmin"命令，如图 6-8 所示。

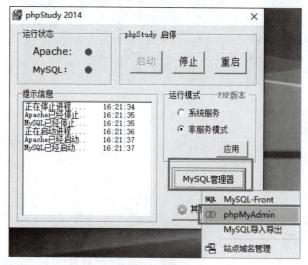

图 6-8 执行 phpMyAdmin 命令

02. 在弹出的浏览器窗口中自动打开 phpMyAdmin 登录界面，使用默认账户 root 和默认密码 root 登录 MySQL 管理平台，单击工具栏中的"数据库"选项，在界面中的"新建数据库"文本框中输入数据名称 testone，如图 6-9 所示。

03. 单击"创建"按钮，即可在 phpMyAdmin 管理平台中创建一个名称为 testone 的 MySQL 数据库。

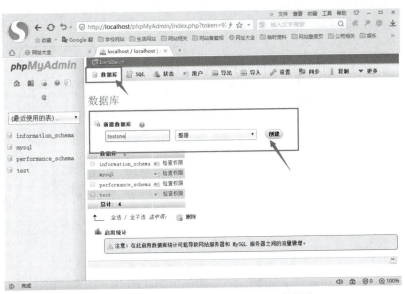

图 6-9 创建名为 testone 的 MySQL 数据库

> 步骤 3：下载并安装 DVWA。

01. 打开浏览器，在地址栏中输入 DVWA 的官方网站地址 http://www.dvwa.co.uk/，打开官方网站，如图 6-10 所示。

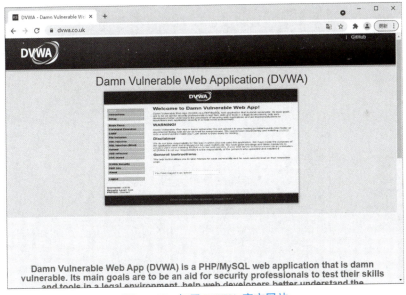

图 6-10 打开 DVWA 官方网站

02. 单击官方网站页面下方的"DOWNLOAD"按钮，下载 DVWA 文件压缩包，如图 6-11 所示。

03. 将下载得到的 DVWA-master.zip 文件解压缩，将解压后 DVWA-master 文件夹内源代码复制到 phpStudy 安装目录中的 WWW 文件夹中，如图 6-12 所示。

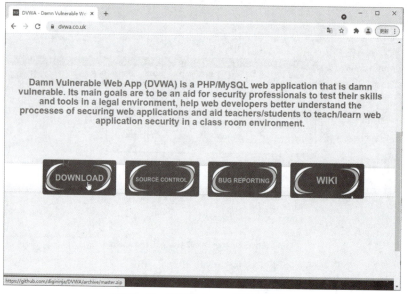

图 6-11　下载 DVWA 文件压缩包

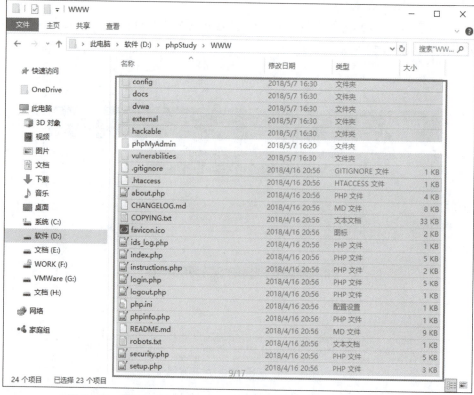

图 6-12　将 DVWA-master 文件夹内源代码复制到 WWW 目录中

> **提示：**
> WWW 文件夹为 phpStudy 默认的网站根目录，也可以根据需要自主进行修改。

> 步骤 4：配置 DVWA 并实现与数据库连接。

01. 找到 WWW 目录中的/config/config.inc.php.dist 文件，复制该文件，并将复制得到的文件重命名为 config.inc.php，如图 6-13 所示。

图 6-13　复制文件并重命名

02. 打开 config.inc.php 文件，修改该文件中有关数据库连接的内容，修改为本地的数据库连接，如图 6-14 所示。

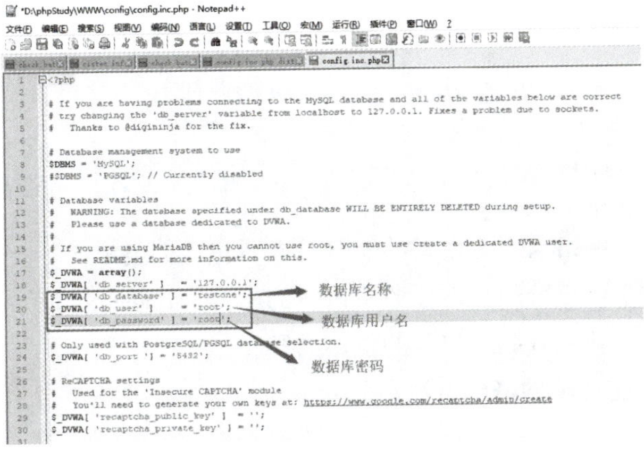

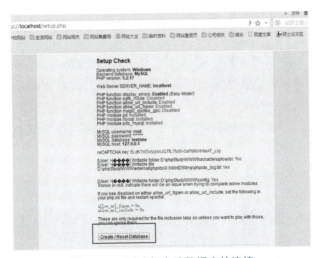

图 6-14　修改数据库连接信息

> 步骤 5：测试本地连接，并登录 DVWA 攻防系统。

01. 打开浏览器窗口，在地址栏中输入 localhost/setup.php，测试与本地数据库的连接，如图 6-15 所示。

图 6-15　测试与本地数据库的连接

· 115 ·

02. 在地址栏中输入 localhost/login. php，显示 DVWA 登录界面，如图 6 – 16 所示。输入默认的用户名 admin 和密码 password，登录 DVWA 攻防演练系统。

图 6 – 16　显示 DVWA 登录界面

任务评价——了解安全基线的整体内容并掌握 DVMA 攻防环境的搭建

本任务主要介绍了网络与安全设备的安全基线所包含的整体内容，以及如何搭建 DVMA 攻防环境。为了帮助学生充分理解本任务所讲解的内容，评价标准如下。

①了解安全设备的安全基线所包含的整体内容；
②掌握 DVMA 攻防环境的搭建方法。

任务测验

完成本任务的学习后，接下来通过几道课后测验，检验一下对本任务的学习效果，同时加深对所学知识的理解。

一、选择题

1. (　　) 是用 PHP + MySQL 编写的一套用于常规 Web 漏洞教学和检测的 Web 脆弱性测试程序。

　　A. phpStudy　　　　B. DVWA　　　　B. Cobalt Strike　　　D. burpsuite

2. (　　) 是指满足最小信息安全保证的基本要求，作为公司信息系统的初始化安装配置标准。

　　A. 等级保护　　　　B. 安全测评　　　　C. 安全基线　　　　D. 网络安全

二、简答题

简述安全设备的安全基线检查内容包含哪些。

任务 6.2　DVWA 攻防实验——Brute Force

Brute Force 是指暴力破解，暴力破解一般指穷举法，穷举法的基本思想是根据题目的部分条件确定答案的大致范围,并在此范围内对所有可能的情况逐一验证,直到全部情况验证完毕。若某个情况验证符合题目的全部条件,则为本问题的一个解;若全部情况验证后都不符合题目的全部条件,则本题无解。

任务目标——掌握使用 DVWA 暴力破解的方法

Brute Force 是指使用字典对用户名、密码等信息进行枚举尝试,从而获得正确信息。通过本任务的学习,可以使学生学习在网络安全中暴力破解用户和密码等相关信息,以及 DVWA 入门级攻防知识。

任务环境

主要设备:DVWA 攻防环境,burpsuite。

知识准备——安全设备的安全基线检查要求

为了保证业务安全、信息系统及数据安全,我们部署了很多安全设备,如防火墙、入侵检测、网络设备、审计系统、安全平台等。对所部署的网络及安全设备进行安全基线检查,是为了规范系统安全基线配置过程,加强系统安全配置的强度与质量,防止未经授权的访问、黑客攻击等造成的系统故障与业务中断,保证系统运行安全。

1. 整体网络安全基线检查的要求

(1) 整体网络可用性

整体网络可用性的检查要求如表 6-2 所示。

表 6-2 整体网络可用性的检查要求

检查项目	基本要求
链路冗余	对内部主干网链路及互联网出口等主要链路进行冗余部署
设备冗余	对重要网络设备及安全设备进行冗余设计
网络性能	保证出口带宽及核心设备处理性能可以满足业务需求

(2) 整体网络边界防护

整体网络边界防护的检查要求如表 6-3 所示。

表 6-3 网络安全审计的检查要求

检查项目	基本要求
互联网出口防护	在互联网出口部署访问控制、VPN、DDoS、病毒防护、防垃圾邮件、入侵检测等安全措施
安全域边界防护	在内网不同安全域间部署访问控制、入侵检测等安全措施
网络边界防护	在上下级单位及平级单位间部署访问控制、入侵检测等安全措施

(3) 网络安全审计

网络安全审计的检查要求如表 6-4 所示。

表 6-4　网络安全审计的检查要求

检查项目	基本要求
日志记录	开启所有网络及安全设备日志记录功能,记录内容应包括:事件发生的时间、操作者的身份、地址及做了哪些操作
日志存储	至少连续记录 6 个月日志,尽量部署统一审计系统(可以统一审计所有网络设备、安全设备、主机、中间件、数据库)

(4) 整体网络内网安全

整体网络内网安全的检查要求如表 6-5 所示。

表 6-5　整体网络内网安全的检查要求

检查项目	基本要求
身份认证及鉴别	内网接入认证(802.1x)、无线采用 WPA 协议加密认证(删除默认账号/口令)、通过 VPN 实现远程访问内网资源的用户认证及加密,并限制访问权限
协议及漏洞安全	对动态路由协议进行加密传输,确保当前的网络设备的 IOS 版本无高危安全漏洞

(5) 整体网络安全管理

整体网络安全管理的检查要求如表 6-6 所示。

表 6-6　整体网络安全管理的检查要求

检查项目	基本要求
实时监控	部署综合网络管理平台对网络、安全(主机)设备情况进行实时监控
风险预警	对网络突发事件进行预警,如短信、邮件或其他预警方式
网络安全高危警告事件分析	每天对网络及安全设备的高危告警情况进行分析
安全备份	当网络设备及安全设备的配置变更时,对其进行备份

2. 安全设备安全基线检查的要求

(1) 安全设备账号口令

安全设备账号口令的检查要求如表 6-7 所示。

表 6-7　安全设备账号口令的检查要求

检查项目	基本要求
账号管理	更改设备默认管理员账号,删除或禁用多余账号,会话超时自动退出功能
口令策略	口令长度至少为 8 位,并且应为数字、字母和特殊符号中至少 2 类的组合,登录失败 5 次锁定 30 分钟

(2) 安全设备安全策略

安全设备安全策略的检查要求如表 6-8 所示。

表 6-8 安全设备安全策略的检查要求

检查项目	基本要求
访问控制	采用白名单访问控制规则，默认拒绝所有访问； 规则颗粒度达到端口级
病毒过滤	启用病毒、蠕虫、木马、间谍软件、漏洞攻击等恶意软件检测模块； 定制拦截黑域名访问；开启监控阻断对 Web 页面的恶意访问功能； 病毒库至少每天一次更新
入侵检测	开启 ARP、ICMP、TCP、UDP 常用协议攻击匹配规则；及时更新规则库； 配置流量异常监控策略；配置短信、警声、邮件等报警措施； 每天对设备的高危告警事件进行分析； 针对报警信息采用人工响应处理或防火墙联动阻断措施

(3) 安全设备自身安全

安全设备自身安全的检查要求如表 6-9 所示。

表 6-9 安全设备自身安全的检查要求

检查项目	基本要求
SNMP 安全配置	SNMP 团体名应设置为强字符串，不能为 public 或弱字符串
通信加密	使用加密方式对安全设备进行远程管理（HTTPS、SSH）
管理地址限制	应对设备的管理员登录地址进行限制
NTP 时间服务	将 NTP 指向内部时间服务器

(4) 安全设备日志审计

安全设备日志审计的检查要求如表 6-10 所示。

表 6-10 安全设备日志审计的检查要求

检查项目	基本要求
日志记录	开启所有安全设备日志记录功能，记录内容应包括：事件发生的时间、操作者的身份、地址及做了哪些操作
日志存储	至少连续记录 6 个月日志，尽量部署统一审计系统（可以统一审计所有网络设备、安全设备、主机、中间件、数据库）

任务实施——使用 DVWA 中的 Brute Force 破解用户名和密码

接下来,通过 DVMA 中的 Brute Force 与 burpsuite 相结合,对登录信息进行爆破处理。

➢ **步骤 1**:对登录信息进行爆破。

01. 配置好 burpsuite 的本地代理之后,打开安装好的 DVWA 程序,在界面左侧单击"DVWA Security"选项,在界面右侧设置安全等级为"low",单击"Submit"按钮,如图 6-17 所示。

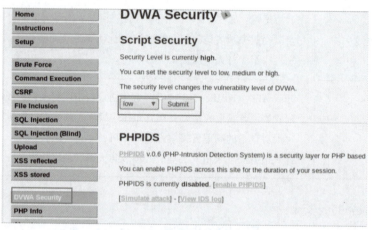

图 6-17 设置安全等级为"low"

02. 关闭 burpsuite 的拦截,在 DVWA 界面的左侧单击"Brute Force"选项,在界面右侧显示登录表单,如图 6-18 所示。在 Username 和 Password 文本框中输入内容,单击"Login"按钮。

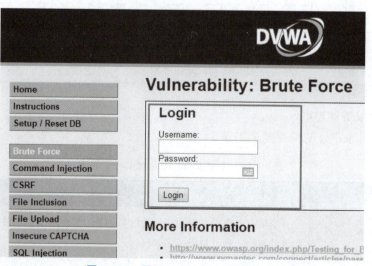

图 6-18 显示 Brute Force 登录表单

03. 在"burpsuite"中的"HTTP history"选项卡中找到刚刚的数据包,将提交的表单内容发送到 Intruder 模块,如图 6-19 所示。

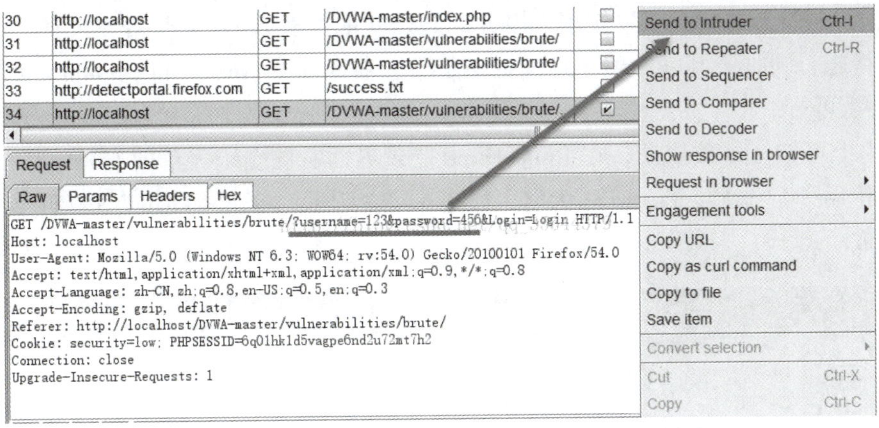

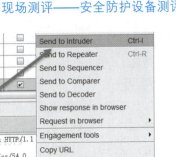

图 6-19 将抓取到的表单内容发送到 Intruder 模块

04. 对登录表单的用户名和密码信息进行爆破，得到爆破结果，如图 6-20 所示。

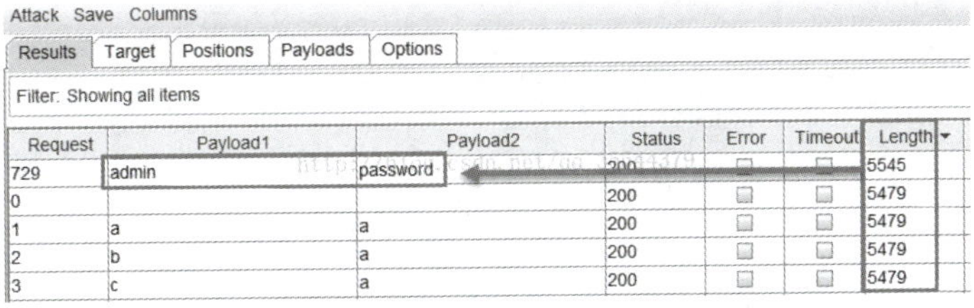

图 6-20 获得用户名和密码的爆破结果

05. 通过获得的爆破结果，可以轻易地发现，服务器并没有限制尝试登录的次数，因此爆破成功。

> **步骤 2**：返回 DVWA 中验证爆破结果。

01. 返回到 DVWA 中，在 Brute Force 登录界面右侧的右下角单击"View Source"按钮，可以查看 low 安全等级的登录页面源代码，如图 6-21 所示。

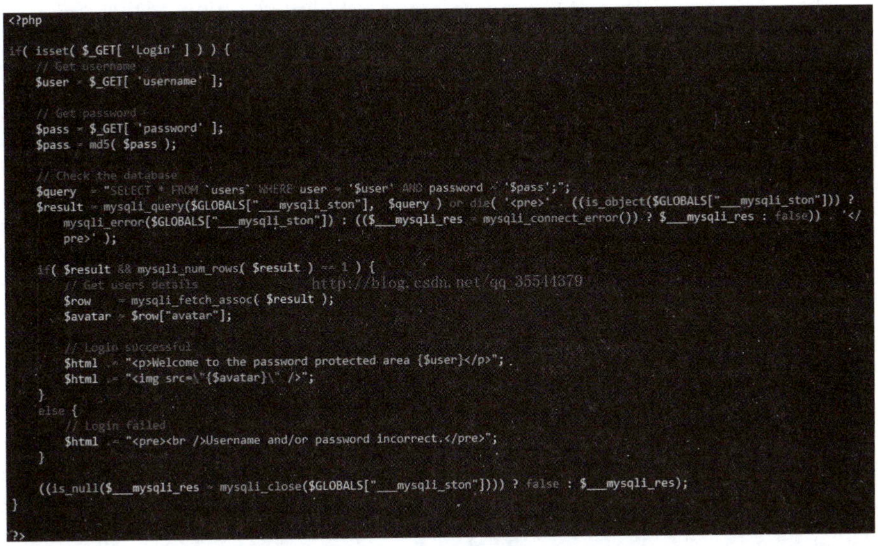

图 6-21 low 安全等级的源代码

02. 通过查看源代码，可以发现，服务器只是验证了参数 Login 是否被设置，没有任何的防爆破措施，同时还可以发现一点，也就是服务器未对 username 和 password 参数进行过滤，sql 注入可行。

03. 由上可知，爆破成功，在 Brute Force 登录界面右侧登录表单的 Username 文本框中输入 admin' or '1' = '1，Password 为空，如图 6-22 所示，单击"Login"按钮，绕过密码，直接登录成功。

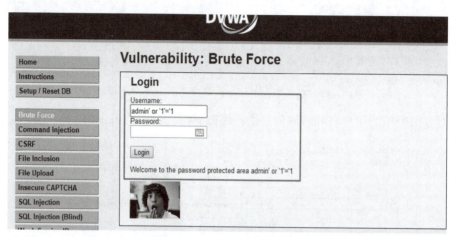

图 6-22　绕过密码登录成功

任务评价——理解安全基线检查要求并掌握使用 DVWA 暴力破解的方法

本任务主要介绍了网络与安全设备的安全基线检查的要求，以及使用 DVWA 暴力破解的方法。为了帮助学生充分理解本任务所讲解的内容，评价标准如下。
①了解安全设备的安全基线检查的要求；
②掌握使用 DVWA 中的 Brute Force 破解用户名和密码的方法。

任务测验

完成本任务的学习后，接下来通过几道课后测验，检验一下对本任务的学习效果，同时加深对所学知识的理解。

一、选择题

1.（　　）是指暴力破解。
　A. Command Injection　　　　B. SQL Injection　　　　C. CSRF　　　　D. Brute Force

2. 以下关于对所部署的网络及安全设备进行安全基线检查所起作用的描述，错误的是（　　）。
　A. 规范系统安全基线配置过程
　B. 加强系统安全配置的强度与质量
　C. 防止未经授权的访问、黑客攻击等造成的系统故障与业务中断
　D. 使系统运行更加流畅

二、简答题

简述什么是 DVWA 攻防环境。

任务6.3 不同安全设备的安全测评

信息系统安全往往需要在安全付出成本与所能够承受的安全风险之间进行平衡，而安全基线正是这个平衡的合理的分界线。不满足系统最基本的安全需求，也就无法承受由此带来的安全风险，而非基本安全需求的满足同样会带来超额安全成本的付出，所以构造信息系统安全基线已经成为系统安全工程的首要步骤，同时也是进行安全评估、解决信息系统安全性问题的先决条件。

任务目标——理解不同品牌安全设备的测评方法

通过对本任务的学习，可以使学生理解并掌握不同品牌安全设备的测评方法。

任务环境

主要设备：不同品牌的防火墙设备。

知识准备——安全设备的安全基线配置技术

安全基线的根本目的是保障业务系统的安全，使业务系统的风险维持在可控范围内，为了避免人为疏忽或错误，或使用默认的安全配置，给业务系统安全造成风险，从而制定安全检查标准，并且采取必要的安全检查措施，使业务系统达到相对的安全指标要求。

1. 防火墙系统管理

通过配置防火墙系统管理，提高安全设备运维管理安全性。防火墙系统管理基线配置技术要求如表6–11所示。

表6–11 防火墙系统管理基线配置技术要求

基线配置技术要求	基线标准点（参数）	说明
安全网络登录方式，SSH 或者 HTTPS	启用	采用 SSH（HTTPS）服务代替 Telnet（HTTP）服务管理防火墙设备
限制登录口令录入时间	30 秒	设置登录口令录入时间，建议为30 秒
限制可登录的访问地址	配置管理客户端 IP 地址	限制对特定工作站的管理能力
只接收管理流量的逻辑管理 IP 地址（可选）	启用	网络用户流量分离管理流量大大增加了管理安全性，并确保了稳定的管理带宽
HTTP 监听端口号（可选）	更改	通过更改 HTTP 监听端口号来提高系统安全性
统一时间	接入统一 NTP 服务器	保障生产环境所有设备时间统一

2. 防火墙用户账号与口令

通过配置防火墙设备用户账号与口令安全策略,提高设备账号与口令安全性。防火墙用户账号与口令基线配置技术要求如表6-12所示。

表6-12 防火墙用户账号与口令基线配置技术要求

基线配置技术要求	基线标准点(参数)	说明
系统初始账号和口令	修改	在完成初始配置后,应尽快修改默认用户名和口令
口令最短长度	8位	口令安全策略

3. 防火墙日志与审计

通过对防火墙设备的日志进行安全控制与管理,提高日志的安全性与有效性。防火墙日志与审计基线配置技术要求如表6-13所示。

表6-13 防火墙日志与审计基线配置技术要求

基线配置技术要求	基线标准点(参数)	说明
发起SNMP连接	限定源IP	限制发起SNMP连接的源地址
信息流日志	开启	针对重要策略开启信息流日志
系统日志(可选)	对接到统一网管日志服务器	使用网管平台统一日志服务器接收与存储系统日志
日志保存要求(可选)	6个月	日志必须至少保存6个月

4. 防火墙安全防护

通过对防火墙设备配置参数调整,提高设备安全性。防火墙安全防护基线配置技术要求如表6-14所示。

表6-14 防火墙安全防护基线配置技术要求

基线配置技术要求	基线标准点(参数)	说明
防火墙安全设置选项(可选)SYN Attack、ICMP Flood、UDP Flood、Port Scan-Attack、Limit session、SYN-ACK-ACK Proxy、SYN Fragment	开启	防攻击选项包括SYN Attack、ICMP Flood、UDP Flood、Port Scan Attack、Limit session、SYN-ACK-ACK Proxy、SYN Fragment(SYN碎片)等

任务实施——不同品牌安全设备测评

了解了网络与安全设备的安全基线配置技术,接下来讲解不同品牌安全设备的测评项和测评方法。

> **步骤1**：华为防火墙的安全测评。

按照表6-15所示测评项对华为防火墙设备进行安全测评。

表6-15　华为防火墙设备的安全测评

分类	检查选项	风险等级	评估操作示例
1. 设置特权口令和密码策略	设置 Enable 密码	Ⅰ	检查方法： 全局模式下是否启用如下命令： ［Eudemon］super password［level user-level］｛simple｜cipher｝text
	密码策略：密码必须符合复杂性要求（启用）	Ⅱ	检查方法： 访谈（包括特权密码、远程登录、Console 口、SNMP 等）
	密码策略：密码长度最小值（8）	Ⅱ	检查方法： 访谈（包括特权密码、远程登录、console 口、snmp 等）
	密码策略：密码最长使用期限（90天）	Ⅱ	检查方法： 访谈（包括特权密码、远程登录、console 口、snmp 等）
	密码策略：密码最短使用期限（1天）	Ⅱ	检查方法： 访谈（包括特权密码、远程登录、console 口、snmp 等）
2. 登录要求和账号管理	采用认证	Ⅰ	检查方法： 检查全局模式下是否启用如下命令： 方法一：在 VTY 的接口下。 ［Eudemon-ui-vty0］authentication-mode password ［Eudemon-ui-vty0］set authentication password simple xxxxxb 方法二：在本地认证。 ［Eudemon］user-interface vty 0 ［Eudemon-ui-vty0］authentication-mode local ［Eudemon］local-user xxx password cipher xxxx
	设置 exec-timeout（5分钟以内）	Ⅱ	检查方法： 检查全局模式下是否启用如下命令： ［Eudemon］# timeout minutes［seconds］

续表

分类	检查选项	风险等级	评估操作示例
2. 登录要求和账号管理	远程登录采用加密传输（SSH），并限制源地址	Ⅱ	检查方法： 检查全局模式下是否启用如下命令： ［Eudemon］user – interface vty 0 4 ［Eudemon – ui – vty0 – 4］authentication – mode local ［Eudemon – ui – vty0 – 4］protocol inbound ssh ［Eudemon］local – user client002 password simple huawei ［Eudemon］ssh user client002 authen
	多用户分权管理	Ⅱ	检查方法： 检查全局模式下是否建立不同用户，分配用户不同的权限。 ［Eudemon］super password［level user – level］{simple｜cipher} text
3. SNMP 协议设置和日志审计	设置 SNMP 读密码（8 位）	Ⅱ	检查方法： 检查全局模式下是否启用如下命令： ［Eudemon］#snmp – agent community {read｜write} ［Eudemon］#community – name［［mib – view view – name］｜［acl acl – number］］*
	开启日志审计功能	Ⅲ	检查方法： 检查全局模式下是否启用如下命令： ［Eudemon］#info – center enable ［Eudemon］#info – center loghost X.X.X.X［channel {channel – number｜channel – name}｜facility local – number｜language {chinese｜english}］
4. 安全策略	安全策略精细度，原则上应当精确到 IP、协议、端口	Ⅲ	检查方法： 检查全局模式下是否启用如下命令： ［Eudemon］acl number 102 rule 1 deny tcp destination – port eq 135 rule 2 deny udp destination – port eq 135 rule 3 deny tcp destination – port eq 139 rule 4 permit ip any any ［Eudemon – 相应的区域］packet – filter 102 inbound 或者（outbound）

续表

分类	检查选项	风险等级	评估操作示例
5. 其他安全要求	符合设备提示符的设置要求	Ⅲ	**检查方法：** 检查全局模式下是否启用如下命令和符合如下规则： ［Eudemon］header login XXXX **要求标准：** 设备 Banner 不应当出现对攻击者有价值的信息，如： （1）设备厂商和型号 （2）单位（部门）名称或者简称 （3）设备功能 （4）地理位置 （5）管理员信息 （6）欢迎访问类信息等
6. 其他	访问控制策略	Ⅲ	**检查方法：** 检查访问控制策略是否根据最小化原则进行设计的，只放开允许访问的地址、协议、端口，其他的一律禁止

▶ 步骤2：天融信防火墙的安全测评。

按照表6-16所示测评项对天融信防火墙设备进行安全测评。

表6-16　天融信防火墙设备的安全测评

分类	检查选项	风险等级	评估操作示例
1. 关闭不必要服务	关闭不必要的服务 GUI	Ⅲ	检查方法（登录界面）： "系统"→"开放服务"下，不必要的服务（GUI）是否关闭
	关闭不必要的服务 ping	Ⅲ	检查方法（登录界面）： "系统"→"开放服务"下，不必要的服务（ping）是否关闭
	关闭不必要的服务设备监控	Ⅲ	检查方法（登录界面）： "系统"→"开放服务"下，不必要的服务（远程监控）是否关闭
	关闭不必要的服务 telnet 等	Ⅲ	检查方法（登录界面）： "系统"→"开放服务"下，不必要的服务（telnet）是否关闭

续表

分类	检查选项	风险等级	评估操作示例
2. 设置特权口令和密码策略	密码策略：密码必须符合复杂性要求（启用）	Ⅱ	检查方法： 访谈
	密码策略：密码长度最小值（8）	Ⅱ	检查方法： 访谈
	密码策略：密码最长使用期限（90天）	Ⅱ	检查方法： 访谈
	密码策略：密码最短使用期限（1天）	Ⅱ	检查方法： 访谈
3. 登录要求和账号管理	远程登录采用加密传输（SSH），并限制源地址	Ⅱ	检查方法： 在"系统"→"开放服务"页面中单击"添加配置"按钮，在"服务名称"列表中选择"SSH"，已经通过控制区域和地址来限制源地址
	通过WEBUI的方式管理防火墙，并限制源地址	Ⅱ	检查方法： 在"系统"→"开放服务"页面中单击"添加配置"按钮，在"服务名称"列表中选择"WEBUI"，已经通过控制区域和地址来限制源地址
	采用多用户分权管理	Ⅱ	检查方法： 通过WEBUI方式登录后查看"系统"→"管理员"下是否存在多用户
4. SNMP协议设置和日志审计	设置SNMP读密码	Ⅱ	检查方法： 配置模式下命令为： SNMP TRAPHOST ADD name public hostip ＜ipaddress＞
	开启事件日志	Ⅲ	检查方法： 方法一：指向log服务器配置模式下命令为： LOG SET ＜［ipaddr ＜serv_ip＞］［port ＜portnum＞］［logtype ｜syslog ｜welf＞］［trans ＜enable ｜disable＞］ 方法二：SNMP指向的log服务器命令格式： SNMP TRAPHOST ADD name public hostip ＜ipaddress＞
5. 其他	访问控制策略	Ⅲ	检查方法： 检查访问控制策略是否根据最小化原则进行设计的，只放开允许访问的地址、协议、端口，其他的一律禁止

步骤 3：Netscreen 防火墙的安全测评。

按照表 6-17 所示测评项对 Netscreen 防火墙设备进行安全测评。

表 6-17 Netscreen 防火墙设备的安全测评

分类	检查选项	风险等级	评估操作示例
1. 启用一些安全设置	防 SYN Attack	Ⅲ	检查方法： 配置模式下是否启用如下命令： 　set zone untrust screen syn-flood attack-threshold 625 　set zone untrust screen syn-flood alarm-threshold 250 　set zone untrust screen syn-flood source-threshold 25
	防 ICMP Flood	Ⅲ	检查方法： 配置模式下是否启用如下命令： set zone zone screen icmp-flood threshold number set zone zone screen icmp-flood
	防 UDP Flood	Ⅲ	检查方法： 配置模式下是否启用如下命令（默认没有启用该设置）： set zone zone screen udp-flood threshold number set zone zone screen udp-flood
	防 teardrop	Ⅲ	检查方法： 配置模式下是否启用如下命令（默认没有启用该设置）： set zone zone screen tear-drop
	防 ping of death	Ⅲ	检查方法： 配置模式下是否启用如下命令（默认没有启用该设置）： set zone zone screen ping-death
	防 Land	Ⅲ	检查方法： 配置模式下是否启用如下命令（默认没有启用该设置）： set zone zone screen land

续表

分类	检查选项	风险等级	评估操作示例
2. 设置特权口令和密码策略	密码策略：密码必须符合复杂性要求（启用）	Ⅱ	检查方法： 访谈
	密码策略：密码长度最小值（8）	Ⅱ	检查方法： 访谈
	密码策略：密码最长使用期限（90天）	Ⅱ	检查方法： 访谈
	密码策略：密码最短使用期限（1天）	Ⅱ	检查方法： 访谈
3. 登录要求和账号管理	远程登录采用加密传输（SSH）	Ⅰ	检查方法： 配置模式下是否启用如下命令（默认没有启用该设置）： set ssh enable set admin user cfg password cfg privilege all set interface ethernet1 manage ssh exec ssh tftp pka－rsa username cfg file－name idnt_cfg.pub ip－addr 10.1.1.5
	修改登录端口	Ⅲ	检查方法： 配置模式下是否启用如下命令（默认没有启用该设置）： SSH：set admin ssh port number（仅在 CLI 下面修改） HTTP：set admin port number
	限制登录尝试次数	Ⅲ	检查方法： 配置模式下是否启用如下命令（默认最多允许三次不成功的登录尝试）： set admin access attempts number
	采用多用户分权管理	Ⅲ	检查方法： 配置模式下是否启用如下命令（默认为用户名：netscreen，密码：netscreen 的根管理员）： 可读/写管理员：set admin user Roger password 2bd21wG7 privilege all 只读管理员：set admin user Roger password 2bd21wG7 privilege read－only

续表

分类	检查选项	风险等级	评估操作示例
4. SNMP 协议设置和日志审计	设置 SNMP 读密码	II	检查方法： 配置模式下是否启用如下命令（默认没有）： set snmp contact al_ baker@ mage. com set snmp location 3 – 15 – 2 set snmp auth – trap enable set snmp community MAge11 read – write trap – on version any set snmp host Mage 1. 1. 1. 5/32 trap v1 set snmp host Mage 1. 1. 1. 6/32 trap v2 set interface ethernet1 manage snmp
	开启事件日志	III	检查方法： 配置模式下是否启用如下命令（默认打开）： get event level ｜ emergency ｜ alert ｜ critical ｜ error ｜ warning ｜ notification ｜ information ｜ debugging ｜ get event include word_ string get event sort – by src – ip 10. 100. 0. 0 – 10. 200. 0. 0（排序和过滤只能使用 CLI 方式）
	开启信息流日志	III	检查方法： 配置模式下是否启用如下命令（没有默认配置）： set policy from src_zone to dst_zone src_addr dst_addr service action log count
	开启 SELF 日志	III	检查方法： 配置模式下是否启用如下命令（没有默认配置）： set firewall log – self
	开启流量告警	III	检查方法： 配置模式下是否启用如下命令（没有默认配置）： set address global ftp1 211. 20. 1. 10/32 set policy global any ftp1 ftp – get permit set policy global ftp1 any any deny count alarm 64 0
	建立日志服务器	III	检查方法： 配置模式下是否启用如下命令（没有默认配置）： set syslog enable set syslog config 1. 1. 1. 1 port 1514 set syslog config 1. 1. 1. 1 log all set syslog config 1. 1. 1. 1 facilities local0 local0 set syslog config 1. 1. 1. 1 transport tcp
5. 其他	访问控制策略	III	检查方法： 检查访问控制策略是否根据最小化原则进行设计的，只放开允许访问的地址、协议、端口，其他的一律禁止

> **步骤 4：通用安全设备的安全测评。**

按照表 6-18 所示测评项对通用安全设备进行安全测评。

表 6-18 通用安全设备的安全测评

分类	检查选项	检查要点	检查方法	判断标准
1. 远程登录管理	用户认证方式	启用本地或 AAA 认证	查看配置、人工访谈	是否启用认证方式
	鉴别信息在网络传输过程中被窃听	使用 SSH、HTTPS 加密传输，禁止使用 Telnet	查看配置、人工访谈	是否加密传输
	系统设置 SSH/HTTPS 访问地址	管理员登录地址进行限制，指定 SSH 或 HTTPS 访问的地址	查看配置、人工访谈	是否设置登录地址限制
2. 设备命名	主机命名标准化	主机命名可以明确描述主机的用途、承载的服务、使用部门和 IP 地址等	查看配置、人工访谈	是否存在标准化的主机命名，并包含关键描述信息
3. 密码管理	用户口令加密并定期更换	防火墙的用户口令加密并定期更换（90 天）	查看配置、人工访谈	是否满足密码策略要求
4. 账号管理	检查无用账号和分配权限	现存账号符合运维工作要求，没有无用账号、默认账号	查看配置、人工访谈	是否存在无用账号和未分配权限
5. 会话超时	定义会话超时时间	登录失败后应强制退出	查看配置、人工访谈	是否定义会话超时
6. 日志管理	日志服务	必须指定 log 服务器	查看配置、人工访谈	是否开启日志服务
	系统配置日志级别	定义日志级别，网络设备日志级别为 warnings 以上，安全设备日志级别为 information 以上	查看配置、人工访谈	是否定义日志级别
7. 服务管理	修改系统默认 snmp community public、private 团体名	修改 snmp community public/private 默认团体名	查看配置、人工访谈	是否修改默认团体名
	时钟服务	指定 NTP 服务器或校对本地时间	查看配置、人工访谈	时间是否准确

续表

分类	检查选项	检查要点	检查方法	判断标准
8. 补丁	是否存在安全漏洞	安全设备自身不应存在已知安全漏洞	漏洞扫描	是否存在已知安全漏洞
9. 特征库（防病毒等模块）	是否使用最新检测、防护等特征库	特征库更新时间是否为最新	查看配置、人工访谈	是否为最新特征库
10. 端口访问控制	关闭未使用端口	是否关闭未使用端口	查看配置、人工访谈	是否关闭未使用端口
11. 覆盖范围	安全防护覆盖范围	安全防护覆盖范围（如AntiDDoS设备应覆盖互联网域）	查看配置、人工访谈	是否完全覆盖防护区域
12. 防护策略	是否配置并启用防护策略	配置并启用防护策略	查看配置、人工访谈	是否配置并启用防护策略

任务评价——理解不同安全设备的测评方法

本任务主要介绍了网络与安全设备的安全基线配置技术，以及不同安全设备的测评方法。为了帮助学生充分理解本任务所讲解的内容，评价标准如下。

①了解安全设备的安全基线配置技术；
②掌握不同品牌安全设备的测评方法。

任务测验

完成本任务的学习后，接下来通过几道课后测验，检验一下对本任务的学习效果，同时加深对所学知识的理解。

一、选择题

1. 以下属于常见的网络设备的是（　　）。（多选）
   A. 交换机　　　　B. 网桥　　　　C. 路由器　　　　D. 网关
2. 以下属于常见的安全设备的是（　　）。（多选）
   A. 操作系统　　　B. 防火墙　　　C. IPS　　　　　D. IDS

二、简答题

简述安全设备的安全基线检查要求。

项目总结

信息安全是国家安全的重要组成部分,维护国家安全是每个公民应尽的义务和责任。我们要能够认清国内外敌对分子利用网络信息途径企图歪曲、破坏和颠覆等侵害我国政治体制的本质,维护国家的政治安全;增进学生的国防意识和国防知识,从而增强学生的国家安全观念,激发学习知识的积极性。

完成本项目内容的学习,需要能够理解网络及安全设备的安全基线基本内容,了解网络及安全设备的安全基线配置要求。能够自己动手搭配 DVWA 攻防系统和使用 DVWA 实现暴力破解,并且掌握安全设备测评的方法。

项目评价

在完成本项目学习任务后,可根据学习达成自我评价表进行综合能力评价,评价表总分 110 分(含附加分 10 分)。学习达成自我评价表积分方式:认为达成学习任务者,在□中打"√";认为未能达成学习者,在□中打"×"。其中,完全达成,可按该项分值 100% 计算;基本达成,可按该项分值 60% 计算;未能达成,不计分值。项目 6 学习达成自我评价表如表 6-19 所示。

表 6-19 项目 6 学习达成自我评价表

学习目标	学习内容	达成情况
职业道德(10 分)	遵纪守法,爱岗敬业。 遵守规程,安全操作。 认真严谨,忠于职守。 精益求精,勇于创新。 诚实守信,服务社会。	完全达成□ 基本达成□ 未能达成□
知识目标(30 分)	是否了解安全设备的安全基线所包含的整体内容; 是否了解安全设备的安全基线检查的要求; 是否了解安全设备的安全基线配置技术。	完全达成□ 基本达成□ 未能达成□
技能目标(30 分)	是否掌握 DVMA 攻防环境的搭建方法; 是否掌握使用 DVWA 中的 Brute Force 破解用户名和密码的方法; 是否掌握不同品牌安全设备的测评方法。	完全达成□ 基本达成□ 未能达成□
素质目标与思政目标(20 分)	是否认识并了解不同的安全防护设备; 具有良好的攻防环境问题解决能力; 是否理解国家对网络安全的重视程度; 是否具有国家安全观。	完全达成□ 基本达成□ 未能达成□

续表

学习目标	学习内容	达成情况
职业技能 等级标准（10分）	初级： 是否掌握网络攻防环境的搭建； 是否掌握使用工具破解用户名和密码的方法； 是否能够对不同品牌防火墙和其他安全设备进行测评。	完全达成□ 基本达成□ 未能达成□
（附加分） 学习过程 发现问题（5分）		
（附加分） 学习过程 解决问题（5分）		

本表仅供学习者对照学习任务进行自我评价，以便查漏补缺，强化职业岗位能力，以适应社会新需求。

项目 7

信息安全等级保护现场测评
——服务器和终端测评

项目介绍

制定操作系统及数据库安全基线，旨在指导管理人员或安全人员进行安全合规性检查和配置，作为产品准入、入网测试、系统运维、自我评估、安全加固依据，并依据这些安全基线建立准入措施，从源头和根本上控制与提高操作系统及数据库的安全性。

本项目围绕服务器和终端测评的相关内容进行讲解，设置操作系统与数据库安全测评基础、操作系统安全测评、数据库安全测评3个学习任务，使同学们理解并掌握主流服务器操作系统和数据库安全测评的方法，并且还介绍了操作系统与数据库相关的基础知识。

学习目标

1. 知识目标

通过本项目的学习，应达到如下知识目标：
（1）了解操作系统与数据库测评前的准备工作；
（2）了解操作系统安全基线检查方法和内容；
（3）理解操作系统安全基线配置技术；
（4）了解数据库安全基线检查内容；
（5）理解数据库安全基线配置技术。

2. 技能目标

通过本项目的学习，应达到如下技能目标：
（1）掌握操作系统与数据库的测评方法；
（2）掌握主流服务器操作系统的安全测评方法；
（3）掌握主流数据库的安全测评方法。

3. 素质目标

通过本项目的学习，应达到如下素质目标：
（1）认识不同类型操作系统和数据库，并具有基本操作能力；
（2）具有良好的操作系统和数据库技术文档阅读的能力。

4. 思政目标

通过本项目的学习，应达到如下思政目标：
（1）高度重视网络信息安全是国家安全的根基；
（2）培养德才兼备的优秀品质。

项目 7　信息安全等级保护现场测评——服务器和终端测评

学习导图

本项目讲解信息安全等级保护现场测评——服务器和终端测评的相关知识内容，主要包括操作系统与数据库安全测评基础、操作系统安全测评、数据库安全测评 3 个任务 8 个知识点。项目学习路径与学习内容参见学习导图（图 7-1）。

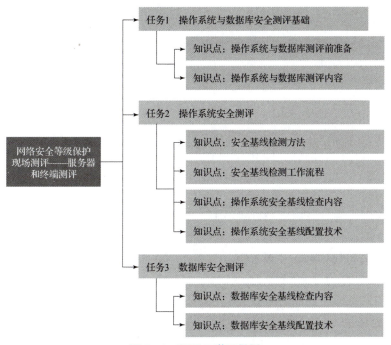

图 7-1　项目 7 学习导图

本项目学习内容与网络安全评估职业技能等级标准内容的对应关系如表 7-1 所示。

表 7-1　本项目与职业技能等级标准内容对应关系

网络安全评估职业技能等级标准			信息安全等级保护现场测评——服务器和终端测评	
工作任务	职业技能要求	等级	知识点	技能点
理解并掌握主流服务器操作系统和数据库的测评方法	①能够了解服务器操作系统结构和功能；②能够了解操作系统常见安全问题；③能够对服务器操作系统安全进行测评；④能够对数据库安全进行测评	初级	①了解操作系统与数据库测评前的准备工作；②了解操作系统安全基线检查方法和内容；③理解操作系统安全基线配置技术；④了解数据库安全基线检查内容；⑤理解数据库安全基线配置技术	①掌握操作系统与数据库的测评方法；②掌握主流服务器操作系统的安全测评方法；③掌握主流数据库的安全测评方法

任务 7.1　操作系统与数据库安全测评基础

主流的操作系统和数据库系统在市场上占据了绝大部分的市场份额。操作系统和数据库的安全又是系统正常运行和数据安全中最不可或缺的环节，如何做好基于操作系统与数据库安全的测评是本任务学习的主要内容。

任务目标——掌握操作系统与数据库测评方法

了解操作系统与数据库测评前的准备工作，并掌握操作系统与数据库安全测评方法。

任务环境

主要设备：主流操作系统与数据库。

知识准备——了解操作系统与数据库测评的准备工作

目前在服务器上运行的操作系统主要有 Windows、Linux、Sun Solaris、IBM AIX、HP-UNIX 等。

主流数据库类型有 Oracle、DB2、SQL Server、MySQL、Sybase。

1. 操作系统与数据库测评前准备

操作系统与数据库测评前的准备工作主要包括信息收集与测评指导书准备，介绍如下。

（1）信息收集

包括服务器设备名称、型号、所属网络区域、操作系统、数据库类型、版本、IP 地址、安装的应用软件名称、主要业务应用、涉及的数据、是否热备、重要程度、责任部门、运维管理方式等。

（2）测评指导书准备

根据信息收集的内容，结合操作系统、数据库所属等级，编写相应的操作系统与数据库测评指导书。

2. 操作系统与数据库测评内容

操作系统与数据库测评的主要内容包括以下几个方面。

① 身份鉴别。
② 访问控制。
③ 安全审计。
④ 剩余信息保护。
⑤ 入侵和恶意代码防范。
⑥ 资源控制。

任务实施——操作系统与数据库测评

了解了操作系统与数据库安全测评的准备工作，接下来介绍操作系统与数据库安全测评的相关测评内容与测评方法。

> 步骤1：身份鉴别测评。

按照表7-2所示测评项对身份鉴别的相关内容进行安全测评。

表7-2 身份鉴别相关内容的安全测评

测评内容	检测方法
为操作系统和数据库的不同用户分配不同的用户名，确保用户名具有唯一性	**Windows 系统：** 打开"管理工具"→"计算机管理"→"本地用户和组"中的"用户"，检查其中的用户名是否出现重复。 **Linux 系统：** 采用查看方式，在 root 权限下使用命令 cat 或 more 查看/etc/passwd 文件中用户名信息。 **数据库：** select username from dba_users；查看是否存在相同用户名的账户
应对登录操作系统和数据库系统的用户进行身份标识和鉴别	**Windows 系统：** 访谈系统管理员，系统用户是否已设置密码，并查看登录过程中系统账户是否使用了密码进行验证登录。 **Linux 系统：** 采用查看方式，在 root 权限下使用命令 cat 或 more 查看/etc/passwd、/etc/shadow 文件中各用户名状态
操作系统和数据库系统管理用户应具有不易被冒用的特点，应设置有密码复杂度的密码，并定期更换	**Windows 系统：** 在"本地安全策略"→"账户策略"→"密码策略"中查看相关项目。 **Linux 系统：** 访谈系统管理员，是否设置了复杂的密码，并定期更换；采用查看方式，在 root 权限下，使用命令 cat 或 more 查看 Linux 中/etc/pam.d/system-auth 文件中的相关信息
应启用登录失败处理功能，可采取结束会话、限制登录超时等措施	**Windows 系统：** 在"本地安全策略"→"账户策略"→"密码策略"中查看相关项目。 **Linux 系统：** （/etc/pam.d/system-auth 加入相关内容）auth required pam_tally.so=fail deny=6 unlock_time=300，设置为密码连续错误6次锁定，锁定时间为300秒

续表

测评内容	检测方法
当对服务器进行远程管理时,应采取加密措施,防止鉴别信息在网络传输过程中被窃听	**Windows 系统**: 确认操作系统版本; 确认终端服务器使用了 ssl 加密; 确认 RDP 客户端使用了 ssl 加密。 **Linux 系统**: 在 root 权限下查看是否运行了 sshd 服务,ps -ef | grep ssh
应采用两种或两种以上组合的鉴别技术对管理用户进行身份鉴别	访谈系统管理员,询问系统除用户名口令外有无其他身份鉴别方法,如有没有令牌等

> **步骤 2**:访问控制测评。

按照表 7-3 所示测评项对访问控制的相关内容进行安全测评。

表 7-3 访问控制相关内容的安全测评

测评内容	检测方法
应启用访问控制功能,依据安全策略控制用户对资源的访问	**Windows 系统**: (1)选择% systemdrive%\windows\system 或者% systemroot%\system32\config 等文件夹,右击选择"属性"→"安全"选项,查看 everyone 组、user 组和 administrators 组的权限设置。 (2)在命令行模式下输入 net share,查看共享情况。 **Linux 系统**: 采用查看方式,在 root 权限下使用 ls -l 查看 /etc/passwd、/etc/group、/etc/shadow 和 /etc/profile 等重要文件、目录的权限
应根据管理用户的角色分配权限,实现管理用户的权限分离,仅授予管理用户所需的最小权限	记录系统是否有完整的安全策略、系统主要有哪些角色、每个角色的权限是否相互制约、每个系统用户是否被赋予相应的角色,尝试使用某个用户去执行不属于其权限内的操作
应实现操作系统和数据库系统特权用户的权限分离	结合系统管理员的组成情况,查看操作系统和数据库系统特权用户是否权限分离
应严格限制默认账户访问权限,重命名系统默认账户,并修改这些账户的默认口令	查看默认用户名是否重命名,其默认口令是否被修改; 查看 guest 等默认账户是否被禁用,如 LP、uucp、listen、smtp、nobody 等
应及时删除多余的、过期的账户,避免共享账户的存在	查看是否存在多余的、过期的账户,避免共享账号

续表

测评内容	检测方法
应对重要信息资源设置敏感标记	询问管理员是否对重要信息资源设置敏感标记； 询问或查看目前的敏感标记策略的相关设置，如：如何划分敏感标记分类，如何设定访问权限等
应依据安全策略严格控制用户对有敏感标记重要信息资源的操作	

> **步骤3：安全审计测评。**

按照表7-4所示测评项对安全审计的相关内容进行安全测评。

表7-4 安全审计相关内容的安全测评

测评内容	检测方法
安全审计应覆盖到服务器和重要客户端上的每个操作系统用户和数据库用户	查看系统是否开启了安全审计功能； 询问并查看是否有第三方审计工具或系统
审计内容应包括重要用户行为、系统资源的异常使用和重要系统命令的使用等系统内重要的安全相关事件	有效、合理地配置安全审计内容，能够及时、准确地了解和判断安全事件的内容和性质，并且可以极大地节省系统资源。 **Windows 系统：** 在"安全设置"中展开"本地策略"选项，显示"审核策略"→"用户权利指派"以及"安全选项"策略。 **Linux 系统：** 查看服务状态：service syslog status syslo
审计记录应包括事件的日期、时间、类型、主体标识、客体标识和结果等	**Windows 系统：** 查看：事件查看器。 **Linux 系统：** 在 root 权限下使用 more 或 cat 查看 /etc/syslog.conf 文件
应能够根据记录数据进行分析，并生成审计报表	查看对审计记录的查看、分析和生成审计报表的情况
应保护审计进程，避免受到未预期的中断	**Windows 系统：** Windows 系统具备了在审计进程自我保护方面的功能。 **Linux 系统：** 查看 syslog、audit 是否开启，以及守护进程是否安全
应保护审计记录，避免受到未预期的删除、修改或覆盖等	审计日志留存不少于半年。 **Windows 系统：** 访谈审计记录的存储、备份和保护的措施，如配置日志服务器等。 **Linux 系统：** 查看日志访问权限：ls -al /etc/syslog.conf /var/log/ * ； 访谈审计记录的存储、备份和保护的措施，如配置日志服务器等

> **步骤 4：剩余信息保护测评。**

按照表 7-5 所示测评项对剩余信息保护的相关内容进行安全测评。

表 7-5 剩余信息保护相关内容的安全测评

测评内容	检测方法
应保证操作系统和数据库管理系统用户的鉴别信息所在的存储空间，被释放或再分配给其他用户前得到完全清除，无论这些信息是存放在硬盘中还是在内存中	访谈系统管理员、数据库管理员，并验证用户的鉴别信息所在的存储空间被释放或再分配时是否完全清除
应确保系统内的文件、目录和数据库记录等资源所在的存储空间，被释放或重新分配给其他用户前得到完全清除	访谈系统管理员、数据库管理员，并验证系统内的文件、目录和数据库记录等资源所在的存储空间，重新分配给其他用户前得到完全清除

> **步骤 5：入侵和恶意代码测评。**

按照表 7-6 所示测评项对入侵和恶意代码防范的相关内容进行安全测评。

表 7-6 入侵和恶意代码防范相关内容的安全测评

测评内容	检测方法
应能够检测到对重要服务器进行入侵的行为，能够记录入侵的源 IP、攻击的类型、攻击的目的、攻击的时间，并在发生严重入侵事件时提供报警	询问系统管理员是否经常查看系统日志并对其进行分析，询问是否安装了主机入侵检测软件，查看已安装的主机入侵检查系统的配置情况，是否具备报警功能，询问并查看是否有第三方入侵检测系统，如 IDS、IPS
能够对重要程序完整性进行检测，并在检测到完整性受到破坏后具有恢复的措施	访谈是否使用一些文件完整性检测工具对重要文件的完整性进行检查，是否对重要的配置文件进行备份
操作系统遵循最小安装的原则，仅安装需要的组件和应用系统，并通过设置升级服务器等方式保持系统补丁及时得到更新	Windows 系统： （1）查看目前系统中运行的服务，如 alerter、remote registry service、messenger、task scheduler 是否已启动； （2）访谈并查看系统补丁升级方式，以及最新的补丁更新情况。 Linux 系统： （1）访谈系统管理员系统目前是否采取了最小安装原则； （2）确认系统目前正在运行的服务； （3）访谈补丁升级机制，查看补丁安装情况，oslevel - r

续表

测评内容	检测方法
应安装防恶意代码软件,并能够及时对软件版本和恶意代码库进行更新	查看系统中安装了什么防病毒软件,询问管理员病毒库是否经常更新,查看病毒库的最新版本更新日期是否超过一周
主机防恶意代码产品应具有与网络防恶意代码产品不同的恶意代码库	询问系统管理员网络防病毒软件和主机防病毒软件分别采用什么病毒库
应支持恶意代码防范的统一管理	询问管理员是否采用统一的病毒更新策略和查杀策略

> **步骤6**:资源控制测评。

按照表7-7所示测评项对资源控制的相关内容进行安全测评。

表7-7 资源控制相关内容的安全测评

测评内容	检测方法
应通过设定终端接入方式、网络地址范围等条件限制终端登录	**Windows 系统**: (1)询问并查看系统是否开启了主机防火墙或 TCP/IP 筛选功能; (2)询问并查看是否通过网络设备或硬件防火墙实现了此项要求。 **Linux 系统**: (1)采用查看方式,在 root 权限下使用命令 more 或 cat 命令查看 /etc/hosts.deny 中是否有"ALL:ALL"(禁止所有请求); (2)采用查看方式,在 root 权限下使用命令 more cat 命令查看/etc/hosts.allow 中是否有相关配置(举例) sshd:192.168.0.1/255.255.255.0。
根据安全策略设置登录终端的操作超时锁定	**Windows 系统**: (1)查看登录终端是否开启了带密码的屏幕保护程序; (2)打开"组策略",在"计算机配置"→"管理模板"→"Windows 组件"→"终端服务"→"会话"中,查看在"空闲会话限制"中是否配置了空闲的会话继续留在服务器上的最长时间。 **Linux 系统**: 查看/etc/profile 中的 TIMEOUT 环境变量
应对重要服务器进行监视,包括监视服务器的 CPU、硬盘、内存、网络等资源的使用情况	(1)询问系统管理员是否经常查看主机资源利用情况; (2)询问是否有第三方工具实现上述要求

续表

测评内容	检测方法
限制单位用户对系统资源的最大或最小使用限度	访谈管理员针对系统资源控制的管理措施，如： **Windows 系统**：了解用户磁盘配额的设置； **Linux 系统**：查看/etc/sercurity/limits 相关参数
应能够对系统的服务水平降低到预先规定的阈值进行检测和报警	（1）询问管理员日常如何监控系统服务水平； （2）若有第三方监控程序，询问并查看它是否有相关功能

任务评价——理解操作系统与数据库测评

本任务主要介绍了操作系统与数据库测评前的准备工作，以及操作系统与数据库的测评方法。为了帮助学生充分理解本任务所讲解的内容，评价标准如下。

① 了解操作系统与数据库测评前的准备工作；
② 掌握操作系统与数据库的测评方法。

任务测验

完成本任务的学习后，接下来通过几道课后测验，检验一下对本任务的学习效果，同时加深对所学知识的理解。

一、选择题

1. 服务器上安装的操作系统不包括（ ）。
   A. 安卓系统　　　B. Windows　　　C. Linux　　　D. UNIX
2. 操作系统和数据库测评内容中不包括（ ）。
   A. 身份鉴别　　　B. 访问控制　　　C. 安全审计　　　D. 防盗窃和防破坏

二、简答题

操作系统和数据库测评前准备工作有哪些？

任务 7.2　操作系统安全测评

操作系统是计算机资源的直接管理者，所有应用软件都是基于操作系统来运行的，可以说操作系统的安全是整个计算机系统安全的基础。操作系统安全性测评是实现安全操作系统的一个极为重要的环节，如果不测评、验证操作系统的安全性，那么操作系统的安全性就没有任何保证。

任务目标——掌握主流服务器操作系统的安全测评

了解服务器操作系统安全基线检查内容和配置技术，并掌握主流服务器操作系统的安全测评方法。

任务环境

主要设备：Window 操作系统、Linux 操作系统和 UNIX 操作系统。

知识准备——操作系统安全基线

计算机作为信息时代的基本工具，在给各行各业带来巨大效益的同时，本身也存在着严重的不安全性、危险性和脆弱性。一个有效可靠的操作系统应该对其操控的资源具有良好的保护性能，即应提供必要的保护措施，防止因所用资源的缺陷而损害系统。实际上，系统安全机制已经成为操作系统不可分割的一部分。

1. 安全基线检测方法

远程检查：体现为漏洞扫描的过程。其原理是采用不提供授权的情况下模拟攻击的形式对目标可能存在的已知安全漏洞进行逐项检查。目标可以是终端设备、主机、网络设备，甚至数据库等应用系统。（类似于黑客测试。）

本地检查：体现为对配置的检查和对重要状态的检查。通过远程命令、SSH/Telnet/SNMP 获取等方式获取目标系统有关安全配置和状态信息；然后根据这些信息在本地使用检查工具与预先制定好的安全配置进行比较，分析符合情况；最后根据分析情况汇总出合规性检查结果。（这个一般是需要管理员权限的，就是要登录系统进行检测，否则，远程扫描是无法扫描到配置信息的。）

2. 安全基线检测工作流程

安全基线检测的工作流程如下。
①确认加固对象及基线版本；
②符合性检查；
③通过检查报告导出检查结果；
④和业务部门沟通加固细节，确认风险可控；
⑤结果分析，确定检查结论并给出加固方案；
⑥启动变更管理流程，准备回退方案；
⑦重要系统尽量在基线检测前先进行系统加固；
⑧加固过程中实时记录加固内容（以便回退）。

3. 操作系统安全基线检查内容

目前针对主流操作系统（Windows、Linux）进行具体安全基线检查，这是为了保证整体安全水平，防止系统因为安全配置不到位而带来安全风险。

操作系统的安全基线检查内容如图 7-2 所示。

4. 操作系统安全基线配置技术

（1）用户账号与口令

通过配置操作系统用户账号与口令安全策略，提高系统账号与口令安全性。操作系统（Windows、Linux）用户账号与口令基线技术要求如表 7-8 所示。

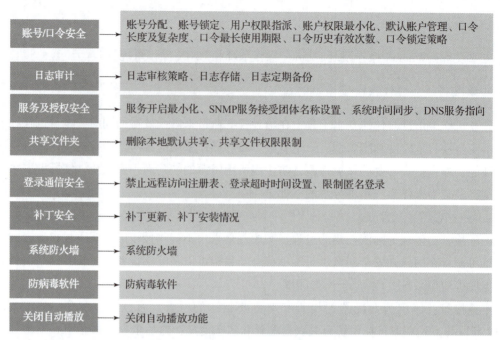

图 7-2　操作系统的安全基线检查内容

表 7-8　用户账号与口令安全基线技术要求

基线技术要求	基线标准点（参数）	说明
口令必须符合复杂性要求	启用	口令安全策略（不涉及终端及动态口令）
口令长度最小值	8 位	口令安全策略（不涉及终端）
口令最长使用期限	90 天	口令安全策略（不涉及终端）
强制口令历史	10 次	口令安全策略（不涉及终端）
复位账号锁定计数器	10 分钟	配置访问日志文件名及位置
账号锁定时间（可选）	10 分钟	账号锁定策略（不涉及终端）
账号锁定阈值（可选）	10 次	账号锁定策略（不涉及终端）
guest 账号	禁止	禁用 guest 账号
administrator（可选）	重命名	保护 administrator 安全
无须账号检查与管理	禁止	禁用无须使用账号
禁止系统无用默认账号登录 OperatorHaltSyncNews UucpLpnobodyGopher	禁止	清理多余用户账号，限制系统默认账号登录，同时，针对需要使用的用户，制订用户列表进行妥善保存
root 远程登录	禁止	禁止 root 远程登录
口令过期提示修改时间	28 天	口令安全策略（超级用户口令）

(2) 系统管理

通过配置系统安全管理工具,提高系统运维管理的安全性。操作系统(Windows、Linux)系统管理安全基线技术要求如表 7-9 所示。

表 7-9 系统管理安全基线技术要求

基线技术要求	基线标准点(参数)	说明
安装 SSH 管理远程工具(可选)	安装 OpenSSH	OpenSSH 为远程管理高安全性工具,保护管理过程中传输数据的安全
配置本机访问控制列表(可选)	配置/etc/hosts.allow/etc/hosts.deny	安装 TCP Wrapper,提高对系统访问控制

(3) 日志与审计

通过对操作系统日志进行安全控制与管理,提高日志的安全性与有效性。操作系统(Windows、Linux)系统日志与审计安全基线技术要求如表 7-10 所示。

表 7-10 日志与审计安全基线技术要求

基线技术要求	基线标准点(参数)	说明
审核账号登录事件	成功与失败	日志审核策略
审核账号管理	成功与失败	日志审核策略
审核目录服务访问	成功	日志审核策略
审核登录事件	成功与失败	日志审核策略
审核策略更改	成功与失败	审核策略更改
记录安全日志	authpriv 日志	记录网络设备启动、usermod、change 等方面日志
日志存储(可选)	接入统一日志服务器	使用统一日志服务器接收并存储系统日志
审核系统事件	成功	日志审核策略
日志存储地址(可选)	接入统一日志服务器	日志存储在统一日志服务器中
日志系统配置文件保护	400	修改配置文件 syslog.conf 权限为管理员用户只读

(4) 服务优化

通过优化系统资源,提高系统服务安全性。操作系统(Windows、Linux)系统服务优化安全基线技术要求如表 7-11 所示。

表7-11 服务优化安全基线技术要求

基线技术要求	基线标准点（参数）	说明
Alerter 服务	禁止	禁止进程间发送信息服务
Clipbook（可选）	禁止	禁止机器间共享剪贴板上的信息服务
Computer Browser 服务（可选）	禁止	禁止跟踪网络上一个域内的机器服务
Messenger 服务	禁止	禁止即时通信服务
Remote Registry Service 服务	禁止	禁止远程操作注册表服务
Routing and Remote Access 服务	禁止	禁止路由和远程访问服务
Print Spooler（可选）	禁止	禁止后台打印处理服务
Automatic Updates 服务（可选）	禁止	禁止自动更新服务
Terminal Service 服务（可选）	禁止	禁止终端服务
ftp 服务（可选）	禁止	文件上传服务
sendmail 服务	禁止	邮件服务
klogin 服务（可选）	禁止	Kerberos 登录，如果站点使用 Kerberos 认证，则启用
kshell 服务（可选）	禁止	Kerberos shell，如果站点使用 Kerberos 认证，则启用
ntalk 服务	禁止	new talk
tftp 服务	禁止	以 root 用户身份运行可能危及安全

（5）访问控制

通过对系统配置参数调整，提高系统安全性。操作系统（Windows、Linux）系统访问控制安全基线技术要求如表 7-12 所示。

表7-12 访问控制安全基线技术要求

基线技术要求	基线标准点（参数）	说明
文件系统格式	NTFS	磁盘文件系统格式为 NTFS
桌面屏保	10 分钟	桌面屏保策略
防病毒软件	安装赛门铁克	生产环境安装赛门铁克防病毒最新版本软件
防病毒代码库升级时间	7 天	
文件共享（可选）	禁止	禁止配置文件共享，若工作需要必须配置共享，须设置账号与口令

续表

基线技术要求	基线标准点（参数）	说明
系统自带防火墙（可选）	禁止	禁止自带防火墙
默认共享 IPC＄、ADMIN＄、C＄、D＄等	禁止	安全控制选项优化
Umask 权限	022 或 027	修改默认文件权限
关键文件权限控制	/etc/passwd 目录权限为 644	/etc/passwd rw－r－－r—所有用户可读，root 用户可写
	/etc/shadow 目录权限为 400	/etc/shadow r—只有 root 可读
	/etc/group root 目录权限为 644	/etc/group rw－r－－r—所有用户可读，root 用户可写
统一时间	接入统一 NTP 服务器	保障生产环境所有系统时间统一

（6）补丁管理

通过进行定期更新，降低常见的漏洞被利用的风险。操作系统（Windows、Linux）系统补丁管理安全基线技术要求如表 7－13 所示。

表 7－13　补丁管理安全基线技术要求

基线技术要求	基线标准点（参数）	说明
安全服务包	Windows 2003 SP2，Windows 2008 SP1	安装微软最新的安全服务包
安全补丁（可选）	更新到最新	根据实际需要更新安全补丁

任务实施——主流服务器操作系统的安全测评

了解了操作系统安全基线检查内容和配置技术的相关内容，接下来介绍主流服务器操作系统的安全测评方法。

> 步骤 1：Windows 操作系统的安全测评。

按照表 7－14 所示测评项对 Windows 操作系统进行安全测评。

表 7－14　Windows 操作系统的安全测评

分类	检查选项	风险等级	评估操作示例
1. Service Packs 和 Hotfixs 安装情况	系统已经安装最新的 Service Packs	Ⅰ	运行 cmd 命令，打开"命令提示符"窗口，输入 systeminfo，查看目前补丁信息
	系统已经安装所有的 Hotfixs	Ⅰ	

续表

分类	检查选项	风险等级	评估操作示例
2. 审计和账号策略	密码策略：密码必须符合复杂性要求（启用）	Ⅱ	操作：单击"开始"→"设置"→"控制面板"，打开"控制面板"窗口，然后双击"管理工具"选项，打开"管理工具"窗口，最后双击"本地安全策略"选项，开始进行检查
	密码策略：密码长度最小值（8）	Ⅱ	
	密码策略：密码最长使用期限（90天）	Ⅱ	
	密码策略：密码最短使用期限（1天）	Ⅲ	
	密码策略：强制密码历史（24）	Ⅱ	
	密码策略：用可还原的加密来存储密码（禁用）	Ⅱ	
	账户锁定策略：复位账户锁定计数器（15分钟之后）	Ⅲ	
	账户锁定策略：账户锁定时间（15分钟）	Ⅲ	
	账户锁定策略：账户锁定阈值（3次无效登录）	Ⅲ	
	安全选项：账户：来宾状态（已禁用）	Ⅳ	
	审核策略：审核策略更改（成功和失败）	Ⅳ	
	审核策略：审核登录事件（成功和失败）	Ⅳ	
	审核策略：审核对象访问（失败）	Ⅳ	
	审核策略：审核过程跟踪（可选）	Ⅳ	
	审核策略：审核目录服务访问（未定义）	Ⅳ	
	审核策略：审核特权使用（失败）	Ⅳ	
	审核策略：审核系统事件（成功和失败）	Ⅳ	
	审核策略：审核账户登录事件（成功和失败）	Ⅳ	
	审核策略：审核账户管理（成功和失败）	Ⅳ	
	事件查看器：登录保持方式（需要时覆盖事件日志）	Ⅳ	
	事件查看器：安全日志最大占用空间(80 MB)	Ⅳ	

续表

分类	检查选项	风险等级	评估操作示例
3. 安全设置	Microsoft 网络服务器：当登录时间用完时，自动注销用户（启用）	Ⅱ	操作：单击"开始"→"设置"→"控制面板"，打开"控制面板"窗口，然后双击"管理工具"选项，打开"管理工具"窗口，最后双击"本地安全策略"选项，选择"安全选项"进行检查
	Microsoft 网络服务器：在挂起会话之前所需的空闲时间（小于等于 30 分钟）	Ⅳ	
	Microsoft 网络客户端：发送未加密的密码到第三方 SMB 服务器（禁用）	Ⅲ	
	故障恢复控制台：允许对所有驱动器和文件夹进行软盘复制和访问（禁用）	Ⅳ	
	故障恢复控制台：允许自动系统管理级登录（禁用）	Ⅲ	
	关机：清除虚拟内存页面文件（启用）	Ⅲ	
	关机：允许系统在未登录前关机（禁用）	Ⅲ	
	交互式登录：不显示上次的用户名（启用）	Ⅳ	
	交互式登录：不需要按 Ctrl + Alt + Del 组合键（禁用）	Ⅳ	
	交互式登录：可被缓存的前次登录个数（在域控制器不可用的情况下）（0）	Ⅳ	
	账户：重命名系统管理员账户（除了 Administrator 的其他名字）	Ⅲ	
	网络访问：不允许 SAM 账户和共享的匿名枚举（启用）	Ⅳ	
	网络访问：不允许为网络身份验证存储凭证或 .NET passports（启用）	Ⅳ	
	审核：如果无法记录安全审核，则立即关闭系统（启用）	Ⅲ	
	审核：对全局系统对象的访问进行审核（启用）	Ⅲ	
	审核：对备份和还原权限的使用进行审核（启用）	Ⅲ	
	关闭系统：只有 Administrators 组	Ⅲ	操作：单击"开始"→"设置"→"控制面板"，打开"控制面板"窗口，然后双击"管理工具"选项，打开"管理工具"窗口，最后双击"本地安全策略"选项，选择"用户权限分配"进行检查
	通过终端服务拒绝登录：加入 Guests、User 组	Ⅲ	
	通过终端服务允许登录：只加入 Administrators 组	Ⅲ	
	从网络访问此计算机	Ⅲ	

续表

分类	检查选项	风险等级	评估操作示例
4. 注册表安全设置	禁止自动登录：HKLM \ Software \ Microsoft \ Windows NT \ CurrentVersion \ Winlogon \ AutoAdminLogon（REG_DWORD）0	Ⅲ	运行 regedit 命令，打开系统注册表，然后进行检查
	禁止 CD 自动运行：HKLM \ System \ CurrentControlSet \ Services \ CDrom \ Autorun（REG_DWORD）0	Ⅲ	
	删除服务器上的管理员共享：HKLM \ System \ CurrentControlSet \ Services \ LanmanServer \ Parameters \ AutoShareServer（REG_DWORD）0	Ⅱ	
	源路由欺骗保护：HKLM \ System \ CurrentControlSet \ Services \ Tcpip \ Parameters \ DisableIPSourceRouting（REG_DWORD）2	Ⅳ	
	帮助防止碎片包攻击：HKLM \ System \ CurrentControlSet \ Services \ Tcpip \ Parameters \ EnablePMTUDiscovery（REG_DWORD）1	Ⅲ	
	防止 SYN Flood 攻击：HKLM \ System \ CurrentControlSet \ Services \ Tcpip \ Parameters \ SynAttackProtect（REG_DWORD）2	Ⅳ	
	SYN 攻击保护 – 管理 TCP 半开 sockets 的最大数目：HKLM \ System \ CurrentControlSet \ Services \ Tcpip \ Parameters \ TcpMaxHalfOpen（REG_DWORD）100 或 500	Ⅳ	
5. 不必要的服务	Alerter – 禁止	Ⅲ	操作：单击"开始"→"设置"→"控制面板"，打开"控制面板"窗口，然后双击"管理工具"选项，打开"管理工具"窗口，最后双击"服务"选项，开始进行检查
	Clipbook – 禁止	Ⅲ	
	Computer Browser – 禁止	Ⅲ	
	Internet Connection Sharing – 禁止	Ⅲ	
	Messenger – 禁止	Ⅲ	
	Remote Registry Service – 禁止	Ⅲ	
	Routing and Remote Access – 禁止	Ⅲ	
	Simple Mail Trasfer Protocol（SMTP）– 禁止	Ⅲ	
	Simple Network Management Protocol（SNMP）Service – 禁止	Ⅲ	
	Simple Network Management Protocol（SNMP）Trap – 禁止	Ⅲ	
	Telnet – 禁止	Ⅲ	
	World Wide Web Publishing Service – 禁止	Ⅲ	

续表

分类	检查选项	风险等级	评估操作示例
6. 文件系统	所有的磁盘卷使用 NTFS 文件系统	I	
7. 个人版防火墙和防病毒软件	已经安装第三方个人版防火墙	II	
	已经安装防病毒软件	I	
	防病毒软件的特征码和检查引擎已经更新到最新	I	
	防病毒软件已设置自动更新	III	
8. 后门查找	不存在异常端口（netstat – an）	II	netstat – an
	不存在异常服务（net start）	I	net start
	注册表的自动运行项中不存在异常程序（regedit）HKEY_LOCAL_MACHINE\SOFTWARE\Microsoft\Windows\CurrentVersion\Run HKEY_LOCAL_MACHINE\SOFTWARE\Microsoft\Windows\CurrentVersion\RunOnce HKEY_CURRENT_USER\Software\Microsoft\Windows\CurrentVersion\Run HKEY_CURRENT_USER\Software\Microsoft\Windows\CurrentVersion\RunOnce	I	运行 regedit，然后进行检查
	系统中不存在异常系统账号（打开"控制面板"→"计算机管理"）	I	
	打开杀毒软件杀毒历史记录，不存在没被清除的病毒	I	
9. 身份鉴别	错误用户名、口令登录失败	II	使用错误的用户名、口令登录尝试
	添加重复标识的用户失败	II	添加重复标识的用户尝试

➢ **步骤 2：Linux 操作系统的安全测评。**

按照表 7 – 15 所示测评项对 Linux 操作系统进行安全测评。

表 7 – 15 Linux 操作系统的安全测评

检查选项	风险等级	评估操作示例
系统的版本大于 2.6.x	I	uname – a
系统已经安装了最新的安全补丁	I	more/etc/redhat – release
Linux 以 UID 作为用户的唯一标识，系统是否存在重复 UID	I	more/etc/passwd

续表

检查选项	风险等级	评估操作示例
密码的生命期最大为 90 天	Ⅲ	more /etc/login. defs
密码可以被立即修改	Ⅲ	
密码的最小长度是 8 位	Ⅲ	
密码到期提醒，一般建议 7 天	Ⅲ	
系统与其他主机不存在信任关系	Ⅰ	ls /. rhosts ls /. netrc ls /. hosts. equiv
系统已设定了正确 UMASK 值 0022	Ⅲ	umask
锁定系统中不必要的系统用户	Ⅳ	more /etc/shadow
系统中已经删除了不必要的系统用户组	Ⅳ	more /etc/group
禁止 root 用户远程登录	Ⅲ	more/etc/ssh/sshd_config
系统重要文件访问权限是否为 644 或 600	Ⅱ	ls – al /etc/passwd /etc/shadow
系统是否启用安全审计	Ⅲ	chkconfig —— list ｜ grep auditd
是否启用审计策略，一般对系统的登录、退出、创建/删除目录、修改密码、添加组、计划任务等操作	Ⅲ	more /etc/audit/audit. rules
系统的命令行数是否保存为 30 条	Ⅳ	检查 /etc/profile HISTFILESIZE = 30 HISTSIZE = 30（没有自行添加）
chargen/chargen – udp、daytime/daytime – udp、echo/echo – udp、time/time – udp 等服务已被禁用	Ⅲ	chkconfig – list 列出需要禁止的服务
cups – lpd 服务已被禁用	Ⅲ	
finger 服务已被禁用	Ⅲ	
rexec 服务已被禁用	Ⅲ	
rlogin 服务已被禁用	Ⅲ	
rsh 服务已被禁用	Ⅲ	
rsync 服务已被禁用	Ⅱ	
ntalk 服务已被禁用	Ⅲ	
talk 服务已被禁用	Ⅲ	
wu – ftpd 服务已被禁用	Ⅱ	

续表

检查选项	风险等级	评估操作示例
tftp 服务已被禁用	Ⅲ	chkconfig – list 列出需要禁止的服务
ipop2 服务已被禁用	Ⅲ	
ipop3 服务已被禁用	Ⅲ	
telnet 服务已被禁用	Ⅲ	
xinetd 服务已被禁用	Ⅳ	chkconfig – list 列出需要禁止的服务
sendmail 服务已被禁用	Ⅱ	
xfs 服务已被禁用	Ⅳ	
apmd 服务已被禁用	Ⅲ	
canna 服务已被禁用	Ⅳ	
FreeWnn 服务已被禁用	Ⅳ	
gpm 服务已被禁用	Ⅲ	
innd 服务已被禁用	Ⅲ	
irda 服务已被禁用	Ⅳ	
isdn 服务已被禁用	Ⅳ	
kdcrotate 服务已被禁用	Ⅳ	
lvs 服务已被禁用	Ⅳ	
mars – nwe 服务已被禁用	Ⅳ	
oki4daemon 服务已被禁用	Ⅳ	
rstatd 服务已被禁用	Ⅲ	
rusersd 服务已被禁用	Ⅲ	
rwalld 服务已被禁用	Ⅲ	
rwhod 服务已被禁用	Ⅲ	
wine 服务已被禁用	Ⅳ	
smb 服务已被禁用	Ⅲ	
nfs 服务已被禁用	Ⅲ	
autofs/nfslock 服务已被禁用	Ⅲ	
ypbind 服务已被禁用	Ⅲ	
ypserv/yppasswdd 服务已被禁用	Ⅲ	
portmap 服务已被禁用	Ⅲ	

续表

检查选项	风险等级	评估操作示例
netfs 服务已被禁用	Ⅲ	
cups 服务已被禁用	Ⅲ	
lpd 服务已被禁用	Ⅲ	
snmpd 服务已被禁用	Ⅲ	
named 服务已被禁用	Ⅲ	chkconfig – list 列出需要禁止的服务
postgresql 服务已被禁用	Ⅲ	
mysql 服务已被禁用	Ⅲ	
webmin 服务已被禁用	Ⅱ	
squid 服务已被禁用	Ⅱ	
kudzu 服务已被禁用	Ⅳ	
系统已经加固了 TCP/IP 协议栈	Ⅳ	more /etc/sysctl.conf
系统禁用 X – Window 系统	Ⅲ	more /etc/inittab
/tmp 和/var/tmp 目录具有黏滞位	Ⅱ	ls – al/｜grep tmp

任务评价——理解主流服务器操作系统测评

本任务主要介绍了操作系统安全基线的相关知识，以及操作系统安全测评方法。为了帮助学生充分理解本任务所讲解的内容，评价标准如下。

①了解操作系统安全基线检查内容与配置技术；
②掌握主流服务器操作系统的安全测评方法。

任务测验

完成本任务的学习后，接下来通过几道课后测验，检验一下对本任务的学习效果，同时加深对所学知识的理解。

一、选择题

1. 下列是 Web 应用层安全基线的范畴要求的是（　　）。
　　A. 账户口令　　　　　　　　　　B. 安全维护
　　C. 网络协议　　　　　　　　　　D. 密码

2. 账户管理操作进入"控制面板"→"管理工具"→"计算机管理"，单击"系统工具"→"本地用户和组"→"用户"，修改 administrator 账号的名称，并禁用 guest 和（　　）与工作无关的账号。
　　A. 停用　　　B. 启用　　　C. 修改　　　D. 删除

二、简答题

1. 简单描述操作系统安全基线的检测方法。
2. 简单描述操作系统安全基线检测的工作流程。

任务 7.3　数据库安全测评

数据库中存放的数据（包括业务数据），是企业信息资产的核心，如果数据被破坏/篡改或非授权获取，将给企业带来严重的损失，甚至会给国家安全带来威胁。数据库安全是整个安全链条上的一个重要环节，数据库安全中的任何环节出现问题，都可能会损害整个链的牢固性，给整个系统的安全带来严重的损失。

任务目标——掌握主流数据库的安全测评

了解数据库安全基线检查内容和配置技术，并掌握主流数据库的安全测评方法。

任务环境

主要设备：PC 机、SQL Server 2005 数据库、Oracle 数据库、MySQL 数据库。

知识准备——数据库安全基线

作为数据信息的主要载体，数据库在信息安全与信息化建设中正扮演着不可或缺的重要角色。由于其处于 IT 架构中的最后端，并且本身具有较强的访问控制安全措施，导致了传统观念里对其安全管理及前端应用程序漏洞的普遍忽视，随着权限滥用、越权使用、SQL 注入等各种数据库高风险隐患的频发，建立更加积极主动的安全机制成为当务之急。

1. 数据库安全基线检查内容

目前针对主流数据库（Oracle、MySQL）进行具体安全基线检查，提高数据库系统安全性，防止数据库因为安全配置不到位而带来安全风险。

数据库安全基线检查内容如图 7-3 所示。

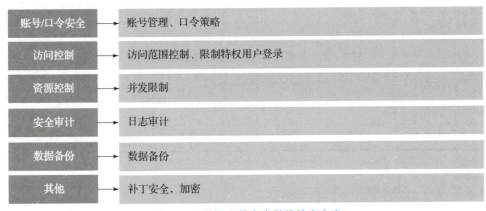

图 7-3　数据库的安全基线检查内容

2. 数据库安全基线配置技术

（1）用户账号与口令

通过配置数据库系统用户账号与口令安全策略，提高数据库系统账号与口令安全性。数据库用户账号与口令基线技术要求如表7-16所示。

表7-16　数据库用户账号与口令安全基线技术要求

基线技术要求	基线标准点（参数）	说明
Oracle 无用账号 TIGERSCOTT 等	禁用	禁用无用账号
默认管理账号管理 SYSTEMDMSYS 等	更改口令	账号安全策略（新系统）
数据库自动登录 SYSDBA 账号	禁止	账号安全策略
口令最小长度	8 位	口令安全策略（新系统）
口令有效期	12 个月	新系统执行此项要求
禁止使用已设置过的口令次数	10 次	口令安全策略

（2）日志与审计

通过对数据库系统的日志进行安全控制与管理，提高日志的安全性与有效性。数据库日志与审计基线技术要求如表7-17所示。

表7-17　数据库日志与审计安全基线技术要求

基线技术要求	基线标准点（参数）	说明
日志保存要求（可选）	3 个月	日志必须保存 3 个月
日志文件保护	启用	设置访问日志文件权限

（3）访问控制

通过对数据库系统配置参数调整，提高数据库系统安全。数据库访问控制基线技术要求如表7-18所示。

表7-18　数据库访问控制安全基线技术要求

基线技术要求	基线标准点（参数）	说明
监听程序加密（可选）	设置口令	设置监听器口令（新系统）
修改服务监听默认端口（可选）	非 TCP1521	系统可执行此项要求

任务实施——主流数据库的安全测评

了解了数据库安全基线检查内容和配置技术的相关内容，接下来介绍主流数据库的安全测评方法。

> **步骤1：SQL Server 2005 数据库的安全测评。**

按照表7-19所示测评项对 SQL Server 2005 数据库进行安全测评。

表7-19 SQL Server 2005 数据库的安全测评

分类	检查选项	风险等级	评估操作示例
1. 版本和补丁	已安装 SP3	I	（1）管理工具→master 数据库→新建查询： SELECT SERVERPROPERTY（'productversion'），SERVERPROPERTY（'productlevel'），SERVERPROPERTY（'edition'） 或者 Select @@ version （2）检查输出结果
2. 账号管理和授权	仅集成 Windows 验证方式	I	检查"管理工具"→"当前数据库实例"→"属性窗口"→"安全性"→"服务器身份验证"验证方式
	重命名内置管理员账号	II	（1）管理工具→master 数据库→新建查询： select SUSER_NAME（'1'）'Name' （2）检查输出结果是否"sa"
	内置管理员账号空口令验证	I	（1）管理工具→master 数据库→新建查询： select count（name）from sys.sql_logins where password_hash is null and name = 'sa' （2）检查输出结果是否"1"
	口令策略－口令复杂性（未集成 Windows 验证方式时）	III	（1）管理工具→master 数据库→新建查询： select name from sys.sql_logins where type = 'S' and is_policy_checked < > '1' （2）检查输出结果
	口令策略－口令过期（未集成 Windows 验证方式时）	III	（1）管理工具→master 数据库→新建查询： select name from sys.sql_logins where type = 'S' and is_policy_checked < > '1' （2）检查输出结果
	禁止默认账号 BUILTIN\Administrators 登录数据库	II	检查"企业管理器"→"安全性"→"登录"→"BUILTIN \ Administrators"→"操作"→"属性"→"身份验证"
	禁止 guest 用户访问数据库	II	检查"企业管理器"→"数据库"→"数据库名"→"用户"

续表

分类	检查选项	风险等级	评估操作示例
2. 账号管理和授权	注册表权限配置	Ⅲ	注册表编辑器检查权限是否超越： （1）系统管理员组，数据库管理员组，Creator Owner，系统账户，SQL 数据库服务组（SQLServer2005MSSQLUser $ < server name > & < instance name >) 完全控制 "HKLM\SOFTWARE\Microsoft\Microsoft SQL Server" （2）SQLServer2005ReportServerUser $ < instance name > 组完全控制 "HKLM\SOFTWARE\Microsoft\Microsoft SQL Server\Instance Names\RS\< instance name >" （3）SQLServer2005MSFTEUser $ < instance name > 组完全控制 "HKLM\SOFTWARE\Microsoft\Microsoft SQL Server\MSSQL.< # >\MSSearch" （4）SQLServer2005SQLAgentUser $ < instance name > 组完全控制 "HKLM\SOFTWARE\Microsoft\Microsoft SQL Server\MSSQL.< # >\SQLServerAgent" （5）SQLServer2005SQLServerADHelperUser $ < instance name > 组完全控制 "HKLM\SOFTWARE\Microsoft\Microsoft SQL Server\MSSQL.< # >\SQLServerSCP" （6）Remote Desktop users 读取 "HKLM\SOFTWARE\Microsoft\Microsoft SQL Server\Instance Names\RS\< instance name >"
3. 功能和存储过程	停用 SQL 2005 邮件功能	Ⅲ	（1）管理工具→master 数据库→新建查询： exec sp_configure 'show advanced options', 1 reconfigure use master exec sp_configure 'SQL Mail XPs' （2）检查输出结果是否为 "0"
	关闭 SQL Server 管理对象（SMO）和 SQL 分布式管理对象（SQL – DMO）扩展存储过程	Ⅱ	（1）管理工具→master 数据库→新建查询： exec sp_configure 'show advanced options', '1' reconfigure use master exec sp_configure 'SMO and DMO XPs' （2）检查输出结果是否为 "0"

续表

分类	检查选项	风险等级	评估操作示例
3. 功能和存储过程	禁用 Web 辅助存储过程	Ⅱ	（1）管理工具→master 数据库→新建查询： exec sp_configure 'show advanced options','1' reconfigure use master exec sp_configure 'Web Assistant procedures' （2）检查输出结果是否为"0"
	禁用即席分布查询	Ⅲ	（1）管理工具→master 数据库→新建查询： exec sp_configure 'show advanced options',1 reconfigure use master exec sp_configure 'ad hoc distributed queries' （2）检查输出结果是否为"0"
	禁用 xp_cmdshell 存储过程	Ⅰ	（1）管理工具→master 数据库→新建查询： exec sp_configure 'show advanced options',1 reconfigure use master exec sp_configure 'xp_cmdshell' （2）检查输出结果是否为"0"
	禁止自启动存储过程（未启用 C2 审核时）	Ⅳ	（1）管理工具→master 数据库→新建查询： exec sp_configure 'show advanced options',1 reconfigure use master exec sp_configure 'scan for startup procs' （2）检查输出结果是否为"0"
	禁用 OLE 自动化存储过程	Ⅱ	（1）管理工具→master 数据库→新建查询： exec sp_configure 'show advanced options',1 reconfigure use master exec sp_configure 'OLE Automation Procedures' （2）检查输出结果是否为"0"
	删除非系统内部创建的扩展存储过程	Ⅱ	（1）管理工具→master 数据库→新建查询： select name from sys.system_objects where type = 'X' and is_ms_shipped =0 order by name （2）检查输出结果是否为空

续表

分类	检查选项	风险等级	评估操作示例
3. 功能和存储过程	删除不用的系统扩展存储过程	Ⅱ	（1）管理工具→master 数据库→新建查询： select name from sys. system_objects where type = 'X' and is_ms_shipped = 1 order by name （2）检查输出结果是否需要使用
	删除不使用的数据库宿主系统扩展存储过程	Ⅱ	检查"管理工具"→"master 数据库"→"可编程性"→"扩展存储过程"是否存在以下存储过程： xp_available media xp_cmdshell xp_dirtree xp_dsninfo xp_enumdsn xp_enumerrorlogs xp_enumgroups xp_eventlog xp_fixeddrives xp_getfiledetails xp_getnetname xp_logevent xp_loginconfig xp_msver xp_readerrorlog xp_servicecontrol xp_sprintf xp_sscanf xp_subdirs xp_unc_to_drive
	删除不使用的数据库邮件扩展存储过程	Ⅱ	检查"管理工具"→"master 数据库"→"可编程性"→"扩展存储过程"是否存在以下存储过程： xp_deletemail xp_findnextmsg xp_get_mapi_default_profile xp_get_mapi_profiles xp_readmail xp_sendmail xp_startmail xp_stopmail

续表

分类	检查选项	风险等级	评估操作示例
3. 功能和存储过程	删除不使用的数据库 Web 扩展存储过程	Ⅱ	检查"管理工具"→"master 数据库"→"可编程性"→"扩展存储过程"是否存在以下存储过程： xp_cleanupwebtask xp_convertwebtask xp_dropwebtask xp_enumcodepages xp_makewebtask xp_readwebtask xp_runwebtask
	删除不使用的数据库 SNMP 扩展存储过程	Ⅱ	检查"管理工具"→"master 数据库"→"可编程性"→"扩展存储过程"是否存在以下存储过程： xp_snmp_getstate xp_snmp_raisetrap
	删除不使用的数据库 OLE 自动化扩展存储过程	Ⅱ	检查"管理工具"→"master 数据库"→"可编程性"→"扩展存储过程"是否存在以下存储过程： sp_OACreate sp_OADestroy sp_OAGetErrorInfo sp_OAGetProperty sp_OAMethod sp_OASetProperty sp_OAStop
	删除不使用的数据库注册表扩展存储过程	Ⅱ	检查"管理工具"→"master 数据库"→"可编程性"→"扩展存储过程"是否存在以下存储过程： xp_regaddmultistring xp_regdeletekey xp_regdeletevalue xp_regenumvalues xp_regremovemultistring xp_regwrite

续表

分类	检查选项	风险等级	评估操作示例
4. 审计	审计级别检查	I	(1) "管理工具→master 数据库→新建查询": exec xp_loginconfig 'audit level' (2) 检查输出结果是否包含"ALL"或"Failure"
5. 其他	删除示例数据库	III	(1) 管理工具→master 数据库→新建查询: exec sp_helpdb (2) 检查输出结果是否包含: AdventureWorks AdventureWorksDW AdventureWorksAS Northwind pubs
	禁用命名管道协议	III	(1) "配置管理器"→"SQL Server 2005 网络配置"→<示例名>的协议 (2) 检查命名管道协议状态
	关闭远程访问选项	III	(1) "管理工具"→"master 数据库"→"新建查询": exec sp_configure 'remote access' (2) 检查输出结果是否为"1"
	关闭远程管理连接	III	(1) "管理工具"→"master 数据库"→"新建查询": exec sp_configure 'remote admin connections' (2) 检查输出结果是否为"0"
	敏感信息传输加密配置	III	在注册表编辑器中检查 HKLM\SOFTWARE\Microsoft\Microsoft SQL Server\MSSQL.1\MSSQLServer\SuperSocketNetLib 下的 ForceEncryption 值是否为"1"或"yes"

➤ 步骤 2：Oracle 数据库的安全测评。

按照表 7-20 所示测评项对 Oracle 数据库进行安全测评。

表 7-20　Oracle 数据库的安全测评

分类	检查选项	风险等级	评估操作示例
1. 版本和补丁	系统已安装最新安全补丁	III	(1) 以 sqlplus '/as sysdba' 登录到 sqlplus 环境中 (2) Select * from v$version; (3) 检查输出结果: 9.2.0.8 10.1.0.5 10.2.0.4 11.1.0.7

续表

分类	检查选项	风险等级	评估操作示例
2. 账号管理和授权	锁定或删除不需要的账号	Ⅳ	（1）以 sqlplus '/as sysdba' 登录到 sqlplus 环境中 （2）执行查询：SELECT username, password, account_status FROM dba_users; （3）分析返回结果
	限制具备数据库超级管理员（SYSDBA）权限的用户远程管理登录	Ⅲ	（1）以 Oracle 用户登录到系统中 （2）以 sqlplus '/as sysdba' 登录到 sqlplus 环境中 （3）show parameter REMOTE_LOGIN_PASSWORDFILE 是否设置为 NONE
	禁用 SYSDBA 角色的自动登录	Ⅰ	（1）cat $ORACLE_HOME/network/admin/sqlnet.ora | grep SQLNET.AUTHENTICATION_SERVICES （2）检查 SQLNET.AUTHENTICATION_SERVICES 的值
	使用数据库角色（ROLE）来管理对象的权限	Ⅱ	（1）以 DBA 用户登录到 sqlplus 中。 （2）通过查询 dba_role_privs、dba_sys_privs 和 dba_tab_privs 等视图来检查是否使用 ROLE 来管理对象权限。 （3）对应用用户不要赋予 DBA Role 或不必要的权限
	对用户的属性进行控制，包括密码策略、资源限制等	Ⅲ	（1）以 DBA 用户登录到 sqlplus 中。 （2）查询视图 dba_profiles 和 dba_usres 来检查 profile 是否创建
	启用数据字典保护，只有 SYSDBA 用户才能访问数据字典基础表	Ⅱ	（1）以 Oracle 用户登录到系统中。 （2）以 sqlplus '/as sysdba' 登录到 sqlplus 环境中。 （3）使用 show parameter 命令来检查参数 O7_DICTIONARY_ACCESSIBILITY 是否设置为 FALSE。 show parameter O7_DICTIONARY_ACCESSIBILITY

续表

分类	检查选项	风险等级	评估操作示例
3. 口令	对于采用静态口令进行认证的数据库，口令长度至少6位，并包括数字、小写字母、大写字母和特殊符号4类中至少2类	Ⅲ	profile，调整 PASSWORD_VERIFY_FUNCTION，指定密码复杂度
	对于采用静态口令认证技术的数据库，账户口令的生存期不长于90天	Ⅲ	为用户建相关 profile，指定 PASSWORD_GRACE_TIME 为 90 天
	对于采用静态口令认证技术的数据库，应配置数据库，使用户不能重复使用最近5次（含5次）内已使用的口令	Ⅲ	用户建 profile，指定 PASSWORD_REUSE_MAX 为 5
	对于采用静态口令认证技术的数据库，应配置当用户连续认证失败次数超过6次（不含6次），锁定该用户使用的账号	Ⅱ	用户建 profile，指定 FAILED_LOGIN_ATTEMPTS 为 6
	更改数据库默认账号的密码	Ⅳ	尝试登录以检查下列用户口令：ANONYMOUS、CTXSYS、DBSNMP、DIP、DMSYS、EXFSYS、HR、LBACSYS、MDDATA、MDSYS、MGMT_VIEW、ODM、ODM_MTR、OE、OLAPSYS、ORDPLUGINS、ORDSYS、OUTLN、PM、QS、QS_ADM、QS_CB、QS_CBADM、QS_CS、QS_ES、QS_OS、QS_WS、RMAN、SCOTT、SH、SI_INFORMTN_SCHEMA、SYS、SYSMAN、SYSTEM、TSMSYS、WK_TEST、WKPROXY、WKSYS、WMSYS、XDB

续表

分类	检查选项	风险等级	评估操作示例
4. 日志	数据库应配置日志功能，对用户登录进行记录，记录内容包括用户登录使用的账号、登录是否成功、登录时间以及远程登录时用户使用的 IP 地址	Ⅲ	访谈管理员
	数据库应配置日志功能，记录用户对数据库的操作，包括但不限于以下内容：账号创建、删除和权限修改、口令修改、读取和修改数据库配置、读取和修改业务用户的话费数据、身份数据、涉及通信隐私数据。记录需要包含用户账号、操作时间、操作内容以及操作结果	Ⅲ	访谈管理员
	数据库应配置日志功能，记录与数据库相关的安全事件	Ⅲ	访谈管理员
	根据业务要求制定数据库审计策略	Ⅲ	（1）检查初始化参数 audit_trail 是否设置。 （2）检查 dba_audit_trail 视图中或 $ORACLE_BASE/admin/adump 目录下是否有数据
5. 其他	为数据库监听器（LISTENER）的关闭和启动设置密码	Ⅲ	检查 $ORACLE_HOME/network/admin/listener.ora 文件中是否设置参数 PASSWORDS_LISTENER
	设置只有信任的 IP 地址才能通过监听器访问数据库	Ⅱ	检查 $ORACLE_HOME/network/admin/sqlnet.ora 文件中是否设置参数 tcp.validnode_checking 和 tcp.invited_nodes
	在某些应用环境下可设置数据库连接超时，比如数据库将自动断开超过 10 分钟的空闲远程连接	Ⅱ	在 sqlnet.ora 中设置下面参数： SQLNET.EXPIRE_TIME = 10
	限制在 DBA 组中的操作系统用户数量，通常 DBA 组中只有 Oracle 安装用户	Ⅲ	通过/etc/passwd 文件来检查是否有其他用户在 DBA 组中
	使用 Oracle 提供的高级安全选件来加密客户端与数据库之间或中间件与数据库之间的网络传输数据	Ⅱ	三种方法选择一种： （1）访谈。 （2）通过网络层捕获的数据库传输包为加密包。 （3）检查 $ORACLE_HOME/network/admin/sqlnet.ora 文件中是否设置 sqlnet.encryption 等参数

➤ **步骤3**：**MySQL 数据库的安全测评**。

按照表7-21所示测评项对 MySQL 数据库进行安全测评。

表7-21 MySQL 数据库的安全测评

分类	检查选项	评估操作示例
1. 账号及口令安全	禁止用户共享账号	（1）提供访问该数据库的用户列表； （2）获取数据库当前账号信息，执行 SELECT DISTINCT CONCAT（'User：''，user，''@''，host，''；'）AS query FROM mysql. user； （3）对比1和2的结果，查看用户是否对应自己的数据库账号
	是否删除或锁定不必要的账号	（1）需提交数据库账号及说明； （2）获取数据库当前账号信息，执行 SELECT DISTINCT CONCAT（'User：''，user，''@''，host，''；'）AS query FROM mysql. user； （3）对比1和2的结果，找出差异账号
	用户口令策略是否符合安全要求	执行 mysql > use mysql； mysql > select Host, User, Password, Select_priv, Grant_priv from user； 查看口令字段
	连接数设置	用命令 SHOW［FULL］PROCESSLIST 显示哪些线程正在运行 mysql admin – uroot – p variables 输入 root 数据库账号的密码后可看到 ｜ max_connections ｜ XXX ｜
2. 授权安全	账号权限最小化	（1）查看账号权限： 执行 mysql > use mysql； mysql > select * from user； mysql > select * from db； mysql > select * from host； mysql > select * from tables_priv； mysql > select * from columns_priv； （2）结合访谈管理员确定账号权限划分是否明确
3. 安全策略	信任 IP 限制	只有通过指定 IP 地址段的用户才可以登录
4. 日志安全	启用日志记录功能	打开/etc/my. cnf 文件，查看是否包含如下设置： ［mysqld］ log = filename

任务评价——理解主流数据库系统测评

本任务主要介绍了数据库安全基线的相关知识,以及数据库系统安全测评方法。为了帮助学生充分理解本任务所讲解的内容,评价标准如下。
①了解数据库安全基线检查内容与配置技术;
②掌握主流数据库的安全测评方法。

任务测验

完成本任务的学习后,接下来通过几道课后测验,检验一下对本任务的学习效果,同时加深对所学知识的理解。

一、选择题
1. 以下不属于操作系统与数据库测评的主要内容的是(   )。
A. 身份鉴别   B. 访问控制
C. 入侵和恶意代码防范   D. 信息收集
2. 以下不属于数据库安全基线检查内容的是(   )。
A. 入侵防范   B. 账号口令安全
C. 访问控制   D. 资源控制

二、简答题
1. 主流操作系统和数据库类型有哪些?
2. 简述操作系统和数据库测评的内容。

项目总结

网络空间治理和安全工作的成败,直接关系到总体国家安全观的落地实施成效和国家安全根基,必须高度重视。

完成本项目内容的学习,需要能够理解并掌握操作系统与数据库安全测评的内容和方法,以及操作系统和数据库的安全基线检查内容与配置技术,并且能够自己动手完成操作系统与数据库的安全测评。

项目评价

在完成本项目学习任务后,可根据学习达成自我评价表进行综合能力评价,评价表总分110分(含附加分10分)。学习达成自我评价表积分方式:认为达成学习任务者,在□中打"√";认为未能达成学习者,在□中打"×"。其中,完全达成,可按该项分值100%计算;基本达成,可按该项分值60%计算;未能达成,不计分值。项目7学习达成自我评价表如表7-22所示。

表 7-22　项目 7 学习达成自我评价表

学习目标	学习内容	达成情况
职业道德（10分）	遵纪守法，爱岗敬业。 遵守规程，安全操作。 认真严谨，忠于职守。 精益求精，勇于创新。 诚实守信，服务社会。	完全达成□ 基本达成□ 未能达成□
知识目标（30分）	是否了解操作系统与数据库测评前的准备工作； 是否了解操作系统安全基线检查方法和内容； 是否理解操作系统安全基线配置技术； 是否了解数据库安全基线检查内容； 是否理解数据库安全基线配置技术。	完全达成□ 基本达成□ 未能达成□
技能目标（30分）	是否掌握操作系统与数据库的测评方法； 是否掌握主流服务器操作系统的安全测评方法； 是否掌握主流数据库的安全测评方法。	完全达成□ 基本达成□ 未能达成□
素质目标与思政目标（20分）	是否认识不同类型操作系统和数据库，并具有基本操作能力； 是否具有良好的操作系统和数据库技术文档阅读的能力； 是否高度重视网络信息安全是国家安全的根基； 是否具有德才兼备的优秀品质。	完全达成□ 基本达成□ 未能达成□
职业技能等级标准（10分）	初级： 是否了解服务器操作系统结构和功能； 是否了解操作系统常见安全问题； 是否能够对服务器操作系统安全进行测评； 是否能够对数据库安全进行测评。	完全达成□ 基本达成□ 未能达成□
（附加分）学习过程发现问题（5分）		
（附加分）学习过程解决问题（5分）		

本表仅供学习者对照学习任务进行自我评价，以便查漏补缺，强化职业岗位能力，以适应社会新需求。

项目 8

信息安全等级保护现场测评
——Web 应用测评

项目介绍

如今,越来越多的企业用户已将核心业务系统转移到网络上,Web 浏览器成为业务系统的窗口,应用系统面临更多的安全威胁。在此背景下,如何保障企业的应用安全,尤其是 Web 应用安全成为新形势下信息安全保障的关键所在。应用系统安全测试的目的是减少应用系统安全漏洞,确保安全功能已经被准确地实现,确保应用系统安全测试的充分性。

本项目围绕 Web 应用测评的相关内容进行讲解,设置中间件的安全测评、Web 应用的安全测评、网站万能密码入侵 3 个学习任务,使同学们理解并掌握各种 Web 中间件和 Web 应用的安全测评方法。

学习目标

1. 知识目标

通过本项目的学习,应达到如下知识目标:
(1) 理解中间件安全基线的要求;
(2) 了解中间件安全基线的配置技术;
(3) 理解 Web 安全基线的要求;
(4) 了解 Web 安全基线的配置技术;
(5) 理解应用系统与数据安全测评要求。

2. 技能目标

通过本项目的学习,应达到如下技能目标:
(1) 掌握对不同类型中间件进行安全测评的方法;
(2) 掌握对不同版本 Serv-u_ftp 进行安全测评的方法;
(3) 掌握使用网站万能密码入侵的方法。

3. 素质目标

通过本项目的学习,应达到如下素质目标:
(1) 具有 Web 应用中间件的自学能力;
(2) 具有良好的网站入侵防范能力。

4. 思政目标

通过本项目的学习,应达到如下思政目标:

(1) 培养社会责任感和使命感；

(2) 培养勇于探索的创新精神和实践能力。

学习导图

本项目讲解信息安全等级保护现场测评——Web 应用测评的相关知识内容，主要包括中间件的安全测评、Web 应用的安全测评、网站万能密码入侵 3 个任务 6 个知识点。项目学习路径与学习内容参见学习导图（图 8-1）。

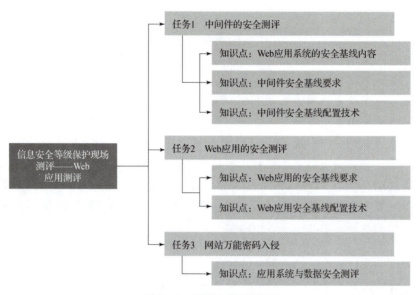

图 8-1 项目 8 学习导图

本项目学习内容与网络安全评估职业技能等级标准内容的对应关系如表 8-1 所示。

表 8-1 本项目与职业技能等级标准内容对应关系

网络安全评估职业技能等级标准			信息安全等级保护现场测评——Web 应用测评	
工作任务	职业技能要求	等级	知识点	技能点
理解并掌握主流服务器操作系统和数据库的测评方法	①能够了解 Web 安全事件和 Web 体系结构；②能够熟悉 Web 安全案例；③能够进行 Web 安全测评；④能够理解网站万能密码入侵	初级	①理解中间件安全基线的要求；②了解中间件安全基线的配置技术；③理解 Web 安全基线的要求；④了解 Web 安全基线的配置技术；⑤理解应用系统与数据安全测评要求	①掌握对不同类型中间件进行安全测评的方法；②掌握对不同版本 Serv-u_ftp 进行安全测评的方法；③掌握使用网站万能密码入侵的方法

任务 8.1 中间件的安全测评

常见的中间件有 IIS、Tomcat、Apache、WebLogic 等，实际上就是 Web 服务器的软件部分，这一部分内容之前是集合在操作系统中的，现在专门分出来了。不同类型的中间件可以根据安全加固基线进行相应的配置。

任务目标——理解不同中间件的测评方法

理解中间件安全基线要求和配置技术，并掌握不同中间件安全测评的方法。

任务环境

主要设备：PC 机、不同的中间件。

知识准备——中间件安全基线要求与配置技术

中间件安全防护基线配置及检测应满足账号口令、服务及授权、补丁、日志审计、其他安全等五个方面的要求，具体配置操作及检测方法应结合具体设备，接下来就介绍中间件安全基线的要求和配置技术。

1. Web 应用系统的安全基线内容

基线的安全检查是对安全加固情况的检查，检查加固项目是否与基线标准要求一致，是保证安全加固顺利正确实施的保证。

Web 应用系统的安全基线所包含的内容如图 8-2 所示。

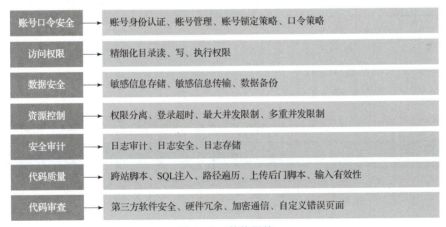

图 8-2　整体网络

> **提示：**
> 除个别基线外，基本按照账号口令、服务及授权、补丁、日志审计、其他五大类安全要求进行安全配置要求的划分；每项配置要求包括安全基线要求内容、基线编号、基本要求、符合性检测判定方法、检测结果记录、整改情况记录 6 个组成部分。

2. 中间件安全基线要求

中间件安全基线的检查要求如表 8-2 所示。

表 8-2 中间件安全基线的检查要求

名称	基本要求
Apache	（1）应为 Apache 创建专用操作系统账户来启动 Apache 服务； （2）应配置日志功能，对运行错误、用户访问等进行记录，隐藏敏感信息
Tomcat	（1）为不同的用户分配不同的 Tomcat 账户； （2）应删除或锁定过期、无用账户； （3）账户口令长度至少 8 位，并且为数字、字母和特殊符号中至少 2 类的组合
WebLogic	（1）为不同的用户分配不同的 WebLogic 账户； （2）应删除或锁定过期、无用账户； （3）禁止以特权用户身份运行 WebLogic； （4）口令长度至少为 8 位，并且为数字、字母和特殊符号中至少 2 类的组合； （5）登录失败 5 次锁定账户 30 分钟
IIS	（1）为用户分配账号，删除无用账户，避免不同用户间共享账号； （2）启用日志功能，记录各类功能日志； （3）为 IIS 访问源进行 IP 范围限制，更改默认安装路径

3. 中间件安全基线配置技术

（1）Apache 安全基线配置技术

Apache 安全基线配置技术如表 8-3 所示。

表 8-3 Apache 安全基线配置技术

基线技术要求	基线标准点（参数）	说明
优化 Web 服务账号	建立新的用户、组作为 Apache 的服务账号	为 Web 服务提供唯一、最小权限的用户与组
精简系统模块	禁用不需要的模块	禁止安装不必要的模块
日志级别	notice	采用 notice 日志级别
错误日志记录	ErrorLog/var/log/httpd/error_log	错误日志保存
访问日志	CustomLog/var/log/httpd/access - log-combined	配置访问日志文件名及位置

基线技术要求	基线标准点（参数）	说明
日志保存要求	6个月	日志必须保存6个月或180天
禁止目录遍历	修改参数文件，禁止目录遍历	禁止遍历操作系统目录
隐藏版本信息	关闭服务器应答头中的版本信息 关闭服务器生成页面的页脚中版本信息	防止软件版本信息泄漏
连接超时优化	设置为30秒	拒绝服务防护
错误信息自定义	自定义400、401、403、404、405、500错误修改错误文件信息	防止信息泄露文件
权限增强	设置配置文件为属主可读写，其他用户无权限	严格设置配置文件和日志文件的权限，防止未授权访问

（2）Tomcat 安全基线配置技术

Tomcat 安全基线配置技术如表 8-4 所示。

表 8-4　Tomcat 安全基线配置技术

基线技术要求	基线标准点（参数）	说明
修改默认口令	修改默认口令或禁用默认账号	高账号口令安全
优化 Web 服务账号	以 Tomcat 用户运行服务	为 Web 服务提供唯一、最小权限的用户与组，增强安全性
设置 SHTDOWN 字符串	设置 shutdown 为复杂的字符串	防止恶意用户 telnet 到 8005 端口后，发送 SHUTDOWM 命令停止 Toncat 服务
日志保存要求	6个月	日志必须保存6个月或180天
访问日志审计	增加访问日志审计	记录错误信息及访问信息
禁止目录遍历	修改参数文件，禁止目录遍历	禁止遍历操作系统目录
隐藏版本信息	关闭服务器应答头中的版本信息 关闭服务器生成页面的页脚中版本信息	防止软件版本信息泄露
错误信息自定	自定义400、401、403、404、405、500错误修改错误文件信息	防止信息泄露文件

（3）IIS 安全基线配置技术

IIS 安全基线配置技术如表 8-5 所示。

表 8-5　IIS 安全基线配置技术

基线技术要求	基线标准点（参数）	说明
IIS 默认安装文件	删除不需要使用默认安装的文件	删除部分安装后不需要的文件或目录，加强 IIS 安全
IIS 服务配置	卸载不需要的 IIS 服务	对默认服务进行优化，提升系统安全性和资源利用效率
IIS 安全配置	超时设置为 120 秒	通过对配置调整，提高系统安全
更改 IIS 站点的默认位置，并加强权限管理	使 IIS 站点的默认位置不在系统盘	建立的 IIS 站点与系统不在一个分区，在虚拟目录上设置访问控制权限，确保此目录上的访问控制权限
服务器 Socket 数量	Maximun Open Sockets = 250	限制应用服务器 Socket 数量
日志保存要求	6 个月	日志必须保存 6 个月或 180 天
日志审计	启用 IIS 日志	用 IIS 日志记录详细的 IIS 日志信息
最小化应用程序映射配置（可选）	删除 .cdx 和 .cere	减少服务器脚本攻击的风险
默认站点	关闭并删除默认站点	默认 FTP 站点、默认 Web 站点、管理 Web 站点
IIS 目录	删除 IIS 的部分目录	删除 IIS 的部分目录：IIS HELP C:\winnt\help\iishelp IIS Admin C:\system32\inetsrv\iisadmint MSADC C:\Program Files\Common Files\system\msadc C:\inetpub2
重定义错误信息	更改默认的错误信息	避免因默认的错误信息泄露 IIS 的关键信息，如 IIS 的版本
删除不必要的 IIS 映射	删除不必要的 IIS 映射和扩展	

任务实施——不同中间件测评

了解了中间件应用安全基线要求和配置技术的相关内容，接下来介绍如何对不同的中间件进行安全测评。

➢ **步骤 1：DNS bind 的安全测评。**

按照表 8-6 所示测评项对 DNS bind 进行安全测评。

表 8-6 DNS bind 的安全测评

分类	检查选项	风险等级	评估操作示例
1. BIND 版本和 PATCH 安装情况	检查 BIND 版本是否最新版（目前最新的稳定版为 BIND 9.6.0-P1）	Ⅰ	name-v
2. named.conf 文件检查	是否启用 ACL 访问来禁止某些网段访问此服务器	Ⅱ	more/etc/named.conf
	是否需要更改 BIND 版本信息	Ⅱ	dig @bind_dns_server CHAOS TXT version.bind
	是否关闭 glue fetching 选项	Ⅱ	more/etc/named.conf
	是否保护 Zone Transfer 的安全	Ⅲ	more/etc/named.conf
	是否设置不提供递归服务	Ⅳ	more/etc/nammore/etc/named.confed.conf
	是否启用 BIND 日志功能	Ⅳ	more/etc/named.conf
	避免透露服务器信息	Ⅳ	more/etc/named.conf
3. BIND 的其他安全设置	BIND 是否在 chroot 环境下运行（使用普通账户运行）	Ⅳ	ps-ef
	使用非 root 权限运行 BIND	Ⅳ	ps-ef

➢ **步骤 2：WebLogic 的安全测评。**

按照表 8-7 所示测评项对 WebLogic 进行安全测评。

表 8-7 WebLogic 的安全测评

分类	检查选项	风险等级	评估操作示例
1. 版本检查	单击"Console"→"Versions"，获取 WebLogic 目前安装的补丁版本	Ⅰ	单击"Console"→"Versions"，获取 WebLogic 目前安装的补丁版本
2. 账号策略	用户密码长度是否 8 位	Ⅰ	单击"Security"→"Compatiblility"→"Passwords"→"Minimum Password Length=8"（可通过建立一个新用户测试该口令长度设置的有效性）

续表

分类	检查选项	风险等级	评估操作示例
2. 账号策略	是否创建两个管理员账户，在遭受暴力破解，其中一个账户被锁定时，可以通过另外一个账户登录管理后台。（新建账户或已有账户为非 SYSTEM/ADMIN）	Ⅲ	单击"Examples"→"Security"→"Myrealm"→"Users" 单击"Examples"→"Security"→"Myrealm"→"Groups"
	用户锁定：Lockout Threshold（锁定阈值 5 次）	Ⅲ	操作：单击"Medrec"→"Security"→"Myrealm"（系统默认域，检查时应根据在使用的域来进行检查），然后选择相关项，开始进行检查
	用户锁定：Lockout Duration（锁定持续时间 15 分钟）	Ⅲ	
	Lockout Cache Size（锁定缓存大小 5 个）	Ⅲ	
	单击"mydomain"→"Security"→"Realms"→"myrealm"中 User 和 Group，查看用户所属组和组 administrators 的属性，以及是否存在不明管理账户	Ⅲ	
	检查系统的账户是否存在弱口令（获取用户名后猜解）	Ⅰ	
3. 日志审核	Server：Log to Stdout 功能是否启用	Ⅲ	操作：单击"Console"→"Medrec"→"Servers"→"MedRec-Server"→"Logging"。其他虚拟机的日志需要按实际情况检查
	Server：Stdout Severity Threshold 是否选择 Warning	Ⅲ	
	Server：Rotation Type 是否选择 Bye Time	Ⅲ	
	Server：Limit Number of Retained Log Files 功能未启用。（注：如无其他要求，日志应该长期保存）	Ⅲ	
	Domain：Log to Domain Log File 日志功能是否启用	Ⅲ	
	HTTP：Enable HTTP Logging 日志功能启用	Ⅲ	
	HTTP：Rotation Type 选用 DATE	Ⅲ	
	HTTP：Rotation Period 设置为 1 440 分钟	Ⅲ	
	HTTP：Limit Number of Retained Log Files 功能没启用	Ⅲ	
	HTTP：Flush Every 设置为 60 秒	Ⅲ	
	JDBC：启用 Enable JDBC Logging	Ⅲ	
	虚拟机日志是否开启	Ⅲ	

续表

分类	检查选项	风险等级	评估操作示例
3. 日志审核	是否把所有安全检测事件记录入日志，默认关闭，查看"Log All Checks"	Ⅲ	单击"Mydomain"→"Security"→"Compatibility"→"Advanced"，查看"Log All Checks"
	单击"Mydomain"→"Servers"→"Myserver"→"Logging"→"Server"→"Server File Name"，查看日志文件路径	Ⅳ	单击"Mydomain"→"Servers"→"Myserver"→"Logging"→"Server"，查看"Server File Name"
	单击"Mydomain"→"Servers"→"Myserver"→"Logging"→"Server"→"Stdout Severity Threshold"输出日志的事件严重度下限	Ⅳ	单击"Mydomain"→"Servers"→"Myserver"→"Logging"→"Server"，查看"Stdout Severity Threshold"
	单击"Mydomain"→"Servers"→"Myserver"→"Logging"→"Server"，查看"Limit Number of Retained Log Files"是否启用日志文件数量限制的功能	Ⅳ	单击"Mydomain"→"Servers"→"Myserver"→"Logging"→"Server"，查看"Limit Number of Retained Log Files"
	单击"Mydomain"→"Servers"→"Myserver"→"Logging"→"Domain"，查看"Log to Domain Log File"是否将Server日志记入Domain日志	Ⅳ	单击"Mydomain"→"Servers"→"Myserver"→"Logging"→"Domain"，查看"Log to Domain Log File"
	单击"Mydomain"→"Servers"→"Myserver"→"Logging"→"Domain"，查看"Use Log Filter"的日志过滤器设置、定制日志的严重度	Ⅳ	单击"Mydomain"→"Servers"→"Myserver"→"Logging"→"Domain"，查看"Use Log Filter"
	单击"Mydomain"→"Servers"→"Myserver"→"Logging"→"HTTP"，查看"Enable HTTP Logging"是否开启	Ⅳ	单击"Mydomain"→"Servers"→"Myserver"→"Logging"→"HTTP"，查看"Enable HTTP Logging"
	单击"Mydomain"→"Servers"→"Myserver"→"Logging"→"HTTP"，查看"Limit Number of Retained Log Files"是否开启	Ⅳ	单击"Mydomain"→"Servers"→"Myserver"→"Logging"→"HTTP"，查看"Limit Number of Retained Log Files"
	单击"Mydomain"→"Security"→"Providers"→"Auditors"，查看是否根据需要设置多个不同的Auditor，选择不同的审计严重程度（审计策略）	Ⅳ	单击"Mydomain"→"Security"→"Providers"→"Auditors"
	单击"Mydomain"→"Security"→"Compatibility"→"General"，查看"Audit Provider Class"的设置（审计策略）	Ⅳ	单击"Mydomain"→"Security"→"Compatibility"→"General"

续表

分类	检查选项	风险等级	评估操作示例
4. 访问控制及其他	启用管理端口（默认 9002）	Ⅲ	查看：单击"Examples"→"Configureation"，查看"Geanneral Enable Administration Port"值是否启用，"Administration Port"端口是否更改到其他。（建议更改到其他端口）
	是否启用 SSL 访问（默认端口 7002）	Ⅳ	查看：单击"Examples"→"Servers"→"需要检查的服务器"→"Configuration"，查看"General"项"SSL Listen Port Enabled"值是否启用
	所有的磁盘卷使用 NTFS 文件系统	Ⅱ	对 Windows 系统有效
5. 其他设置	WebLogic 是否安装为系统服务（针对 Windows 系统）	Ⅳ	开始→控制面板→管理工具→服务→查看 weblogic 相关服务

> **步骤 3**：TOMCAT 的安全测评。

按照表 8-8 所示测评项对 TOMCAT 进行安全测评。

表 8-8 TOMCAT 的安全测评

分类	检查选项	风险等级	评估操作示例
1. 版本检查	检查 TOMCAT 的版本是否存在安全风险（将检查出的结果与存在安全风险的版本进行对比）	Ⅰ	
2. 身份鉴别	TOMCAT Manager 密码是否已设置（非空或非用户名与密码一样）	Ⅰ	检查 ${CATALINA_HOME}/conf/tomcat-users.xml
	是否启用安全域验证（BASIC、DIGEST、FORM 其中之一）	Ⅳ	检查 ${CATALINA_HOME}/conf/web.xml 文件
3. 访问控制	是否指定 TOMCAT Manager 管理 IP 地址	Ⅱ	检查 ${CATALINA_HOME}/conf/server.xml
	是否修改远程关闭服务器的命令	Ⅰ	检查 ${CATALINA_HOME}/conf/server.xml
	是否 TOMCAT 中禁止浏览目录下的文件，listings 值为 false	Ⅱ	检查/tomcat/conf/web.xml

项目 8　信息安全等级保护现场测评——Web 应用测评

续表

分类	检查选项	风险等级	评估操作示例
4. 日志审计	是否启用日志功能	Ⅲ	检查 ${CATALINA_HOME}/conf/server.xml
	日志是否启用详细记录选项，pattern 值为 combined	Ⅳ	检查 ${CATALINA_HOME}/conf/server.xml
5. 剩余信息保护	是否禁止把 session 写入文件	Ⅳ	检查 conf/web.xml
	是否增强 SessionID 的生成算法和长度，加密算法为 SHA-512，长度为 40	Ⅳ	检查 conf/web.xml
6. 其他安全	禁用反向查询域名：enableLookups = fales	Ⅳ	检查/tomcat/conf/server.xml
	启用压缩传输：compression = on	Ⅳ	检查/tomcat/conf/server.xml
	是否删除不需要的管理应用和帮助应用	Ⅳ	
	是否使用普通系统账户启动 TOMCAT	Ⅳ	

➤ **步骤 4**：IIS 的安全测评。

按照表 8-9 所示测评项对 IIS 进行安全测评。

表 8-9　IIS 的安全测评

分类	检查选项	风险等级	评估操作示例
1. 版本及补丁检查	系统已经安装最新的 Service Pack	Ⅰ	
2. 配置检查	网站的主目录是否启用最少执行权限设置	Ⅱ	单击"开始"→"设置"→"控制面板"选项，打开"控制面板"窗口，双击"管理工具"选项，打开"管理工具"窗口，双击"Internet 信息服务（IIS）管理器"选项，开始进行检查
	禁用父路径	Ⅲ	
	启用最少的 Web 服务扩展	Ⅲ	
	是否删除不用的脚本映射	Ⅱ	
3. 日志审计	网站日志功能是否开启	Ⅲ	
	网站日志目录是否启用最少权限设置	Ⅳ	

· 181 ·

续表

分类	检查选项	风险等级	评估操作示例
4. 网站目录和文件的访问控制检查	CGI（.exe、.dll、.cmd、.pl）文件权限是否符合要求	Ⅳ	
	脚本文件（.asp）权限是否符合要求	Ⅳ	
	包含文件（.inc、.shtm、.shtml）文件权限是否符合要求	Ⅳ	
	静态内容（.txt、.gif、.jpg、.html）文件权限是否符合要求	Ⅳ	
	MetaBase.xml 文件权限是否符合要求	Ⅳ	
5. 其他安全选项	是否启用脚本运行出错时发送指定错误信息给客户端	Ⅲ	
	网站目录下是否存在无关的文件、代码或备份程序	Ⅲ	
	是否未删除调试用文件、测试用文件	Ⅲ	
	所有的磁盘卷使用 NTFS 文件系统	Ⅲ	
	是否安装 URLScan 过滤器	Ⅲ	通过使用 Internet 服务管理器中 Web 服务器属性对话框的 ISAPI 筛选器页面看到 URLScan 已启用

➢ 步骤 5：Apache 的安全测评。

按照表 8 – 10 所示测评项对 Apache 进行安全测评。

表 8 – 10 Apache 的安全测评

分类	检查选项	风险等级	评估操作示例
1. 版本检查	目前使用的 Apache 是否存在安全风险（将检查出的版本与存在安全风险的版本进行对比）	Ⅰ	
2. HTTPD.CONF 文件检查	采用非 ROOT、WHELL 用户或组运行子进程	Ⅳ	检查 httpd.conf
	是否禁用版本回显	Ⅱ	
	是否禁止服务器端生成文档的页脚	Ⅱ	
	是否禁用对客户端 IP 的 DNS 查找	Ⅱ	

续表

分类	检查选项	风险等级	评估操作示例
2. HTTPD.CONF 文件检查	是否禁用 HTTP 持久链接	Ⅱ	检查 httpd.conf
	是否禁止接受附带多余路径名信息请求	Ⅱ	
	是否禁止在内存中缓冲日志（mod_log_config）模块	Ⅱ	
	是否禁止 Apache 调用系统命令	Ⅱ	
	是否禁止目录浏览	Ⅱ	
	是否禁止 includes 功能	Ⅱ	
	禁止 CGI 执行程序	Ⅱ	
	是否禁止 Apache 遵循符号链接	Ⅱ	
	是否禁止对 .htaccess 文件的支持	Ⅱ	
	是否设置目录访问控制	Ⅱ	
	是否禁止不必要的模块	Ⅱ	/apache/bin/httpd -t -D DUMP_MODULES
	是否启用日志循环功能	Ⅱ	检查 httpd.conf
3. 其他安全设置	是否采用 CHROOT 环境运行 Apache	Ⅲ	询问管理员
	是否使用 mod_security 模块来保护 Web 服务器	Ⅳ	/apache/bin/httpd -t -D DUMP_MODULES
	是否已设置上传目录禁止 PHP 运行	Ⅳ	检查 httpd.conf
	确保 Apache 以其自身用户账号和组运行	Ⅳ	
	关闭 CGI 执行程序	Ⅳ	
	关闭多重选项	Ⅳ	
	session 时间设置	Ⅳ	

任务评价——理解中间件安全基线与测评

本任务主要介绍了中间件安全基线要求和配置技术的相关知识，以及不同类型中间件的测评方法。为了帮助学生充分理解本任务所讲解的内容，评价标准如下。

①理解中间件安全基线的要求；
②了解中间件安全基线的配置技术；

③掌握对不同类型中间件进行安全测评的方法。

任务测验

完成本任务的学习后，接下来通过几道课后测验，检验一下对本任务的学习效果，同时加深对所学知识的理解。

一、选择题

1. 过滤应用系统上传文件扩展名是为了防御（　　）攻击。

　　A. 上传后门脚本　　　　　　　　　B. SQL 注入

　　C. 跨站脚本攻击　　　　　　　　　D. 路径遍历

2. 除个别基线外，基本按照（　　）、服务及授权、（　　）、日志审计、（　　）五大类安全要求来进行安全配置要求的划分。

　　A. 账号口令 其他 补丁

　　B. 补丁 账号口令 其他

　　C. 其他 账号口令 补丁

　　D. 账号口令 补丁 其他

二、简答题

简单介绍 Web 应用系统安全基线所包含的内容有哪些。

任务 8.2　Web 应用的安全测评

可以通过自动化的核查工具对应用的基线部署情况进行检查，但是自动化的工具自身有其局限性，例如，当前基线核查设备的检查内容无法覆盖所有 IT 主流设备和对某些基线标准中的个别基线点进行检查，部分核查还需要人工进行检查。同时，核查设备自身也可能存在误报和漏报的情况。

任务目标——掌握 Web 应用的测评

理解 Web 应用的安全基线要求和配置技术，并掌握 Web 应用安全测评的方法。

任务环境

主要设备：PC 机、Serv – u_ftp。

知识准备——Web 应用的安全基线要求和配置技术

IT 基础设施范围内所有 Web 应用都应该遵循安全基本的要求，通过对 Web 安全基线要求和配置技术的学习，能够有效指导系统管理人员进行 Web 应用安全基线检查。

1. Web 应用的安全基线要求

Web 应用安全基线的检查要求如表 8 – 11 所示。

表 8-11 Web 应用安全基线的检查要求

名称	基本要求
账号身份认证	至少采用账号/口令认证； 重要系统可结合证书、短信、动态口令、U Key 等认证方式
账号管理	禁用或删除应用系统默认、无用或测试账号
账号锁定策略	对于连续登录应用系统失败 5 次（不含 5 次）的账号，需锁定其 30 分钟不允许登录
口令策略	配置应用系统口令策略，管理账户的口令长度至少为 8 位，且为数字、字母和特殊符号中至少 2 类的组合； 设置应用系统管理账户的口令生存期小于等于 90 天
日志审计	对用户的登录及操作内容进行记录； 登录信息应包括登录的账号、时间、IP 地址以及登录状态； 操作内容应包括操作账号、登录 IP、时间、事件及状态
敏感信息存储	对于应用系统中的数据库接口配置文件中的口令、数据库中存储的口令等敏感信息，采用加密形式存储
敏感信息传输	应采取 https 等符合业务需求的加密传输方式
数据备份	应至少每周一次完全备份，每天一次增量备份； 采用专用的备份存储设备，并至少保存 3 个月
补丁更新	实时关注厂商官方发布的补丁信息； 修补第三方软件的高危安全漏洞
权限分离	配置应用系统账号策略对管理权限进行分离，管理权限可分为系统管理员、安全管理员或审计管理员
登录超时	配置应用系统登录超时策略，对于成功登录的用户，在超过 30 分钟内无任何数据传输时，账户自动退出应用系统
最大并发数限制	根据业务量对应用系统、中间件或数据库配置最大并发连接数
多重并发限制	限制单个用户多重并发连接，在同一时刻，同一账号仅能在一个终端正常登录操作
跨站脚本攻击防范	配置关键字符过滤策略，对输入、输出的 script 参数进行过滤、编码
SQL 注入防范	配置关键字符过滤策略，如:" ' ｜ and ｜ exec ｜ insert ｜ select ｜ delete ｜ update ｜ count ｜ * ｜ % ｜ chr ｜ mid ｜ master ｜ truncate ｜ char ｜ declare ｜ ; ｜ or ｜ - ｜ + ｜ , ｜ ｜ "
路径遍历防范	配置特殊字符过滤策略，如：../ ./
上传后门脚本防范	配置应用系统上传白名单，例如白名单只允许上传指定格式图片，如 jpg、png，其他文件均不允许上传
输入有效性	限制交互式页面上非正常数据的提交

2. Web 应用安全基线配置技术

Web 应用安全基线配置技术如表 8-12 所示。

表 8-12　Web 应用安全基线配置技术

基线技术要求	基线标准点（参数）	说明
账号口令策略	用户登录失败一定次数后系统自动锁定，并使用验证码，不得明文传输	不能明文传输用户登录密码。用户登录失败一定次数后，系统自动锁定账号一段时间，以防止暴力猜测密码
保存登录要求	检查登录界面是否提供了保存登录功能	不能提供"保存登录"功能，该功能可能被利用于 CSRF 攻击
纵向、横向访问要求	用户不得跨权限访问受控页面和受保护敏感信息	合理进行纵向访问控制，不允许普通用户访问管理功能及敏感数据
内容管理	对敏感资源的访问应当控制，避免向用户提示过多的技术细节，防止被攻击者利用	需要限制对敏感资源的访问，例如后台管理、日志记录等
代码质量	使用 prepared statement 等方式防止 SQL 注入，在输入框输入 <script> alert ("xss")</script>，优化访问路径，尝试在各个输入点进行其他常见注入攻击	系统要防止将用户的输入未经检查就直接输出到用户浏览器，防范跨站脚本攻击。防止系统存在 LDAP 注入、XML 注入、XPATH 注入、SMTP 注入等漏洞
会话管理	配置登录系统后不操作超时，等待合理的时间间隔	当用户长时间不操作时，系统自动终止超时会话
日志保存要求	6 个月	日志必须保存 6 个月或 180 天
重定向要求	检查存在任意重定向或包含其他网站内容的控制参数	系统应当避免通过用户控制的参数来重定向或包含另外一个网站的内容
数据传输安全	SSL 密码、加密算法安全，对信息有适当访问控制	传输信息配置 SSL 加密传输

任务实施——对 Serv-u_ftp 进行安全测评

了解了 Web 应用安全基线要求和配置技术的相关内容后，接下来介绍如何对不同版本的 Serv-u_ftp 进行安全测评。

> **步骤 1**：Serv-U_ftp(5.x-6.x) Windows 的安全测评。

按照表 8-13 所示测评项对 Serv-U_ftp(5.x-6.x) Windows 进行安全测评。

表8–13　Serv–U_ftp(5.x–6.x)Windows 的安全测评

分类	检查选项	风险等级	评估操作示例
1. Serv–U FTP 版本情况	检查 Serv–U FTP 版本是否存在安全风险	I	**检查方法：** 运行 ServUAdmin.exe，打开管理器，单击"帮助"→"关于"
	检查是否已升级	I	
2. Serv–U FTP 全局配置	常规：检查匿名密码（启用）	II	**检查方法：** 运行 ServUAdmin.exe，打开管理器，单击"设置"→"常规"（右边第一个菜单按钮），可以查找需要设置的相关选项。
	常规：拦截"FTP_bounce"攻击和 FXP（启用）	II	
	常规：对于 30 秒内连接超时过 4 次的用户拦截 5 分钟（启用）	II	
	常规：最大上传速度（启用）	III	
	常规：最大下载速度（启用）	IV	
	常规：最大用户数量（启用）	IV	
	目录缓存：启用缓存（启用）	IV	
	高级：启用安全（启用）	IV	**检查方法：** 运行 ServUAdmin.exe，打开管理器，单击"设置"→"目录缓存"
	高级：适用超时（启用）	IV	**检查方法：** 运行 ServUAdmin.exe，打开管理器，单击"设置"→"高级"
3. Serv–U FTP 各域的配置	设置>常规：启用最大用户数量（启用）	IV	**检查方法：** 运行 ServUAdmin.exe，打开管理器，单击"设置"→"常规"（右边第一个菜单按钮），可以查找需要设置的相关选项。
	设置>常规：最小密码长度 6 位（启用）	IV	
	设置>常规：密码到期 X 天（启用）	IV	
	设置>IP 访问：是否指定访问网段或 IP（询问管理员）	IV	**检查方法：** 运行 ServUAdmin.exe，打开管理器，单击"设置"→"IP 访问"
	设置>消息：服务器 ID 文本是否已更改	IV	**检查方法：** 运行 ServUAdmin.exe，打开管理器，单击"设置"→"消息"

续表

分类	检查选项	风险等级	评估操作示例
3. Serv – U FTP 各域的配置	设置 > 记录：是否设置日志文件（名称）	Ⅳ	检查方法： 运行 ServUAdmin.exe，打开管理器，单击选中左边要修改的域（没有则需新建），单击"设置"→"记录"，即可设置和记录相关的选项
	设置 > 记录：启用记录到这文件（启用）	Ⅳ	
	设置 > 记录：自动新建日志文件（每天）	Ⅳ	
	设置 > 记录：记录系统消息（启用）	Ⅳ	
	设置 > 记录：记录安全消息（启用）	Ⅳ	
	设置 > 记录：记录文件下载（启用）	Ⅳ	
	设置 > 记录：记录文件上传（启用）	Ⅳ	
	设置 > 记录：记录 IP 名称（启用）	Ⅳ	
	设置 > 记录：记录 FTP 命令（启用）	Ⅳ	
	设置 > 记录：记录 FTP 回复（启用）	Ⅳ	
	用户 >（自建用户）> 账户：特权（没有特权）	Ⅳ	检查方法： 运行 ServUAdmin.exe，打开管理器，找到要设置的用户（新建用户或已存在的用户），单击这个用户，在管理器界面的右边可以设置相关的选项
	用户 >（自建用户）> 常规：同一 IP 地址只允许 2 个登录（启用）	Ⅳ	
	设置>用户 >（自建用户）> 常规：允许用户更改密码（禁用）	Ⅳ	
	用户 >（自建用户）> 常规：空闲超时 2 分钟	Ⅳ	
	用户 >（自建用户）> 目录访问：子目录继承（继承）	Ⅳ	
	用户 >（自建用户）> 配额：启用磁盘配额（启用）	Ⅳ	
	组>目录访问：执行权限（禁止）	Ⅳ	检查方法： 运行 ServUAdmin.exe，打开管理器，单击"设置"，选择要修改的组，单击"目录访问"

项目 8　信息安全等级保护现场测评——Web 应用测评

续表

分类	检查选项	风险等级	评估操作示例
4. 其他安全设置	FTP 服务器使用普通用户启动（非 SYSTEM 和 ADMINISTRATOR 权限）	Ⅳ	检查方法： 单击"开始"→"程序"→"管理工具"→"服务"→"Serv - U FTP 服务器"→"登录"→"此账户"（非 SYSTEM 和 ADMINISTRATOR 权限）
	是否启用 SSL/TSL 连接	Ⅳ	检查方法： 运行 ServUAdmin.exe，打开管理器，单击"域"→"自建域名"→"安全性"→"只允许 SSL/TSL 会话"
	安装时注意事项	Ⅳ	

▶ **步骤 2**：Serv – U_ftp(7. x) Windows 的安全测评。

按照表 8 – 14 所示测评项对 **Serv – U_ftp(7. x) Windows** 进行安全测评。

表 8 – 14　Serv – U_ftp(7. x) Windows 的安全测评

分类	检查选项	风险等级	加固操作示例
1. Serv – U FTP 版本情况	检查 Serv – U FTP 版本是否存在安全风险	Ⅰ	查看 Serv – U_ftp(7. x) Windows 加固手册（2009 – 2 – 16） 1. 版本查看并升级
	检查是否已升级	Ⅰ	
2. Serv – U FTP 管理控制台 - 服务器限制和设置	限制和设置：检查匿名密码（启用）	Ⅱ	查看 Serv – U_ftp(7. x) Windows 加固手册（2009 – 2 – 16） 2. 将检查匿名密码（启用）
	FTP 设置：拦截"FTP_bounce"攻击和 FXP（启用）	Ⅱ	查看 Serv – U_ftp(7. x) Windows 加固手册（2009 – 2 – 16） 3. 将拦截"FTP_bounce"攻击和 FXP（启用）
	设置：对 30 秒内连接超时 4 次的用户拦截 5 分钟（启用）	Ⅱ	查看 Serv – U_ftp(7. x) Windows 加固手册（2009 – 2 – 16） 4. 对 30 秒内连接超时 4 次的用户拦截 5 分钟

续表

分类	检查选项	风险等级	加固操作示例
2. Serv-U FTP 管理控制台-服务器限制和设置	限制和设置：（数据传输）服务器最大上传速度（启用）	Ⅲ	查看 Serv-U_ftp(7.x) Windows 加固手册（2009-2-16） 5. 数据传输设置
	限制和设置：（数据传输）服务器最大下载速度（启用）	Ⅳ	
	限制和设置：（数据传输）每个会话的最大上传速度（启用）	Ⅳ	
	限制和设置：（数据传输）每个会话的最大下载速度（启用）	Ⅳ	
	限制和设置：（数据传输）用户账户最大上传、下载速度（启用）	Ⅳ	
	限制和设置：（连接）服务器连接的最大会话数（启用）	Ⅳ	查看 Serv-U_ftp(7.x) Windows 加固手册（2009-2-16） 6. 服务器连接的最大会话数
	限制和设置：（连接）登录前要求安全连接（启用）	Ⅳ	查看 Serv-U_ftp(7.x) Windows 加固手册（2009-2-16） 7. 登录前要求安全连接
	限制>（连接）：会话自动超时（启用）	Ⅳ	查看 Serv-U_ftp(7.x) Windows 加固手册（2009-2-16） 8. 会话自动超时
3. Serv-U FTP 管理控制台-各域的设置	限制和设置>密码：最短密码长度（启用）	Ⅳ	查看 Serv-U_ftp(7.x) Windows 加固手册（2009-2-16） 9. 启用密码自动过期、最小密码长度、允许用户更改密码、以加密码形式保存密码
	限制和设置>密码：密码自动过期（启用）	Ⅳ	
	限制和设置>连接：用户账户的每个 IP 连接的最大会话数（2）	Ⅳ	查看 Serv-U_ftp(7.x) Windows 加固手册（2009-2-16） 15. 用户账户的每个 IP 连接的最大会话数

续表

分类	检查选项	风险等级	加固操作示例
3. Serv – U FTP 管理控制台 – 各域的设置	限制和设置 > 密码：以加密形式保存密码（启用）	Ⅳ	查看 Serv – U_ftp(7.x) Windows 加固手册（2009 – 2 – 16） 9. 启用密码自动过期、最小密码长度、允许用户更改密码、以加密码形式保存密码
	域活动 > 设置：启用记录到这文件（启用）	Ⅳ	查看 Serv – U_ftp(7.x) Windows 加固手册（2009 – 2 – 16） 14. 启用记录到这文件
	用户 >（自建用户）> 域用户：管理权限（无特权）	Ⅳ	查看 Serv – U_ftp(7.x) Windows 加固手册（2009 – 2 – 16） 10. 设置用户属性
	用户 >（自建用户）> 域用户：锁定用户目录至根目录（启用）	Ⅳ	查看 Serv – U_ftp(7.x) Windows 加固手册（2009 – 2 – 16） 10. 设置用户属性
	用户 >（自建用户）> 域用户：允许用户更改密码（禁止）	Ⅳ	查看 Serv – U_ftp(7.x) Windows 加固手册（2009 – 2 – 16） 12. 禁止用户更改密码
	用户 >（自建用户）> 域用户：目录访问：执行权限（禁止）	Ⅳ	查看 Serv – U_ftp(7.x) Windows 加固手册（2009 – 2 – 16） 11. 目录访问、子目录继承
	用户 >（自建用户）> 域用户：子目录继承（继承）	Ⅳ	
	群组 > 目录访问：执行权限（禁止）	Ⅳ	查看 Serv – U_ftp(7.x) Windows 加固手册（2009 – 2 – 16） 13. 禁止群组的执行权限
4. 其他安全设置	FTP 服务器使用普通用户启动（非 SYSTEM 和 ADMINISTRATOR 权限）	Ⅳ	查看 Serv – U_ftp(7.x) Windows 加固手册（2009 – 2 – 16） 16. FTP 服务器使用普通用户启动
	从 SSH 标识里隐藏服务器信息	Ⅳ	查看 Serv – U_ftp(7.x) Windows 加固手册（2009 – 2 – 16） 18. 从 SSH 标识里隐藏服务器信息
	是否启用 SSL 加密连接	Ⅳ	查看 Serv – U_ftp(7.x) Windows 加固手册（2009 – 2 – 16） 17. 启用 SSL 加密连接

续表

分类	检查选项	风险等级	加固操作示例
4. 其他安全设置	安装时注意事项	IV	在安装的时候另选择目录
	给 serv-u 管理平台设置密码	IV	查看 Serv-U_ftp(7.x) Windows 加固手册（2009-2-16） 19. 给 serv-u 管理平台设置密码
	禁用 serv-u 使用 Web 客户端	IV	查看 Serv-U_ftp(7.x) Windows 加固手册 20. 禁用 serv-u 使用 Web 客户端

任务评价——理解 Web 应用的安全基线与测评

本任务主要介绍了 Web 应用安全基线要求和配置技术的相关知识，以及 Web 应用的测评方法。为了帮助学生充分理解本任务所讲解的内容，评价标准如下。

①理解 Web 安全基线的要求；
②了解 Web 安全基线的配置技术；
③掌握对不同版本 Serv-u_ftp 进行安全测评的方法。

任务测验

完成本任务的学习后，接下来通过几道课后测验，检验一下对本任务的学习效果，同时加深对所学知识的理解。

一、选择题

1. 以下关于应用系统与数据安全测评中身份鉴别测评要求，说法不正确的是（　　）。

A. 应对登录的用户进行身份标识和鉴别，身份标识具有唯一性，身份鉴别信息具有复杂度要求并定期更换

B. 应具有登录失败处理功能，应配置并启用结束会话、限制非法登录次数和当登录连接超时自动退出等相关措施

C. 当进行远程管理时，应采取必要措施来防止鉴别信息在网络传输过程中被窃听

D. 应采用口令、密码技术、生物技术等其中一种鉴别技术对用户进行身份鉴别

2. Web 应用安全基线中，账号身份认证可以使用的认证方式有（　　）。（多选）

A. 账号/口令　　　　B. 证书　　　　C. 短信　　　　D. 动态口令

二、简答题

简述中间件的安全基线要求。

任务8.3　网站万能密码入侵

根据常见的网站后台管理页面命名方式猜测出网站的后台管理页面，利用后台的注入漏

洞，输入万能密码（用户名与密码一样）绕过后台身份验证，在后台寻找上传图片的地方，上传图片脚本木马，再利用网站的数据库备份功能将图片脚木马备份成 ASP 文件，获得 webshell。

任务目标——理解网络渗透

利用网站存在的后台注入漏洞，利用万能密码进入后台管理，再备份数据库获得 webshell。

任务环境

（1）被攻击方（服务器端）
- 操作系统：Windows Server 2003 SP2，管理员：administrator，密码：ww%＄cqaslk；
- Web 服务程序：IIS 6（支持 ASP）；
- 数据库：Access 2003；
- 网站，后台管理员：chujai，密码：@#sss110^%）。

（2）攻击方（客户端）
- 操作系统：Windows XP SP3；
- 黑客工具：各种 ASP 脚本木马（webshell）、中国菜刀。

知识准备——应用系统与数据安全测评

和其他成熟产品不同，应用系统只有在充分了解其部署情况和业务流程后，才能明确测评的范围和对象，分析其系统的脆弱性和面临的主要安全威胁，有针对性地进行测评。

应用系统与数据安全的测评主要包括以下几个方面。

1. 身份鉴别

身份鉴别的安全测评要求如表 8 – 15 所示。

表 8 – 15　身份鉴别的安全测评要求

测评要求	说明
1. 应对登录的用户进行身份标识和鉴别，身份标识具有唯一性，身份鉴别信息具有复杂度要求并定期更换	（1）应核查用户在登录时是否采用了身份鉴别措施； （2）应核查用户列表，确认用户身份标识是否具有唯一性； （3）应核查用户配置信息或测试验证是否不存在空口令用户； （4）应核查用户鉴别信息是否具有复杂度并定期更换
2. 应具有登录失败处理功能，应配置并启用结束会话、限制非法登录次数和当登录连接超时自动退出等相关措施	（1）应核查是否配置并启用了登录失败处理功能，非法登录达到一定次数后采取特定动作，如账户锁定等； （2）应核查是否配置并启用了登录连接超时及自动退出功能

续表

测评要求	说明
3. 当进行远程管理时,应采取必要措施防止鉴别信息在网络传输过程中被窃听	应核查是否采用加密等安全方式对系统进行远程管理,防止鉴别信息在网络传输过程中被窃听
4. 应采用口令、密码技术、生物技术等两种或两种以上组合的鉴别技术对用户进行身份鉴别,并且其中一种鉴别技术至少应使用密码技术来实现	(1) 应检查是否采用动态口令、数字证书、生物技术和设备指纹等两种或两种以上组合的鉴别技术对用户身份进行鉴别; (2) 应检查其中一项鉴别技术是否使用密码技术来实现

2. 访问控制

访问控制的安全测评要求如表 8-16 所示。

表 8-16 访问控制的安全测评要求

测评要求	说明
1. 应对登录的用户分配账户和权限	(1) 应检查是否为用户分配了账户和权限及相关设置情况; (2) 应检查是否已禁用或限制匿名、默认账户的访问权限
2. 应重命名或删除默认账户,修改默认账户的默认口令	(1) 应核查是否已经重命名默认账户或默认账户已被删除; (2) 应核查是否已修改默认账户的默认口令
3. 应及时删除或停用多余的、过期的账户,避免共享账户的存在	(1) 应核查是否不存在多余或过期账户,管理员用户与账户之间是否一一对应; (2) 应测试验证多余的、过期的账户是否被删除或停用
4. 应授予管理用户所需的最小权限,实现管理用户的权限分离	(1) 应核查是否进行角色划分; (2) 应核查管理用户的权限是否已进行分离; (3) 应核查管理用户权限是否为其工作任务所需的最小权限
5. 应由授权主体配置访问控制策略,访问控制策略规定主体对客体的访问规则	(1) 应核查是否由授权主体(如管理用户)负责配置访问控制策略; (2) 应核查授权主体是否依据安全策略配置了主体对客体的访问规则; (3) 应测试验证用户是否具有越权访问情形
6. 访问控制的粒度应达到主体为用户级或进程级,客体为文件、数据库表级	应核查访问控制策略的控制粒度是否达到主体为用户级或进程级,客体为文件、数据库表、记录或字段级
7. 应对重要主体和客体设置安全标记,并控制主体对有安全标记信息资源的访问	(1) 应核查是否对主体、客体设置了安全标记; (2) 应测试验证是否依据主体、客体安全标记控制主体对客体访问的强制访问控制策略

3. 安全审计

安全审计的安全测评要求如表8-17所示。

表8-17 安全审计的安全测评要求

测评要求	说明
1. 应启用安全审计功能，审计覆盖到每个用户，对重要的用户行为和重要安全事件进行审计	（1）应核查是否开启了安全审计功能； （2）应核查安全审计范围是否覆盖到每个用户； （3）应核查是否对重要的用户行为和重要安全事件进行审计
2. 审计记录应包括事件的日期和时间、用户、事件类型、事件是否成功及其他与审计相关的信息	应核查审计记录信息是否包括事件的日期和时间、用户、事件类型、事件是否成功及其他与审计相关的信息
3. 应对审计记录进行保护，定期备份，避免受到未预期的删除、修改或覆盖等	（1）应核查是否采取了保护措施对审计记录进行保护； （2）应核查是否采取技术措施对审计记录进行定期备份，并核查其备份策略
4. 应对审计进程进行保护，防止未经授权的中断	应测试验证通过非审计管理员的其他账户来中断审计进程，验证审计进程是否受到保护

4. 入侵系统

入侵系统的安全测评要求如表8-18所示。

表8-18 入侵系统的安全测评要求

测评要求	说明
1. 应遵循最小安装的原则，仅安装需要的组件和应用程序	应用系统不适用
2. 应关闭不需要的系统服务、默认共享和高危端口	
3. 应通过设定终端接入方式或网络地址范围对通过网络进行管理的管理终端进行限制	
4. 应提供数据有效性检验功能，保证通过人机接口输入或通过通信接口输入的内容符合系统设定要求	核查应用系统人机输入接口是否具备容错能力，针对常见的漏洞是否可以防范
5. 应能发现可能存在的已知漏洞，并在经过充分测试评估后，及时修补漏洞	及时关注、查看采用的框架技术等是否存在漏洞
6. 应能够检测到对重要节点进行入侵的行为，并在发生严重入侵事件时提供报警	应用系统不适用

5. 可信验证

可信验证的安全测评要求如表 8-19 所示。

表 8-19 可信验证的安全测评要求

测评要求	说明
可基于可信根对计算设备的系统引导程序、系统程序、重要配置参数和应用程序等进行可信验证，并在应用程序的关键执行环节进行动态可信验证，在检测到其可信性受到破坏后进行报警，并将验证结果形成审计记录送至安全管理中心	（1）应核查是否基于可信根对计算设备的系统引导程序、系统程序、重要配置参数和应用程序等进行可信验证； （2）应核查是否在应用程序的关键执行环节进行动态可信验证； （3）应测试验证当检测到计算设备的可信性受到破坏后是否进行报警； （4）应测试验证结果是否以审计记录的形式送至安全管理中心

6. 数据完整性

数据完整性的安全测评要求如表 8-20 所示。

表 8-20 数据完整性的安全测评要求

测评要求	说明
1. 应采用校验技术或密码技术保证重要数据在传输过程中的完整性，包括但不限于鉴别数据、重要业务数据、重要审计数据、重要配置数据、重要视频数据和重要个人信息等	（1）应核查系统设计文档，鉴别数据、重要业务数据、重要审计数据、重要配置数据、重要视频数据和重要个人信息等在传输过程中是否采用了校验技术或密码技术保证完整性； （2）应测试验在数据传输过程中对鉴别数据、重要业务数据、重要审计数据、重要配置数据、重要视频数据和重要个人信息等进行了篡改，是否能够检测数据在传输过程中的完整性受到破坏，并能够及时恢复
2. 应采用校验技术或密码技术保证重要数据在存储过程中的完整性，包括但不限于鉴别数据、重要业务数据、重要审计数据、重要配置数据、重要视频数据和重要个人信息等	（1）应核查设计文档，是否采用了校验技术或密码技术来保证鉴别数据、重要业务数据、重要审计数据、重要配置数据、重要视频数据和重要个人信息等在存储过程中的完整性； （2）应核查是否采用技术措施（如数据安全保护系统等）保证鉴别数据、重要业务数据、重要审计数据、重要配置数据、重要视频数据和重要个人信息等在存储过程中的完整性； （3）应测试在数据存储过程中对鉴别数据、重要业务数据、重要审计数据、重要配置数据、重要视频数据和重要个人信息等进行了篡改，是否能够检测数据在存储过程中的完整性受到破坏，并能够及时恢复

7. 数据保密性

数据保密性的安全测评要求如表8-21所示。

表8-21 数据保密性的安全测评要求

测评要求	说明
1. 应采用密码技术保证重要数据在传输过程中的保密性，包括但不限于鉴别数据、重要业务数据和重要个人信息等	（1）应核查系统设计文档，鉴别数据、重要业务数据和重要个人信息等在传输过程中是否采用密码技术来保证保密性； （2）应通过嗅探等方式抓取传输过程中的数据包，鉴别数据、重要业务数据和重要个人信息等在传输过程中是否进行了加密处理
2. 应采用密码技术保证重要数据在存储过程中的保密性，包括但不限于鉴别数据、重要业务数据和重要个人信息等	（1）应核查是否采用密码技术来保证鉴别数据、重要业务数据和重要个人信息等在存储过程中的保密性； （2）应核查是否采用技术措施（如数据安全保护系统等）来保证鉴别数据、重要业务数据和重要个人信息等在存储过程中的保密性

8. 数据备份与恢复

数据备份与恢复的安全测评要求如表8-22所示。

表8-22 数据的备份与恢复的安全测评要求

测评要求	说明
1. 应提供重要数据的本地数据备份与恢复功能	（1）应核查是否按照备份策略进行本地备份； （2）应核查备份策略设置是否合理、配置是否正确； （3）应核查备份结果是否与备份策略一致； （4）应核查近期恢复测试记录是否能够进行正常的数据恢复
2. 应提供异地实时备份功能，利用通信网络将重要数据实时备份至备份场地	应核查是否提供异地实时备份功能，并通过网络将重要配置数据、重要业务数据实时备份至备份场地
3. 应提供重要数据处理系统的热冗余，保证系统的高可用性	查看重要数据处理系统（数据库服务器、核心应用服务器）是否采用热冗余技术部

提示：

报告显示，超过90%的安全漏洞是应用层漏洞，它已经远远超过网络、操作系统和浏览器的漏洞数量，这个比例还有上升的趋势。常见攻击手段，如口令破解、信息窃听、绕过访问控制、后门攻击等。针对Web应用的攻击，如跨站脚本攻击、SQL注入、缓冲区溢出、拒绝服务攻击等。

任务实施——掌握网站万能密码入侵的方法

了解了 Web 应用系统与数据安全测评要求的相关内容,接下来介绍使用网站万能密码入侵的方法。

➢ **步骤 1:浏览并观察目标网站。**

01. 打开浏览器,在地址栏中输入目标网站地址 http://192.168.152.179,打开网站,如图 8-3 所示。

图 8-3 打开目标网站

02. 通过浏览观察发现,该网站是一个 ASP 动态网站,但是通过注入测试发现,一旦注入攻击,页面即可跳转,如图 8-4 所示,数据库无法报错(过滤了注入关键字)。

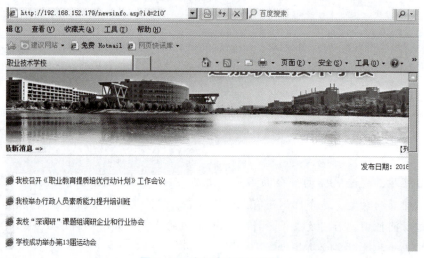

图 8-4 注入攻击页面跳转

➤ **步骤 2**：寻找目标网站的后台管理地址，使用万能密码登录。

01. 通过不断尝试来寻找目标网站的后台管理地址，发现使用 manage/Login.asp 后缀，可以顺利进入该目标网站的后台管理登录页面，如图 8 – 5 所示。

图 8 – 5　找到目标网站后台管理地址

02. 在目标网站后台管理登录页面表单中输入万能密码：'or' = 'or'（账号与密码一样），如图 8 – 6 所示。单击"登录系统"按钮，顺利登录目标网站的后台管理页面，如图 8 – 7 所示。

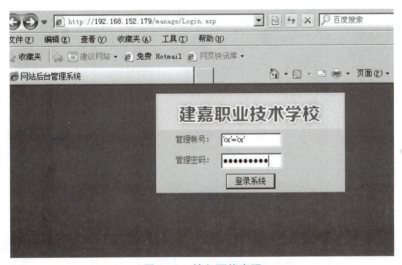

图 8 – 6　输入万能密码

➤ **步骤 3**：将"不灭之魂"ASP 木马文件上传到目标网站。

01. 在目标网站后台管理页面的左侧单击"各种讯息管理"选项下方的"添加最新消息"选项，切换到"添加最新消息"页面，在页面下方找到图片上传表单，如图 8 – 8 所示。

02. 将准备好的"不灭之魂"ASP 木马文件的 .asp 扩展名修改为 .gif，通过"添加最新消息"页面中的图片上传表单将重命名之后的"不灭之魂"ASP 木马文件上传到目标网站的服务器中，如图 8 – 9 所示。

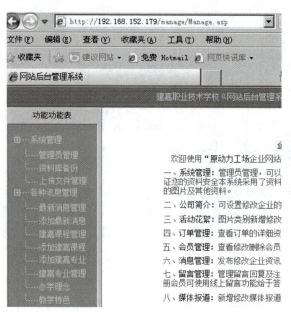

图 8-7 成功登录网站后台管理页面

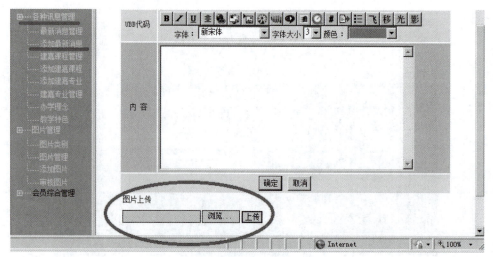

图 8-8 找到页面中的图片上传表单

图 8-9 成功上传 ASP 木马文件

03. ASP 木马文件上传成功后，服务器会对所上传文件进行重命名并显示完整的路径。访问上传后的完整路径 http://192.168.152.179/Upload/20134113030743.gif，会显出"不灭之魂"ASP 木马的源代码，如图 8-10 所示。

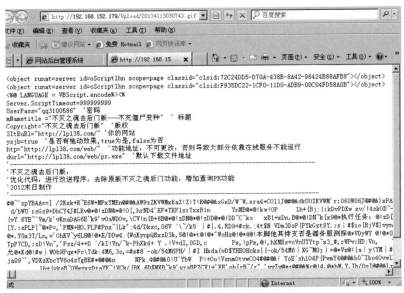

图 8-10　显示 ASP 木马文件的源代码

➢ **步骤 4**：通过使用备份的方式将所上传的 ASP 木马文件进行扩展名的修改，便于解析执行该 ASP 木马文件。

01. 复制"不灭之魂"ASP 木马文件相对网站根目录的路径：/Upload/20134113030743.gif。

02. 在后台管理页面左侧单击"系统管理"选项下方的"资料库备份"选项，切换到该页面中，如图 8-11 所示。

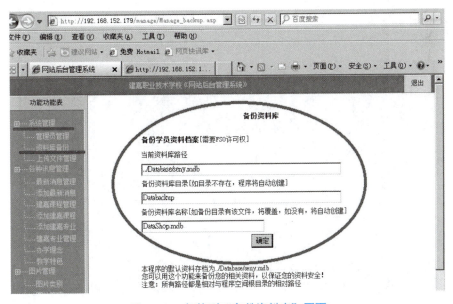

图 8-11　切换到"备份资料库"页面

03. 在页面中的"当前资料库路径"选项文本框中填入"不灭之魂"ASP 脚本木马文件的相对网站根目录路径：/Upload/20134113030743.gif，"备份资料库目录"选项保持不变，"备份资料库名称"选项填入以 .asp 或 .asa 结尾的动态 ASP 脚本文件扩展名，如图 8 – 12 所示。

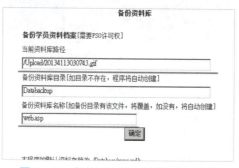

图 8 – 12　切换到"备份资料库"页面

04. 单击"确定"按钮，成功备份数据库，即网站脚本程序将所上传的图片木马文件扩展名修改为 .asp，如图 8 – 13 所示，能被 IIS6.0 当作 .asp 脚本正常解析。

图 8 – 13　通过备份的方式成功修改木马文件扩展名

05. 根据备份后得出的 ASP 木马文件的绝对路径地址，确定 webshell 的访问地址为 http://192.168.152.179/manage/Databackup/web.asp，访问该地址，页面效果如图 8 – 14 所示。

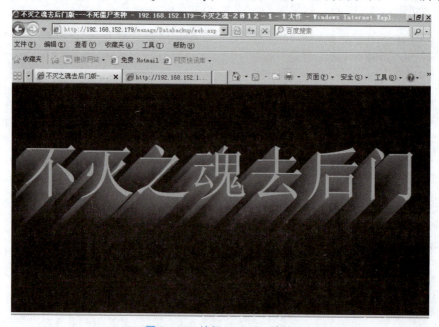

图 8 – 14　访问 webshell 地址

06. 成功获得 webshell。

> **提示：**
> webshell 就是以 asp、php、jsp 或者 cgi 等网页文件形式存在的一种代码执行环境，主要用于网站管理、服务器管理、权限管理等操作。其使用方法简单，只需上传一个代码文件，通过网址访问，便可进行很多日常操作，极大地方便了使用者对网站和服务器的管理。正因如此，也有小部分人将代码修改后当作后门程序使用，以达到控制网站服务器的目的。

任务评价——理解应用系统与数据安全测评方法

本任务主要介绍了应用系统与数据安全测评的相关知识，以及使用网站万能密码入侵的方法。为了帮助学生充分理解本任务所讲解的内容，评价标准如下。
①理解应用系统与数据安全测评要求；
②掌握使用网站万能密码入侵的方法。

任务测验

完成本任务的学习后，接下来通过几道课后测验，检验一下对本任务的学习效果，同时加深对所学知识的理解。

一、选择题

1. 以下属于常见的中间件的有（　　）。（多选）
 A. IIS　　　　　B. 网站　　　　　C. Tomcat　　　　　D. Apache
2. 以下属于针对 Web 应用的攻击的有（　　）。（多选）
 A. 跨站脚本攻击　　B. SQL 注入　　C. 缓冲区溢出　　D. 拒绝服务攻击

二、简答题

简单说明应用系统与数据安全的测评主要包含哪些。

项目总结

网络信息安全相关专业的学生应该系统掌握网络信息安全相关的专业理论和关键技术，具备较强的工程实践能力，能够在维护国家安全利益，发展网络安全事业上作出贡献。

完成本项目内容的学习，需要能够理解中间件和 Web 应用的安全基线要求与配置技术，并且理解应用系统与数据安全测评的要求。能够自己动手实现使用网站万能密码入侵网站的操作方法。

项目评价

在完成本项目学习任务后，可根据学习达成自我评价表进行综合能力评价，评价表总分

110分(含附加分10分)。学习达成自我评价表积分方式:认为达成学习任务者,在□中打"√";认为未能达成学习者,在□中打"×"。其中,完全达成,可按该项分值100%计算;基本达成,可按该项分值60%计算;未能达成,不计分值。项目8学习达成自我评价表如表8-23所示。

表8-23 项目8学习达成自我评价表

学习目标	学习内容	达成情况
职业道德(10分)	遵纪守法,爱岗敬业。 遵守规程,安全操作。 认真严谨,忠于职守。 精益求精,勇于创新。 诚实守信,服务社会。	完全达成□ 基本达成□ 未能达成□
知识目标(30分)	是否理解中间件安全基线的要求; 是否了解中间件安全基线的配置技术; 是否理解Web安全基线的要求; 是否了解Web安全基线的配置技术; 是否理解应用系统与数据安全测评要求。	完全达成□ 基本达成□ 未能达成□
技能目标(30分)	是否掌握对不同类型中间件进行安全测评的方法; 是否掌握对不同版本Serv-u_ftp进行安全测评的方法; 是否掌握使用网站万能密码入侵的方法。	完全达成□ 基本达成□ 未能达成□
素质目标与思政目标(20分)	是否具有Web应用中间件的自学能力; 是否具有良好的网站入侵防范能力; 是否具备社会责任感和使命感; 是否具备勇于探索的创新精神和实践能力。	完全达成□ 基本达成□ 未能达成□
职业技能等级标准(10分)	初级: 是否了解Web安全事件和Web体系结构; 是否熟悉Web安全案例; 是否能够进行Web应用安全测评; 是否能够理解网站万能密码入侵。	完全达成□ 基本达成□ 未能达成□
(附加分)学习过程发现问题(5分)		
(附加分)学习过程解决问题(5分)		

本表仅供学习者对照学习任务进行自我评价,以便查漏补缺,强化职业岗位能力,以适应社会新需求。

项目 9
信息安全等级保护测评报告编制

项目介绍

信息安全等级保护测评报告是指把信息安全测评的过程和结果写成文档，对发现的问题和缺陷进行分析，为纠正信息安全存在的问题提供依据，同时，为信息安全等级保护验收和交付打下基础。

本项目围绕信息安全等级保护测评报告编制的相关内容进行讲解，设置信息系统资产评估报告、信息系统脆弱性评估报告2个学习任务，使同学们理解并掌握信息系统资产评估报告和信息系统脆弱性评估报告的撰写方法，并且还介绍了测评方案编制的工作流程和主要任务等相关知识。

学习目标

1. 知识目标

通过本项目的学习，应达到如下知识目标：

（1）了解测评方案编制的工作流程和主要任务；

（2）了解测评方案编制的输出文档和活动中双方职责；

（3）了解信息安全管理体系策划与建立的相关知识。

2. 技能目标

通过本项目的学习，应达到如下技能目标：

（1）掌握信息系统资产评估报告的撰写；

（2）掌握信息系统脆弱性评估报告的撰写。

3. 素质目标

通过本项目的学习，应达到如下素质目标：

（1）具有良好的报告编制流程把控能力；

（2）具有良好的评估报告阅读能力。

4. 思政目标

通过本项目的学习，应达到如下思政目标：

（1）弘扬爱国主义精神；

（2）坚决捍卫民族和国家利益。

学习导图

本项目讲解信息安全等级保护测评报告编制的相关知识内容,主要包括信息系统资产评估报告、信息系统脆弱性评估报告 2 个任务 7 个知识点。项目学习路径与学习内容参见学习导图 9-1 所示。

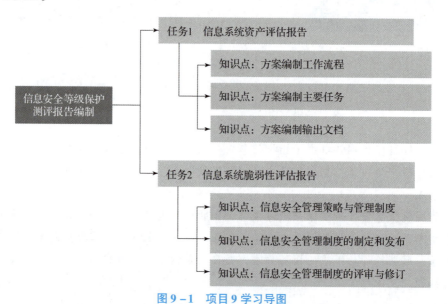

图 9-1 项目 9 学习导图

本项目学习内容与网络安全评估职业技能等级标准内容的对应关系如表 9-1 所示。

表 9-1 本项目与职业技能等级标准内容对应关系

网络安全评估职业技能等级标准			信息安全等级保护测评报告编制	
工作任务	职业技能要求	等级	知识点	技能点
理解并掌握信息系统资产评估报告和信息系统脆弱性评估报告的撰写	①了解测评方案编制的流程和各环节内容; ②了解信息安全管理的策略和制度; ③掌握信息系统资产评估报告的编制; ④掌握信息系统脆弱性评估报告编制	初级 中级	①了解测评方案编制的工作流程和主要任务; ②了解测评方案编制的输出文档和活动中双方职责; ③了解信息安全管理体系策划与建立的相关知识	①掌握信息系统资产评估报告的撰写; ②掌握信息系统脆弱性评估报告的撰写

任务 9.1 信息系统资产评估报告

风险评估实地测评中,首先对资产进行风险评估,其中包含硬件资产、软件资产、数据资产、人员资产和服务资产。在整理资产数据的时候,对企业资产数据进行风险分析。

任务目标——掌握信息系统资产评估报告的撰写方法

通过本任务中信息系统资产评估报告的撰写，可以让学生更深刻地学习到风险评估的内容与流程。

任务环境

风险评估待测评单位。

知识准备——测评方案的编制

方案编制活动的目标是整理测评准备活动中获取的定级对象相关资料，为现场测评活动提供最基本的文档和指导方案。

1. 方案编制工作流程

测评方案编制的工作流程如图 9 – 2 所示。

图 9 – 2　测评方案编制的工作流程

2. 方案编制主要任务

（1）确定测评对象

根据系统调查结果，分析整个被测定级对象业务流程、数据流程、范围、特点及各个设备及组件的主要功能，确定出本次的测评对象。

输入：填好的调查表格，各种与被测定级对象相关的技术资料。

输出：测评方案的测评对象部分。

（2）确定测评指标

根据被测定级对象定级结果确定出本次测评的基本测评指标，根据测评委托单位及被测定级对象业务自身需求确定出本次测评的特殊测评指标。

输入：填好的调查表格，GB 17859，GB/T 22239，行业规范，业务需求文档。

输出：测评方案的测评指标部分。

（3）确定测评内容

本任务确定现场测评的具体实施内容，即单项测评内容。

输入：填好的系统调查表格，测评方案的测评对象部分，测评方案的测评指标部分。

依据 GB/T 22239，将前面已经得到的测评指标和测评对象结合起来，将测评指标映射到各测评对象上，然后结合测评对象的特点，说明各测评对象所采取的测评方法，由此构成可以具体实施测评的单项测评内容。测评内容是测评人员开发测评指导书的基础。

输出：测评方案的测评实施部分。

（4）确定工具测试方法

在等级测评中，应使用测试工具进行测试，测试工具可能用到漏洞扫描器、渗透测试工具集、协议分析仪等。

输入：测评方案的测评实施部分，GB/T 22239，选用的测评工具清单。

输出：测评方案的工具测试方法及内容部分。

（5）测评方案编制

测评方案是等级测评工作实施的基础，指导等级测评工作的现场实施活动。测评方案应包括但不局限于以下内容：项目概述、测评对象、测评指标、测评内容、测评方法等。

输入：委托测评协议书，填好的调研表格，各种与被测定级对象相关的技术资料，选用的测评工具清单，GB/T 22239 或行业规范中相应等级的基本要求，测评方案的测评对象、测评指标、单项测评实施部分、工具测试方法及内容部分等。

输出：经过评审和确认的测评方案文本，风险规避实施方案文本。

3. 方案编制输出文档

测评方案编制输出文档及内容如表 9-2 所示。

表 9-2 测评方案编制输出文档及内容

任务	输出文档	文档内容
确定测评对象	测评方案的测评对象部分	被测定级对象的整体结构、边界、网络区域、重要节点、测评对象等
确定测评指标	测评方案的测评指标部分	被测定级对象定级结果、测评指标
确定测评内容	测评方案的单项测评实施部分	单项测评实施内容
确定工具测评方法	测评方案的工具测试方法及内容部分	工具测试接入点及测试方法
测评方案编制	经过评审和确认的测评方案文本 风险规避实施方案文本	项目概述、测评对象、测评指标、测试工具接入点、单项测评实施内容等 风险规避措施等

任务实施——信息系统资产评估报告的撰写

了解了测评方案编制相关知识，接下来介绍信息系统资产评估报告的编写格式与内容。

×××（客户名称）信息系统
资产评估报告

×××××××××（客户方名称）

××有限公司

20××年×月

文档信息

文档信息如表9-3所示。

表9-3 文档信息

文档名称	×××（客户名称）信息系统资产评估报告	
文档编号		
保密级别	文档版本编号	
制作人	制作日期	
复审人	复审日期	
扩散范围	×××（客户名称）、×××（客户名称）信息系统风险评估项目组	
扩散批准人		

适用范围

本文为×××（客户名称）信息系统资产评估报告，适用于了解该系统信息安全现状，并为今后的工作作参考。

版权信息

本文的版权属于×××（客户名称），未经许可，任何个人和团体不得转载、粘贴或发布本文，也不得部分转载、粘贴或发布本文，更不得更改本文的部分词汇进行转贴。

目录

1 资产评估概述 ························ ×
2 资产识别 ····························· ×
  2.1 识别方法 ························ ×
  2.2 信息系统概况 ···················· ×
  2.3 资产识别 ························ ×
    2.3.1 硬件资产 ···················· ×
    2.3.2 软件资产 ···················· ×
    2.3.3 数据资产 ···················· ×
    2.3.4 人员资产 ···················· ×
    2.3.5 服务资产 ···················· ×
3 资产分析 ····························· ×
  3.1 分析方法 ························ ×

  3.2 资产分析 ·· ×
    3.2.1 硬件资产 ·· ×
    3.2.2 软件资产 ·· ×
    3.2.3 数据资产 ·· ×
    3.2.4 人员资产 ·· ×
    3.2.5 服务资产 ·· ×
4 资产评估结果 ··· ×

1 资产评估概述

  资产是风险评估的对象。在一个全面的风险评估中，风险的所有元素都以资产为中心，威胁、脆弱性以及风险都是针对资产而客观存在的。威胁利用资产自身的脆弱性使得安全事件的发生成为可能，从而形成了风险。因此，资产的评估是风险评估的一个重要步骤，它被确定和分析的准确性将影响着后面所有因素的评估。

  本项目资产评估的主要工作就是对×××（客户名称）信息系统风险评估范围内的资产进行识别，确定所有的评估对象，然后根据评估的资产在业务和应用流程中的作用对资产进行分析。根据资产评估报告的结果，可以清晰地分析出×××（客户名称）信息系统中各主要业务的重要性，以及各业务中各种类别的物理资产、软件资产和数据资产的重要程度，从而得出信息系统的安全等级。同时，可以明确各业务系统的关键资产，确定安全评估和保护的重点对象。

2 资产识别

  在确认了风险评估的范围后，首先需要对信息系统承载的业务和涉及的硬件资产、软件资产、信息资产、人员资产和服务资产进行识别。由于这些资产容易受到安全威胁的侵害，从而给所属的机构、组织或部门造成不同程度的损害。因此，正确地管理这些资产对于一个机构、组织或部门来说是非常重要的，它也是所有级别安全管理的责任所在。由此可见，为了进行风险评估，就必须对信息系统评估范围内的相关资产进行识别，并根据资产在业务和应用流程中的作用进行分析。

◆2.1 识别方法

  在资产识别过程中，需要对信息系统资产进行识别，并合理分类。同时，还需要识别资产的安全属性，即识别出资产在遭受泄密、中断、损害等破坏时所受影响，为资产影响分析和综合风险分析提供参考数据。

  在这次评估中，将对以下类别的资产进行分析：

  ◇ 硬件资产：包括服务器设备、网络设备、安全设备和存储设备等；
  ◇ 软件资产：即运行于服务器设备上的软件，包括系统软件和应用软件等；
  ◇ 数据资产：保存在信息媒介上的各种数据资料，包括源代码、数据库数据、系统文档、运行管理规程、计划、报告、用户手册等；

◇ 人员资产：掌握重要信息和核心业务的人员，如主机维护主管、网络维护主管及应用项目经理等；

◇ 服务资产：供电、供水、保安、通信等关键性及非关键性支撑服务。

在对资产进行识别时，采用的编号规则为：类型_客户名称_数字编号。

◇ 类型（Har－硬件，Sof－软件，Peo－人员，Inf－数据，Ser－服务）；

◇ 客户名称（拼音缩写）；

◇ 数字编号使用三位数字顺序号。

◆2.2 信息系统概况

×××（客户名称）现有正在运行的业务系统主要为外网网站系统、内网网站系统，此次风险评估对象也是这两个应用系统及其所包含的资产。

信息系统基本情况：

1. 内网网站系统

内网网站系统基本情况如表9-4所示。

表9-4 内网网站系统基本情况（注：根据客户实际网络情况进行描述）

系统名称	×××（客户名称）内网网站系统			
系统运行管理部门	×××（客户名称）办公室			
管理员	××	电话		邮箱
系统开发商	×××			
系统运行状态	□在建　　□试运行　　□正式运行			
面向用户	×××（客户名称）内部用户			
应用架构	B/S			
功能和业务描述	内部工作、交流、办公的内部网站系统，定位于向×××（客户名称）内部用户提供OA办公、内部消息发布、内部通知等			
依赖程度	较高			
所依赖硬件资产	内网网站服务器、××××服务器			
产生的关键数据	内网网站系统数据			
备注				

2. 外网网站系统

外网网站系统基本情况如表9-5所示。

表9-5 外网网站系统基本情况（注：根据客户实际网络情况进行描述）

系统名称	×××（客户名称）外网网站系统		
系统运行管理部门	市×××（客户名称）办公室		
管理员	××	电话	邮箱
系统开发商	×××		
系统运行状态	□在建　　□试运行　　□正式运行		
面向用户	全体公众		
应用架构	B/S		
功能和业务描述	×××（客户名称）外网网站系统是×××（客户名称）实现政务信息公开、服务企业和社会公众、方便公众参与的重要渠道，在提高×××（客户名称）工作的透明度、方便其他单位及市民办事、推进信息化进程方面具有重要作用		
依赖程度	较高		
所依赖硬件资产	外网网站服务器、外网采编服务器		
产生的关键数据	外网网站系统数据		
备注			

在网络系统方面，×××（客户名称）的外网网站服务器、邮件系统服务器、邮件网关服务器位于外网DMZ区，通过外网华为S3050 DMZ交换机接入网管中心汇聚层交换机与政务外网相连；内网网站服务器、人事系统服务器、OA服务器等内部应用服务器位于内网业务区，通过内网华为S3050汇聚交换机接入网管中心汇聚层交换机与×××（客户名称）内网相连，同时，在内网业务区配置了防火墙、IDS和漏洞扫描等专业安全设备。图9-3所示为×××（客户名称）信息系统网络拓扑图。

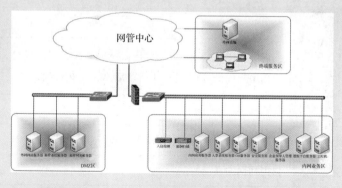

图9-3　×××（客户名称）信息系统网络拓扑图

> 提示：
> 表9-3~表9-5中的信息内容、文字内容以及企业的信息系统网络拓扑图都需要根据所测评企业的实际情况进行描述。

2.3 资产识别

2.3.1 硬件资产

硬件资产类型包括主机、网络设备、安全设备、备份存储设备等，如表 9-6 所示。

表 9-6 硬件资产（注：根据客户实际网络情况进行描述）

序号	类型	名称	设备型号	应用说明	IP 地址	操作系统
1	主机	内网网站服务器	Dell 750	内网网站发布	××.××.××.××	Windows 2000 Server
2	主机	邮件系统服务器	IBM X365	外网邮件系统	××.××.××.××	Red Hat Linux 9
3	主机	外网网站服务器	Dell 750	外网网站发布	××.××.××.××	Windows Server 2003
4	主机	数据平台服务器	IBM P5 550	外网网站数据库平台	××.××.××.××	AIX 5
5	…	…	…	…	…	…
6	网络设备	外网接入交换机	华为 S3050	外网网站、邮件系统服务器接入外网	××.××.××.××	
7	网络设备	内网接入交换机	Cisco3550	内网网站等内网应用系统服务器接入×××（客户名称）内网	××.××.××.××	
8	…	…	…	…	…	…
9	安全设备	内网防火墙	×××	内网业务域的安全防范		
10	安全设备	内网入侵检测设备	×××	内网业务域入侵行为检测		
11	…	…	…	…	…	…
12	备份存储设备	内网盘阵	×××	内网网站系统数据存储		
13	…	…	…	…	…	…

2.3.2 软件资产

软件资产类型包括操作系统、数据库、中间件、应用系统、其他软件等，如表 9-7 所示。

表9-7 软件资产（注：根据客户实际网络情况进行描述）

序号	类型	名称	版本	依赖主机	IP 地址
1	操作系统	内网网站服务器操作系统	Win2000 Server	内网网站服务器	××.××.××.××
2	操作系统	外网网站服务器操作系统	Win2003	××服务器	××.××.××.××
3	操作系统	内网网站数据库服务器操作系统	Win2003	×××服务器	××.××.××.××
4	…	…	…	…	…
5	数据库	内网网站系统数据库	Oracle 9i	×××服务器	××.××.××.××
6	数据库	××系统数据库	MSSQL 2005	×××服务器	××.××.××.××
7	…	…	…	…	…
8	中间件	OA 服务器应用中间件	IIS	OA 服务器	××.××.××.××
9	中间件	×××服务器中间件	Apache	××服务器	××.××.××.××
10	…	…	…	…	…
11	应用系统	邮件网关服务器应用软件	亿邮邮件系统	邮件网关服务器	××.××.××.××
12	应用系统	×××服务器应用软件	×××	×××服务器	××.××.××.××
13	…	…	…	…	…

◆ 2.3.3 数据资产

数据资产类型包括内网网站系统数据和外网网站系统数据，如表9-8所示。

表9-8 数据资产（注：根据客户实际网络情况进行描述）

序号	名称	应用说明	依赖的软件	依赖的硬件
1	内网网站系统数据	依赖于内网网站系统，主要包含 OA 系统信息、后勤管理信息、通知通报、政策学习资料、电影、音乐等数据信息	内网网站服务器操作系统 内网网站服务器数据库软件 内网网站服务器应用软件	内网网站服务器
2	外网网站系统数据	依赖于外网网站系统，包含政府信息公开的信息、通知通告、资料等数据信息	外网网站服务器操作系统 外网网站服务器应用软件 外网服务器数据库软件	外网网站服务器 外网数据库服务器
3	…	…	…	…

◆2.3.4 人员资产

人员资产类型包括部门领导、技术人员、管理人员、保障人员、其他等，如表9-9所示。

表9-9 人员资产（注：根据客户实际网络情况进行描述）

序号	类型	名称	职责	数量	
1	管理人员	产品部经理岗			
2	技术人员	网络系统管理岗			
3	保障人员	库房管理岗			
4	…	…	…	…	…

◆2.3.5 服务资产

服务资产类型包括供电、供水、空调、通信、物流、外包等，如表9-10所示。

表9-10 服务资产（注：根据客户实际网络情况进行描述）

序号	类型	内容	提供者	负责部门
1	供电	供电服务	×××供电公司	办公室
2	空调	空调服务	×××大厦	办公室
3	外包	数据库维护服务	×××公司	信息中心
4	…	…	…	…

3 资产分析

在识别出所有资产后，接着是为每项资产赋予权值，也就是资产分析。资产分析的过程也就是对资产进行影响性分析的过程，分析物理资产、软件资产和数据资产在遭受泄密、损害、中断等破坏时，对承载的业务产生的影响，并且这些影响可能危及信息系统本身的保密性、完整性和可用性，最终还会造成其他破坏。

◆3.1 分析方法

资产分析的过程也就是资产影响分析赋值的过程。影响就是由人为或突发性引起的安全事件对资产破坏的后果。这一后果可能毁灭某些资产，危及信息系统并使其丧失机密性、完整性、可用性，最终还会造成经济损失、市场份额或公司形象的破坏。特别重要的是，即使每一次影响引起的损失并不大，但长期积累的众多意外事件的影响总和也可造成严重损失。

对资产的赋值不仅要考虑资产的经济价值，更重要的是，要考虑资产的安全状况对于系统或组织的重要性，由资产在其三个安全属性上的达成程度决定。为确保资产赋值时的一致性和准确性，组织应建立资产价值的评价尺度，以指导资产赋值。

资产赋值的过程也就是对资产在机密性、完整性和可用性上的达成程度进行分析,并在此基础上得出综合结果的过程。达成程度可由安全属性缺失时造成的影响来表示,这种影响可能造成某些资产的损害以至危及信息系统,还可能导致经济效益、市场份额、组织形象的损失。

首先对机密性赋值,根据资产在机密性上的不同要求,将其分为五个不同的等级,分别对应资产在机密性上应达成的不同程度或者机密性缺失时对整个组织的影响。机密性赋值标准如表9-11所示。

表9-11 机密性赋值标准

赋值	标识	定义
5	很高	包含组织最重要的秘密,关系未来发展的前途命运,对组织根本利益有着决定性的影响,如果泄露,会造成灾难性的损害
4	高	包含组织的重要秘密,其泄露会使组织的安全和利益遭受严重损害
3	中等	组织的一般性秘密,其泄露会使组织的安全和利益受到损害
2	低	仅能在组织内部或在组织某一部门内部公开的信息,向外扩散有可能对组织的利益造成轻微损害
1	很低	可对社会公开的信息、公用的信息处理设备和系统资源等

然后对完整性赋值,根据资产在完整性上的不同要求,将其分为五个不同的等级,分别对应资产在完整性上缺失时对整个组织的影响。完整性赋值标准如表9-12所示。

表9-12 完整性赋值标准

赋值	标识	定义
5	很高	完整性价值非常关键,未经授权的修改或破坏会对组织造成重大的或无法接受的影响,对业务冲击重大,并可能造成严重的业务中断,难以弥补
4	高	完整性价值较高,未经授权的修改或破坏会对组织造成重大影响,对业务冲击严重,较难弥补
3	中等	完整性价值中等,未经授权的修改或破坏会对组织造成影响,对业务冲击明显,但可以弥补
2	低	完整性价值较低,未经授权的修改或破坏会对组织造成轻微影响,对业务冲击轻微,容易弥补
1	很低	完整性价值非常低,未经授权的修改或破坏对组织造成的影响可以忽略,对业务冲击可以忽略

最后对可用性赋值,根据资产在可用性上的不同要求,将其分为五个不同的等级,分别对应资产在可用性上应达成的不同程度。可用性赋值标准如表9-13所示。

表 9-13 可用性赋值标准

赋值	标识	定义
5	很高	可用性价值非常高,合法使用者对信息及信息系统的可用度达到年度 99.9% 以上,或系统不允许中断
4	高	可用性价值较高,合法使用者对信息及信息系统的可用度达到每天 90% 以上,或系统允许中断时间小于 10 分钟
3	中等	可用性价值中等,合法使用者对信息及信息系统的可用度在正常工作时间达到 70% 以上,或系统允许中断时间小于 30 分钟
2	低	可用性价值较低,合法使用者对信息及信息系统的可用度在正常工作时间达到 25% 以上,或系统允许中断时间小于 60 分钟
1	很低	可用性价值可以忽略,合法使用者对信息及信息系统的可用度在正常工作时间低于 25%

最终,资产价值依据资产在机密性、完整性和可用性上的赋值等级,经过综合计算评定得出一个综合数值,根据这个数值,对应表 9-14 即可分析出资产的总体价值。

表 9-14 资产总体价值

赋值	标识	得分	定义
5	很高	4.6~5	非常重要,其安全属性破坏后,可能对组织造成非常严重的损失
4	高	3.6~4.5	重要,其安全属性破坏后,可能对组织造成比较严重的损失
3	中等	2.6~3.5	比较重要,其安全属性破坏后,可能对组织造成中等程度的损失
2	低	1.6~2.5	不太重要,其安全属性破坏后,可能对组织造成较低的损失
1	很低	1~1.5	不重要,其安全属性破坏后,对组织造成很小的损失,甚至忽略不计

◆3.2 资产分析

下面对×××(客户名称)信息系统的各个资产分别进行分析赋值。

◆3.2.1 硬件资产

硬件资产分析如表 9-15 所示。

表9–15 硬件资产分析（注：根据客户实际网络情况进行描述）

编号	类型	名称	应用说明	所有者	机密性	完整性	可用性	资产价值	标识
ZX–Har–001	主机	内网网站服务器	内网网站发布	产品部	2	2	3	2.4	低
ZX–Har–002	主机	邮件系统服务器	外网邮件系统	信息技术部	2	2	3	2.4	低
ZX–Har–003	主机	外网网站服务器	外网网站发布	信息技术部	3	3	4	3.4	中
ZX–Har–004	主机	数据平台服务器	外网网站数据库平台	信息技术部	2	3	4	3.2	中
ZX–Har–005	…	…	…	…	…	…	…	…	…
ZX–Har–006	网络设备	外网接入交换机	外网网站、邮件系统服务器接入外网	信息技术部	1	4	5	4.1	高
ZX–Har–007	网络设备	内网接入交换机	内网网站等内网应用系统服务器接入×××（客户名称）内网	信息技术部	1	3	3	2.6	中
ZX–Har–008	…	…	…	…	…	…	…	…	…
ZX–Har–009	安全设备	内网防火墙	内网业务域的安全防范	信息技术部					
ZX–Har–010	安全设备	内网入侵检测设备	内网业务域入侵行为检测	信息技术部					
ZX–Har–011	…	…	…	…	…	…	…	…	…
ZX–Har–012	备份存储设备	内网盘阵	内网网站系统数据存储	信息技术部					
ZX–Har–013	…	…	…	…	…	…	…	…	…

◆3.2.2 软件资产

软件资产分析如表9-16所示。

表9-16 软件资产分析（注：根据客户实际网络情况进行描述）

编号	类型	名称	版本	所有者	机密性	完整性	可用性	资产价值	标识
ZX-Sof-001	操作系统	内网网站服务器操作系统	Win2000 Server	产品部	2	2	3	2.4	低
ZX-Sof-002	操作系统	外网网站服务器操作系统	Win2003	信息中心	2	2	3	2.4	低
ZX-Sof-003	操作系统	内网网站数据库服务器操作系统	Win2003	信息中心	3	3	4	3.4	中
ZX-Sof-004	…	…							
ZX-Sof-005	数据库	内网网站系统数据库	Oracle 9i	信息中心	…	…	…	…	…
ZX-Sof-006	数据库	××系统数据库	MSSQL 2005	信息中心					
ZX-Sof-007	…	…		…					
ZX-Sof-008	中间件	OA服务器应用中间件	IIS	信息中心					
ZX-Sof-009	中间件	×××服务器中间件	Apache	信息中心					
ZX-Sof-010	…	…		…					
ZX-Sof-011	应用系统	邮件网关服务器应用软件	亿邮邮件系统	信息中心					
ZX-Sof-012	应用系统	×××服务器应用软件	×××	信息中心					
ZX-Sof-013	…	…		…					

◆3.2.3 数据资产

数据资产分析如表9-17所示。

表9-17 数据资产分析（注：根据客户实际网络情况进行描述）

编号	名称	应用说明	所有者	机密性	完整性	可用性	资产价值	标识
ZX-Inf-001	内网网站系统数据	依赖于内网网站系统，主要包含OA系统信息、后勤管理信息、通知通报、政策学习资料、电影、音乐等数据信息	信息中心	2	2	3	2.4	低
ZX-Inf-002	外网网站系统数据	依赖于外网网站系统，包含政府信息公开的信息、通知通告、资料等数据信息	信息中心	3	4	5	4.2	高
ZX-Inf-003	…	…	…	…	…	…	…	…

◆3.2.4 人员资产

人员资产如表9-18所示。

表9-18 人员资产分析（注：根据客户实际网络情况进行描述）

编号	类型	名称	职责	数量	机密性	完整性	可用性	资产价值	标识
ZX-Peo-001	管理人员	产品部经理岗		1	4	—	—	4	高
ZX-Peo-002	技术人员	网络系统管理岗		2	2	—	—	2	低
ZX-Peo-003	保障人员	库房管理岗		1	3	—	—	3	中
ZX-Peo-004	…	…	…	…	…	…	…	…	…

◆3.2.5 服务资产

服务资产分析如表9-19所示。

表9-19 服务资产分析（注：根据客户实际网络情况进行描述）

编号	类型	内容	负责部门	机密性	完整性	可用性	资产价值	标识
ZX-Ser-001	供电	供电服务	办公室	1	5	5	4.5	高
ZX-Ser-002	空调	空调服务	办公室	1	3	3	3.1	中
ZX-Ser-003	外包	数据库维护服务	信息中心	3	3	3	3	中
ZX-Ser-004	…	…	…	…	…	…	…	…

4　资产评估结果

通过上面对各资产的识别和分析，可以清楚地看出本次评估范围内各个资产在整个×××（客户名称）信息系统中的重要地位。

信息系统核心资产（资产价值等级为高以上，或同类资产中资产值最高者）包括：
◇ 核心硬件资产：外网网站服务器、×××服务器、×××服务器；
◇ 核心软件资产：外网网站服务器操作系统、外网网站服务器应用软件、×××服务器操作系统、×××服务器应用软件、×××数据库软件；
◇ 核心数据资产：外网网站系统数据；
◇ 核心人员资产：产品部经理岗；
◇ 核心服务资产：供电服务。

由于不同信息资产对企业的价值不同，因此，并不是所有的信息资产都需要进行相同的保护，需要按照信息资产的价值和安全需求特点实施恰当的保护。信息资产保护的等级需要依靠反映资产价值和安全需求的信息资产分类。资产的敏感性和重要性越高，其对安全的需求也就越高，因此，在×××（客户名称）今后的信息安全保障工作中，要有重点地遵守计算机安全等级保护要求对核心资产进行保护，等级保护的核心是对信息系统特别是对业务应用系统安全分等级、按标准进行建设、管理和监督，根据信息系统应用业务重要程度及其实际安全需求，分级、分类、分阶段实施保护，并对用户进行安全意识教育和安全操作流程的培训，以提高人员安全意识，提高人员技能水平，尽量降低资产管理方面可能的安全风险。

任务评价——理解信息系统资产评估报告

本任务主要介绍测评方案编制的相关内容，以及信息系统资产评估报告的编写格式与内容。为了帮助学生充分理解本任务所讲解的内容，评价标准如下。
①了解测评方案编制的工作流程和主要任务；
②掌握信息系统资产评估报告的撰写方法。

任务测验

完成本任务的学习后，接下来通过几道课后测验，检验一下对本任务的学习效果，同时加深对所学知识的理解。

一、选择题

1. 以下属于测评方案中不包含的内容的是（　　）。
   A. 测评对象　　　　　　　　　B. 测评方法
   C. 测评指导书开发　　　　　　D. 工具测试方法
2. （　　）是等级测评工作实施的基础，指导等级测评工作的现场实施活动。
   A. 网络安全　　　　　　　　　B. 测评方案
   C. 信息系统　　　　　　　　　D. 测评报告

3. 下列属于测评方案中所包含的内容的是（　　）。（多选）
A. 测评对象　　　　B. 测评指标　　　　C. 测评内容　　　　D. 测评方法

二、简答题

1. 简述测评方案编制工作流程。
2. 测评方案包含哪些内容？

任务 9.2　信息系统脆弱性评估报告

信息系统脆弱性识别是风险评估中最重要的一个环节。脆弱性识别可以资产为核心，针对每一项需要保护的资产，识别可能被威胁利用的弱点，并对脆弱性的严重程度进行评估；也可以从物理、网络、系统、应用等层次进行识别，然后与资产、威胁对应起来。

任务目标——掌握信息系统脆弱性评估报告的撰写方法

通过信息系统脆弱性评估报告的撰写，可以让学生在掌握风险评估后，对信息系统脆弱性进行分类整理，以便后期做信息系统整改报告。

任务环境

风险评估待测评单位。

知识准备——信息安全管理体系的策划与建立

按照先进的信息安全管理标准建立全面规划、明确目的、正确部署、组织完整的信息安全管理体系，达到动态的、系统的、全员参与、制度化的、以预防为主的信息安全管理方式，实现用最低的成本，保障信息安全合理水平，从而保证业务的有效性与连续性。

1. 信息安全管理策略与管理制度

网络信息安全工作的总体方针和安全策略文件作为机构网络信息安全工作的总纲，一般明确了网络信息安全工作的总体目标、原则、需遵循的总体策略等内容。可以单一的文件形式发布，也可与其他相互关联的文件作为一套文件发布。

信息安全管理策略的测评要求如表 9－20 所示。

表 9－20　信息安全管理策略的测评要求

测评项	测评方法
应制定网络信息安全工作的总体方针和安全策略，阐明机构安全工作的总体目标、范围、原则和安全框架等	（1）核查是否具有总体方针和策略文件； （2）核查该文件是否明确了机构安全工作的总体目标、范围、原则和各类安全策略

具体的安全管理制度在安全方针策略文件的基础上，根据实际情况建立。可以由若干的制度构成，或若干个分册构成。可能覆盖机房安全管理、办公环境安全管理、网络和系统安

全管理、供应商管理、变更管理、备份和恢复管理、软件开发管理等方面,可以在每个制度文档中明确该制度的使用范围、目的、需要规范的管理活动、具体的规范方式和要求。

信息安全管理制度的测评要求如表9-21所示。

表9-21 信息安全管理制度的测评要求

测评项	测评方法
1. 应对安全管理活动中的各类内容建立安全管理制度	(1) 核查是否有安全管理制度; (2) 核查制度是否覆盖机构和人员、物理和环境、安全建设和安全运维等层面的管理内容
2. 应对管理人员或操作人员执行的日常管理操作建立操作规程	核查是否具有日常管理操作规程,如系统维护手册和操作规程等(包括网络设备、安全设备、操作系统等的配置规范)
3. 应形成由安全策略、管理制度、操作规程、记录表单等构成的全面的安全管理制度体系	(1) 核查是否具有总体方针策略文件、管理制度、操作规程和记录表单等; (2) 核查管理体系各要素之间是否具有连贯性

2. 信息安全管理制度的制定和发布

安全管理制度的制定和发布,应在相关部门的负责和指导下,严格按照制度制定的有关程序和方法,规范起草、论证、审定和发布等主要环节。

信息安全管理制度的制定和发布测评要求如表9-22所示。

表9-22 信息安全管理制度的制定和发布的测评要求

测评项	测评方法
1. 应指定或授权专门的部门或人员负责安全管理制度的制定	(1) 访谈安全主管或配合人员,询问由什么部门或人员负责安全管理制度的制定,参与制定人员有哪些; (2) 核查人员职责、岗位设置等相关管理制度文件,或者是否明确由专门的部门或人员负责安全管理制度的制定工作
2. 安全管理制度应通过正式、有效的方式发布,并进行版本控制	(1) 核查制度制定和发布要求管理文档是否说明安全管理制度的制定和程序、格式要求及版本编号等相关内容; (2) 核查安全管理制度的收发登记记录是否通过正式、有效的方式收发,如正式发文、领导签署和单位盖章等,是否注明发布范围

3. 信息安全管理制度的评审与修订

安全管理制度的定期评审和修订主要考虑:制度体系整体性是否合理;体系各要素(如安全策略、管理制度或操作规程等)是否合理。

信息安全管理制度的评审与修订测评要求如表9-23所示。

表 9-23 信息安全管理制度的评审与修订的测评要求

测评项	测评方法
应定期对安全管理制度的合理性和适用性进行论证和审定,对存在不足或需要改进的安全管理制度进行修订	(1) 访谈信息/网络信息安全主管是否定期对安全管理制度体系的合理性和适用性进行审定; (2) 核查是否具有安全管理制度的审定或论证记录,如果对制度做过修订,核查是否有修订版本的安全管理制度

任务实施——信息系统脆弱性评估报告的撰写

了解了信息安全管理体系的策划与建立相关的知识,接下来介绍信息系统脆弱性评估报告的编写格式与内容。

×××(客户名称)信息系统
脆弱性评估报告

××××××××××(客户方名称)

××有限公司

20××年×月

文档信息

文档信息如表 9-24 所示。

表 9-24 文档信息

文档名称	××××(客户名称)信息系统脆弱性评估报告		
文档编号			
制作人		制作日期	
复审人		复审日期	
扩散范围	×××(客户名称)、×××(客户名称)信息系统风险评估项目组		
扩散批准人			

适用范围

本文为×××(客户名称)信息系统脆弱性评估报告,适用于了解×××(客户名称)信息系统信息安全现状,并为信息系统的信息安全建设工作提供参考。

版权信息

本文的版权属于×××(客户名称),未经许可,任何个人和团体不得转载、粘贴或发布本文,也不得部分转载、粘贴或发布本文,更不得更改本文的部分词汇进行转贴。

目录

1 脆弱性评估概述 …………………………………………………………… ×
2 脆弱性识别 ……………………………………………………………… ×
　2.1 技术脆弱性识别 ……………………………………………………… ×
　　2.1.1 物理环境脆弱性识别 …………………………………………… ×
　　2.1.2 网络环境脆弱性识别 …………………………………………… ×
　　2.1.3 主机系统脆弱性识别 …………………………………………… ×
　　2.1.4 数据库系统脆弱性识别 ………………………………………… ×
　　2.1.5 应用中间件系统脆弱性识别 …………………………………… ×
　2.2 安全管理脆弱性识别 ………………………………………………… ×
3 脆弱性评估分析 ………………………………………………………… ×
　3.1 脆弱性的评估方法 …………………………………………………… ×
　3.2 技术脆弱性分析 ……………………………………………………… ×
　　3.2.1 物理环境脆弱性分析 …………………………………………… ×
　　3.2.2 网络环境脆弱性分析 …………………………………………… ×
　　3.2.3 主机系统脆弱性分析 …………………………………………… ×
　　3.2.4 数据库系统脆弱性分析 ………………………………………… ×
　　3.2.5 应用中间件系统脆弱性分析 …………………………………… ×
　3.3 安全管理综合脆弱性分析 …………………………………………… ×
4 评估综合结果分析 ……………………………………………………… ×
　4.1 信息系统综合脆弱性分析 …………………………………………… ×
　4.2 信息系统脆弱性汇总 ………………………………………………… ×

1 脆弱性评估概述

　　脆弱性是指资产或资产组中能被威胁所利用的弱点，它包括物理环境、组织机构、业务流程、人员、管理、硬件、软件及通信设施等各个方面，这些都可能被各种安全威胁利用来侵害一个组织机构内的有关资产及这些资产所支持的业务系统。这些表现出来的各种安全薄弱环节自身并不会造成什么危害，它们只有在被各种安全威胁利用后才可能造成相应的危害。某些目前看来不会导致安全威胁的弱点可理解为是可以容忍接受的，但它们必须被记录下来并持续改进，以确保当环境、条件发生变化时，这些弱点所导致的安全威胁不会被忽视，并能够控制在可以承受的范围内。需要注意的是，不正确的、起不到应有作用的或没有正确实施的安全保护措施本身就可能是一个安全薄弱环节。

在这一阶段，将针对每一项需要保护的信息资产，找出每一种威胁所能利用的脆弱性，并对脆弱性的严重程度进行评估，换句话说，就是对脆弱性被威胁利用的可能性进行评估，最终为其赋予相对的等级值。在进行脆弱性评估时，提供的数据应该来自这些资产的拥有者或使用者，以及来自相关业务领域的专家以及软硬件信息系统方面的专业人员。

在本次评估中，将从技术、管理两方面脆弱性进行脆弱性评估，其中技术方面包括物理环境、网络环境、主机系统、中间件系统和应用系统五个层次。技术方面主要是通过远程和本地两种方式进行手工检查、工具扫描等方式的评估，以保证脆弱性评估的全面性和有效性；管理脆弱性评估方面主要是按照等级保护的安全管理要求对现有的安全管理制度的制定和执行情况进行检查，发现其中的管理漏洞和不足。

2 脆弱性识别

在此次评估中，从技术和管理两方面进行脆弱性识别，其中，技术方面包括物理环境、网络环境、主机系统、数据库系统和应用系统五个层次。

◆2.1 技术脆弱性识别

在此次评估中，主要采用手工检查、安全扫描（含抽样）、问卷调查、人工问询等方式对评估工作范围内的主机系统及应用系统进行系统脆弱性评估。具体主要包含安全管理、审计、服务、系统漏洞、拒绝服务等各方面的脆弱性。同时，为后续脆弱性分析及综合风险分析提供参考数据。

通过识别小组和协调小组成员在现场的安全扫描、手工检查、问卷调查、人工问询，识别出了当前的技术脆弱性如下：

◆2.1.1 物理环境脆弱性识别

物理环境脆弱性主要是对信息系统所处的物理环境即机房、线路、客户端的支撑设施等进行脆弱性识别，为后续脆弱性分析及综合风险分析提供参考数据。

通过识别小组和协调小组在现场的问卷调查与查看，识别出当前物理环境脆弱性，如表9-25所示。

表9-25 信息系统物理环境脆弱性（注：根据客户实际网络情况进行描述）

编号	地点	物理环境脆弱性描述	涉及的资产	安全隐患
JC01	信息中心机房	缺乏电子门禁设施	全部资产	无法对进出机房的行为进行有效控制和记录
JC02	信息中心机房	一些线缆暴露在外，未铺设在地下或管道中	网络线路	有可能被损坏
…	…	…	…	…
备注				

◆2.1.2 网络环境脆弱性识别

网络环境脆弱性识别主要是对信息系统的网络结构设计、边界保护、网络设备安全配置等方面进行识别,通过识别小组和协调小组在现场的问卷调查与查看,识别出当前网络环境脆弱性,如表9-26所示。

表9-26 信息系统网络环境脆弱性(注:根据客户实际网络情况进行描述)

编号	网络环境脆弱性描述	涉及的资产	安全隐患
WL01	外网防火墙存在单点故障	外网防火墙	冗余恢复能力不足
WL02	交换机 ISO 很长时间没有进行更新	外网 DMZ 交换机 内网汇聚交换机	不能规避新发现的交换机漏洞
WL03	交换机未对 Telnet 会话实行超时限制	外网 DMZ 交换机 内网汇聚交换机	交换机被非法操作,导致服务中断
WL04	没有配置警告和禁止信息的登录标志	外网 DMZ 交换机 内网汇聚交换机	不能警告非授权用户非法登录
WL05	交换机审计功能不足	外网 DMZ 交换机 内网汇聚交换机	记录内容不足,没有自动记录的日志主机,应该记录更多内容,以便追踪入侵者
…	…	…	…
备注			

附:网络设备检查结果。

2.1.2.1 外网 DMZ 交换机

外网 DMZ 交换机的脆弱点如表9-27所示。

表9-27 外网 DMZ 交换机的脆弱点(注:根据客户实际网络情况进行描述)

编号	脆弱性名称	严重程度
1	交换机 ISO 很长时间没有进行更新	中
2	Telnet 远程访问交换机时,未采用访问列表严格控制访问的地址,对无人值守的控制台或端口未实行超时限制	中
3	没有配置 NTP 全网同步时钟	中
4	没有配置警告和禁止信息的登录标志来警告非授权用户	中
5	…	…

2.1.2.2 内网汇聚交换机

内网汇聚交换机的脆弱点如表9-28所示。

表9-28 内网汇聚交换机的脆弱点（注：根据客户实际网络情况进行描述）

编号	脆弱性名称	严重程度
1	交换机ISO很长时间没有进行更新	中
2	Telnet远程访问交换机时，未采用访问列表严格控制访问的地址，对无人值守的控制台或端口未实行超时限制	中
3	没有配置警告和禁止信息的登录标志来警告非授权用户	中
4	…	…

◆ **2.1.3 主机系统脆弱性识别**

2.1.3.1 远程脆弱性识别

通过使用远程漏洞扫描工具来对主机系统进行检查分析，目前主机系统存在的脆弱性主要是由操作系统的安全配置缺陷，以及软件系统自身的设计缺陷（软件存在的漏洞等）所引起的。对系统安全配置缺陷导致的脆弱性，需要及时调整系统的安全配置策略；对软件设计缺陷导致的脆弱性，需要及时更新补丁程序，如果无法更新补丁程序，可以通过其他安全措施进行保护，以减少系统的脆弱性。

远程漏洞扫描输出的数据结果，将作为本地手工检查的补充数据，为分析主机系统技术脆弱性提供参考。在实际分析中，远程漏洞扫描输出的结果和本地手工检查获取的结果基本一致。因此，在后续进行的主机系统技术综合脆弱性描述中，将不再重复体现。关于本次主机系统远程脆弱性扫描的具体情况，详见子报告：《×××（客户名称）脆弱性扫描统计报告》。

通过对关键业务资产的分析，系统远程脆弱性扫描范围如表9-29所示。

表9-29 系统远程脆弱性扫描范围（注：根据客户实际网络情况进行描述）

服务器名称	漏洞数量统计
内网网站服务器 xx.xx.xx.xx	高风险漏洞：14个 中风险漏洞：13个 低风险漏洞：0个
×××服务器 xx.xx.xx.xx	高风险漏洞：111个 中风险漏洞：44个 低风险漏洞：8个
×××服务器 xx.xx.xx.xx	高风险漏洞：158个 中风险漏洞：49个 低风险漏洞：13个
…	…
备注	以上详细内容请参看《×××（客户名称）信息系统脆弱性扫描统计分析报告》

服务器漏洞分布形式如图9-4所示。

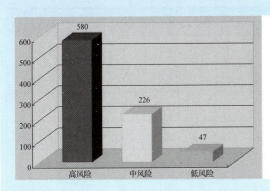
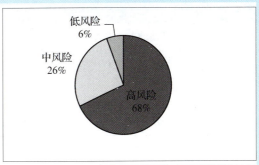

图9-4 服务器漏洞分布形式统计

2.1.3.2 本地脆弱性识别

1. 内网网站服务器

内网网站服务器信息如表9-30所示。

表9-30 内网网站服务器信息（注：根据客户实际网络情况进行描述）

设备用途	×××服务器	设备编号	
设备位置	××××机房		
应用描述	×××系统IIS发布、×××系统SQL 2000数据库		
主机名	×××		
外部IP地址		内部IP地址	
默认网关	××.××.××.××	域名服务器	
操作系统	Microsoft Windows 2000 Server	版本号	Product version：5.0 Service pack：4 Kernel build number：2195

内网网站服务器脆弱点分布如表9-31所示。

表9-31 内网网站服务器脆弱点分布（注：根据客户实际网络情况进行描述）

脆弱点	很高Ⅴ	高Ⅳ	中等Ⅲ	低Ⅱ	很低Ⅰ
数量	2	4	6	12	7
比例	×%	××%	××%	××%	×%

内网网站服务器脆弱点内容如表9-32所示。

表9-32 内网网站服务器脆弱点内容（注：根据客户实际网络情况进行描述）

编号	脆弱性名称	等级	严重程度
1	未安装最新的 HOTFIX	V	很高
2	病毒库很长时间没有更新	V	很高
3	未配置密码策略	IV	高
4	未配置审核策略	IV	高
5	未关闭不必要的服务	IV	高
6	系统开放 c$、d$、e$、admin$ 默认共享	III	中
7	日志配置策略不完善	III	中
…	…	…	…

2. ×××服务器

……

◆2.1.4 数据库系统脆弱性识别

1. 内网网站数据库

内网网站数据库信息如表9-33所示。

表9-33 内网网站数据库信息（注：根据客户实际网络情况进行描述）

名称	×××数据库	资产编号	
版本	SQL Server 2005		
用途	为×××信息系统提供数据服务		
承载主机	×××服务器	IP 地址	xx.xx.xx.xx
操作系统	Windows 2003 SP2	版本号	

内网网站数据库脆弱点分布如表9-34所示。

表9-34 内网网站数据库脆弱点分布（注：根据客户实际网络情况进行描述）

脆弱点	很高V	高IV	中等III	低II	很低I
数量	1	2	2	0	0
比例	x%	xx%	xx%	xx%	x%

内网网站数据库脆弱点内容如表9-35所示。

表9-35 内网网站数据库脆弱点内容（注：根据客户实际网络情况进行描述）

编号	脆弱性名称	等级	严重程度
1	操作系统未安装 SP3 补丁	Ⅴ	很高
2	仅集成 Windows 验证方式	Ⅳ	高
3	未禁止 guest 用户访问数据库	Ⅲ	中
4	未停用 SQL 2005 邮件功能	Ⅲ	中
…	…	…	…

2. ×××系统数据库

……

◆ **2.1.5 应用中间件系统脆弱性识别**

1. ×××系统应用中间件

×××系统应用中间件信息如表9-36所示。

表9-36 ×××系统应用中间件信息（注：根据客户实际网络情况进行描述）

名称	×××系统应用中间件	资产编号	
版本	IIS 7.0		
用途	外网网站发布		
承载主机	×××服务器	IP 地址	××.××.××.××
操作系统	Windows 2003 SP2	版本号	

×××系统应用中间件脆弱点分布如表9-37所示。

表9-37 ×××系统应用中间件脆弱点分布（注：根据客户实际网络情况进行描述）

脆弱点	很高Ⅴ	高Ⅳ	中等Ⅲ	低Ⅱ	很低Ⅰ
数量	0	1	2	2	3
比例	×%	××%	××%	××%	×%

×××系统应用中间件脆弱点内容如表9-38所示。

表9-38 ×××系统应用中间件脆弱点内容（注：根据客户实际网络情况进行描述）

编号	脆弱性名称	等级	严重程度
1	未删除不用的脚本映射	Ⅳ	高
2	网站目录下存在无关的文件、代码或备份程序	Ⅲ	中
3	未删除调试用、测试用文件	Ⅲ	中
…	…	…	…

2. ×××系统应用中间件

......

◆2.2 安全管理脆弱性识别

在此次评估中,主要从以下几方面识别信息系统的安全管理脆弱性:策略、组织架构、企业人员、安全控制、资产分类与控制、系统接入控制、网络与系统管理、业务可持续性发展计划、应用开发与维护及可适应性。同时,为后续脆弱性分析及综合风险分析提供参考数据。通过识别小组和协调小组成员在现场的大量问卷调查及问询工作,识别出当前安全管理脆弱性,如表9-39所示。

表9-39 安全管理脆弱性

分类		基本要求	现状
安全管理制度	管理制度(G)	(1)应制定信息安全工作的总体方针和安全策略,说明机构安全工作的总体目标、范围、原则和安全框架等	是,但未成文
		(2)应对安全管理活动中重要的管理内容建立安全管理制度	是,但未成文
		(3)应对安全管理人员或操作人员执行的重要管理操作建立操作规程	是
	制定和发布(G)	(1)应指定或授权专门部门或人员负责安全管理制度的制定	否
		(2)应组织相关人员对制定的安全管理制度进行论证和审定	否
		(3)应将安全管理制度以某种方式发布到相关人员手中	否
	评审和修订(G)	应定期对安全管理制度进行评审,对存在不足或需要改进的安全管理制度进行修订	否
安全管理机构	岗位设置(G)	(1)应设立安全主管、安全管理各个方面的负责人岗位,并定义各负责人的职责	否
		(2)应设立系统管理员、网络管理员、安全管理员等岗位,并定义各个工作岗位的职责	是
	人员配备(G)	(1)应配备一定数量的系统管理员、网络管理员、安全管理员等	否
		(2)安全管理员不能兼任网络管理员、系统管理员、数据库管理员等	否

续表

分类		基本要求	现状
安全管理机构	授权和审批（G）	（1）应根据各个部门和岗位的职责明确授权审批部门及批准人，对系统投入运行、网络系统接入和重要资源的访问等关键活动进行审批	是
		（2）应针对关键活动建立审批流程，并由批准人签字确认	是
	沟通和合作（G）	（1）应加强各类管理人员之间、组织内部机构之间以及信息安全职能部门内部的合作与沟通	是
		（2）应加强与兄弟单位、公安机关、电信公司的合作与沟通	是
	审核和检查（G）	安全管理员应负责定期进行安全检查，检查内容包括系统日常运行、系统漏洞和数据备份等情况	是
人员安全管理	人员录用（G）	（1）应指定或授权专门的部门或人员负责人员录用	是
		（2）应规范人员录用过程，对被录用人员的身份、背景和专业资格等进行审查，对其所具有的技术技能进行考核	是
		（3）应与从事关键岗位的人员签署保密协议	是
	人员离岗（G）	（1）应规范人员离岗过程，及时终止离岗员工的所有访问权限	是
		（2）应取回各种身份证件、钥匙、徽章等以及机构提供的软硬件设备	是
		（3）应办理严格的调离手续	是
	人员考核（G）	应定期对各个岗位人员进行安全技能及安全认知的考核	否
	安全意识教育和培训（G）	（1）应对各类人员进行安全意识教育、岗位技能培训和相关安全技术培训	是，但培训内容不全面
		（2）应告知人员相关的安全责任和惩戒措施，并对违反违背安全策略和规定的人员进行惩戒	是
		（3）应制订安全教育和培训计划，对信息安全基础知识、岗位操作规程等进行培训	否
	外部人员访问管理(G)	应确保在外部人员访问受控区域前得到授权或审批，批准后由专人全程陪同或监督，并登记备案	是

续表

分类		基本要求	现状
系统建设管理	系统定级（G）	（1）应明确信息系统的边界和安全保护等级	是
		（2）应以书面的形式说明信息系统确定为某个安全保护等级的方法和理由	是，对信息系统进行了定级
		（3）应确保信息系统的定级结果经过相关部门的批准	是
	安全方案设计（G）	（1）应根据系统的安全保护等级选择基本安全措施，依据风险分析的结果补充和调整安全措施	是，见风险控制规划
		（2）应以书面的形式描述对系统的安全保护要求和策略、安全措施等内容，形成系统的安全方案	是，见风险控制规划
		（3）应对安全方案进行细化，形成能指导安全系统建设、安全产品采购和使用的详细设计方案	是，见风险控制规划
		（4）应组织相关部门和有关安全技术专家对安全设计方案的合理性和正确性进行论证和审定，并且经过批准后，才能正式实施	是
	产品采购和使用（G）	（1）应确保安全产品采购和使用符合国家的有关规定	是
		（2）应确保密码产品采购和使用符合国家密码主管部门的要求	是
		（3）应指定或授权专门的部门负责产品的采购	是
	自行软件开发（G）	（1）应确保开发环境与实际运行环境物理分开	是
		（2）应确保提供软件设计的相关文档和使用指南，并由专人负责保管	是
		（3）应制定软件开发管理制度，明确说明开发过程的控制方法和人员行为准则	是
	外包软件开发（G）	（1）应根据开发要求检测软件质量	是
		（2）应在软件安装之前检测软件包中可能存在的恶意代码	是
		（3）应确保提供软件设计的相关文档和使用指南	是
		（4）应要求开发单位提供软件源代码，并审查软件中可能存在的后门	是

续表

分类		基本要求	现状
系统建设管理	工程实施（G）	（1）应指定或授权专门的部门或人员负责工程实施过程的管理	是
		（2）应制订详细的工程实施方案，控制工程实施过程	是
	测试验收（G）	（1）应对系统进行安全性测试验收	是
		（2）在测试验收前，应根据设计方案或合同要求等制订测试验收方案，在测试验收过程中，应详细记录测试验收结果，并形成测试验收报告	是
		（3）应组织相关部门和相关人员对系统测试验收报告进行审定，并签字确认	是
	系统交付（G）	（1）应制订系统交付清单，并根据交付清单对所交接的设备、软件和文档等进行清点	是
		（2）应对负责系统运行维护的技术人员进行相应技能培训	是
		（3）应确保提供系统建设过程中的文档和指导用户进行系统运行维护的文档	是
	系统备案(G)	—	—
	等级测评(G)	—	—
	安全服务商选择（G）	（1）应确保安全服务商的选择符合国家的有关规定	是
		（2）应与选定的安全服务商签订与安全相关的协议，明确约定相关责任	是
		（3）应确保选定的安全服务商提供技术支持和服务承诺，对于必要的，与其签订服务合同	是
系统运维管理	环境管理（G）	（1）应指定专门的部门或人员定期对机房供配电、空调、温湿度控制等设施进行维护管理	是
		（2）应配备机房安全管理人员，对机房的出入、服务器的开机或关机等工作进行管理	是
		（3）应建立机房安全管理制度，对有关机房物理访问，物品带进、带出机房和机房环境安全等方面的管理作出规定	是
		（4）应加强对办公环境保密性管理，包括工作人员调离办公室应立即交还该办公室钥匙和不在办公区接待来访人员等	是

续表

分类		基本要求	现状
系统运维管理	资产管理（G）	（1）应编制与信息系统相关的资产清单，包括资产责任部门、重要程度和所处位置等内容	否
		（2）应建立资产安全管理制度，规定信息系统资产管理的责任人员或责任部门，并规范资产管理和使用的行为	否
	介质管理（G）	（1）应确保介质存放在安全的环境中，对各类介质进行控制和保护，并实行存储环境专人管理	否
		（2）应对介质归档和查询等过程进行记录，并根据存档介质的目录清单进行定期盘点	否
		（3）应对需要送出维修或销毁的介质，首先清除其中的敏感数据，防止信息的非法泄露	否
		（4）应根据所承载数据和软件的重要程度对介质进行分类和标识管理	否
	设备管理（G）	（1）应对信息系统相关的各种设备（包括备份和冗余设备）、线路等指定专门的部门或人员定期进行维护管理	是
		（2）应建立基于申报、审批和专人负责的设备安全管理制度，对信息系统的各种软硬件设备的选型、采购、发放和领用等过程进行规范化管理	否
		（3）应对终端计算机、工作站、便携机、系统和网络等设备的操作和使用进行规范化管理，按操作规程实现关键设备（包括备份和冗余设备）的启动/停止、加电/断电等操作	否
		（4）应确保信息处理设备必须经过审批才能带离机房或办公地点	是
	监控管理和安全管理中心（G）	—	—
	网络安全管理（G）	（1）应指定人员对网络进行管理，负责运行日志、网络监控记录的日常维护和报警信息分析与处理工作	是
		（2）应建立网络信息安全管理制度，对网络安全配置、日志保存时间、安全策略、升级与打补丁、口令更新周期等方面作出规定	否
		（3）应根据厂家提供的软件升级版本对网络设备进行更新，并在更新前对现有的重要文件进行备份	否

续表

分类		基本要求	现状
系统运维管理	网络安全管理（G）	（4）应定期进行网络系统漏洞扫描，对发现的网络系统安全漏洞进行及时的修补	是
		（5）应对网络设备的配置文件进行定期备份	否
		（6）应保证所有与外部系统的连接均得到授权和批准	是
	系统安全管理（G）	（1）应根据业务需求和系统安全分析确定系统的访问控制策略	是
		（2）应定期进行漏洞扫描，对发现的系统安全漏洞进行及时的修补	是
		（3）应安装系统的最新补丁程序，在安装系统补丁前，应首先在测试环境中测试通过，并对重要文件进行备份后，方可实施系统补丁程序的安装	是，但补丁未进行测试
		（4）应建立系统安全管理制度，对系统安全策略、安全配置、日志管理和日常操作流程等方面作出规定	否
		（5）应依据操作手册对系统进行维护，详细记录操作日志，包括重要的日常操作、运行维护记录、参数的设置和修改等内容，严禁进行未经授权的操作	是
		（6）应定期对运行日志和审计数据进行分析，以便及时发现异常行为	否
	恶意代码防范管理（G）	（1）应提高所有用户的防病毒意识，告知及时升级防病毒软件，在读取移动存储设备上的数据以及在网络上接收文件或邮件之前，先进行病毒检查，对外来计算机或存储设备接入网络系统之前，也应进行病毒检查	是
		（2）应指定专人对网络和主机进行恶意代码检测并保存检测记录	是
		（3）应对防恶意代码软件的授权使用、恶意代码库升级、定期汇报等作出明确规定	是
	密码管理(G)	应使用符合国家密码管理规定的密码技术和产品	是
	变更管理（G）	（1）应确认系统中要发生的重要变更，并制订相应变更方案	是
		（2）系统发生重要变更前，应向主管领导申请，审批后方可实施变更，并在实施后向相关人员通告	是

续表

分类		基本要求	现状
系统运维管理	备份与恢复管理（G）	（1）应识别需要定期备份的重要业务信息、系统数据及软件系统等	是
		（2）应规定备份信息的备份方式、备份频度、存储介质、保存期等	是
		（3）应根据数据的重要性及其对系统运行的影响，制定数据的备份策略和恢复策略，备份策略指明备份数据的放置场所、文件命名规则、介质替换频率和数据离站运输方法	否
	安全事件处置（G）	（1）应报告所发现的安全弱点和可疑事件，但任何情况下用户均不应尝试验证弱点	否
		（2）应制定安全事件报告和处置管理制度，明确安全事件类型，规定安全事件的现场处理、事件报告和后期恢复的管理职责	否
		（3）应根据国家相关管理部门对计算机安全事件等级划分方法和安全事件对本系统产生的影响，对本系统计算机安全事件进行等级划分	否
		（4）应记录并保存所有报告的安全弱点和可疑事件，分析事件原因，监督事态发展，采取措施避免安全事件发生	否
	应急预案管理（G）	（1）应在统一的应急预案框架下制订不同事件的应急预案，应急预案框架应包括启动应急预案的条件、应急处理流程、系统恢复流程、事后教育和培训等内容	是
		（2）应对系统相关的人员进行应急预案培训，应急预案的培训至少每年举办一次	否

3 脆弱性评估分析

在脆弱性识别的基础上，进一步分析信息系统及其关键资产所存在的各方面脆弱性，即物理环境脆弱性、安全管理脆弱性、技术脆弱性，并依据其脆弱性被利用的难易程度和被成功利用后所产生的影响进行赋值量化，为最后综合风险分析提供参考数据。

◆3.1 脆弱性的评估方法

资产脆弱性评估，主要是根据在这一阶段进行的资产脆弱性调查结果进行。在资产脆弱性调查中，首先进行了管理脆弱性问卷的调查，发现整个系统在管理方面的弱点；然后对评估的应用系统主机进行了手工检查和漏洞扫描，对各资产的系统漏洞和安全策略缺陷进行了调查；最后对收集到的各资产的管理、技术脆弱性数据进行综合分析。

根据赋值准则，对资产组脆弱性使用严重程度来衡量。脆弱性严重程度可以进行等级化处理，不同等级分别代表资产脆弱性严重程度的高低。等级数值越大，脆弱性严重程度越高。参考如表9-40所示。

表9-40 脆弱性等级参考

等级	标识	定义
5	很高	如果被威胁利用，将对资产造成完全损害
4	高	如果被威胁利用，将对资产造成重大损害
3	中等	如果被威胁利用，将对资产造成一般损害
2	低	如果被威胁利用，将对资产造成较小损害
1	很低	如果被威胁利用，将对资产造成的损害可以忽略

◆3.2 技术脆弱性分析

◆3.2.1 物理环境脆弱性分析

物理环境脆弱性分析如表9-41所示。

表9-41 物理环境脆弱性分析（注：根据客户实际网络情况进行描述）

编号	脆弱点	涉及资产	安全隐患	严重等级	标识
1	缺乏电子门禁设施	机房内所有资产	无法对进出机房的行为进行有效控制和记录	4	高
2	一些线缆暴露在外，未铺设在地下或管道中	暴露在外的线缆	有可能被损坏	2	低
	…	…	…	…	…
综合脆弱性权值		3（中）			
综合脆弱性描述		如果被威胁利用，将对资产造成一般损害			

◆3.2.2 网络环境脆弱性分析

网络环境脆弱性分析如表9-42所示。

表9-42 网络环境脆弱性分析（注：根据客户实际网络情况进行描述）

编号	脆弱点	涉及的资产	安全隐患	严重等级	标识
1	外网防火墙存在单点故障	外网防火墙	冗余恢复能力不足	3	中
2	交换机ISO很长时间没有进行更新	外网DMZ交换机内网汇聚交换机	不能规避新发现的交换机漏洞	3	中

续表

编号	脆弱点	涉及的资产	安全隐患	严重等级	标识
3	交换机未对 Telnet 会话实行超时限制	外网 DMZ 交换机 内网汇聚交换机	交换机被非法操作，导致服务中断	2	低
4	没有配置警告和禁止信息的登录标志	外网 DMZ 交换机 内网汇聚交换机	不能警告非授权用户非法登录	2	低
5	交换机审计功能不足	外网 DMZ 交换机 内网汇聚交换机	记录内容不足，没有自动记录的日志主机，应该记录更多内容，以便于追踪入侵者	3	中
…	…	…	…	…	…
综合脆弱性权值	2.6（中）				
综合脆弱性描述	如果被威胁利用，将对资产造成一般损害				

◆3.2.3 主机系统脆弱性分析

主机系统脆弱性分析如表 9–43 所示。

表 9–43 主机系统脆弱性分析（注：根据客户实际网络情况进行描述）

编号	脆弱点	涉及的资产	安全隐患	严重等级	标识
1	未安装最新的 HOT-FIX	×××服务器、×××服务器、×××服务器	不能规避新发现的系统漏洞	5	很高
2	病毒库很长时间没有更新	×××服务器、×××服务器	不能防范新出现的病毒	5	很高
3	未配置密码策略	×××服务器	暴力破解	4	高
4	未配置审核策略	×××服务器、×××服务器、×××服务器	缺乏事件追踪能力	4	高
5	未关闭不必要的服务	×××服务器、×××服务器	未关闭的服务可能带来相关风险	4	高
6	系统开放 c＄、d＄、e＄、admin＄默认共享	×××服务器	被攻击者利用取得服务器权限	3	中
7	日志配置策略不完善	×××服务器、×××服务器	缺乏事件追踪能力	3	中
8	存在高风险安全漏洞	×××服务器、×××服务器、×××服务器	被攻击者利用取得服务器权限	5	很高
9	存在中风险安全漏洞	×××服务器、×××服务器	被攻击者利用取得服务器权限	4	高

续表

编号	脆弱点	涉及的资产	安全隐患	严重等级	标识
	…	…	…	…	…
综合脆弱性权值		4.1（高）			
综合脆弱性描述		如果被威胁利用，将对资产造成重大损害			

◆3.2.4 数据库系统脆弱性分析

数据库系统脆弱性分析如表 9-44 所示。

表 9-44 数据库系统脆弱性分析（注：根据客户实际网络情况进行描述）

编号	脆弱点	涉及的资产	安全隐患	严重等级	标识
1	未安装 sp3	×××数据库	不能规避新发现的系统漏洞	5	很高
2	仅集成 Windows 验证方式	×××数据库、×××数据库	暴力破解	4	高
3	未禁止 guest 用户访问数据库	×××数据库、×××数据库	暴力破解	3	中
4	未停用 SQL 2005 邮件功能	×××数据库	被攻击者利用取得服务器权限	3	中
	…	…	…	…	…
综合脆弱性权值		3.8（高）			
综合脆弱性描述		如果被威胁利用，将对资产造成重大损害			

◆3.2.5 应用中间件系统脆弱性分析

应用中间件系统脆弱性分析如表 9-45 所示。

表 9-45 应用中间件系统脆弱性分析（注：根据客户实际网络情况进行描述）

编号	脆弱点	涉及的资产	安全隐患	严重等级	标识
1	未删除不用的脚本映射	×××系统应用中间件、×××系统应用中间件	暴力破解	4	高
2	网站目录下存在无关的文件、代码或备份程序	×××系统应用中间件	被攻击者利用取得服务器权限	3	中
3	未删除调试用、测试用文件	×××系统应用中间件、×××系统应用中间件	被攻击者利用取得服务器权限	3	中
	…	…	…	…	…
综合脆弱性权值		3.3（中）			
综合脆弱性描述		如果被威胁利用，将对资产造成一般损害			

◆3.3 安全管理综合脆弱性分析

安全管理综合脆弱性分析如表 9-46 所示。

表 9-46 安全管理综合脆弱性分析（注：根据客户实际网络情况进行描述）

类别	脆弱性描述	严重等级	标识
安全管理制度	没有成文的经过专门的部门或人员制定、审核、发布的安全管理方针、策略和相关的管理制度	2	低
安全管理机构	没有设立安全主管、安全管理各个方面的负责人岗位，没有定义各负责人的职责	2	低
人员安全管理	缺乏对各类人员进行安全意识教育、岗位技能培训和相关安全技术培训，人员安全意识和技术能力依然需要提高	2	低
系统运维管理-资产管理	资产管理方面没有编制与信息系统相关的资产清单，建立资产安全管理制度，规定信息系统资产管理的责任人员或责任部门，没有对各类介质进行控制和保护，并实行存储环境专人管理	2	低
系统运维管理-网络安全管理	缺乏系统安全管理、网络安全管理方面制度；没有建立对系统、网络方面的审计制度，没有定期对运行日志和审计数据进行分析	3	中
系统运维管理-备份与恢复管理	没有根据数据的重要性及其对系统运行的影响，制定数据的备份策略和恢复策略；没有关于安全响应和恢复方面的业务可持续性计划	3	中
系统运维管理-安全事件处置	没有制定安全事件报告和处置管理制度	2	低
综合脆弱性权值	2.3（低）		
综合脆弱性描述	如果被威胁利用，将对资产造成较小损害		

4 评估综合结果分析

◆4.1 信息系统综合脆弱性分析

信息系统综合脆弱性分析如表 9-47 所示。

表 9-47 信息系统综合脆弱性分析（注：根据客户实际网络情况进行描述）

物理环境综合脆弱性权值	网络环境综合脆弱性权值	主机系统综合脆弱性权值	数据库系统综合脆弱性权值	应用中间件系统综合脆弱性权值	信息系统综合脆弱性分析	
					严重等级	标识
3	2.6	4.1	3.8	3.3	3.4	中
综合脆弱性描述			如果被威胁利用，将对资产造成一般损害			

◆4.2 信息系统脆弱性汇总

经过本次评估，×××（客户名称）信息系统整体存在的脆弱性可以概要归纳为如表9-48所示。

表9-48 信息系统脆弱性汇总（注：根据客户实际网络情况进行描述）

	脆弱性	涉及资产	影响	严重等级	标识
技术脆弱性	缺乏电子门禁设施	全部资产	无法对进出机房的行为进行有效控制和记录	4	高
	一些线缆暴露在外，未铺设在地下或管道中	网络线路	有可能被损坏	2	低
	外网防火墙存在单点故障	外网防火墙	冗余恢复能力不足	3	中
	交换机ISO很长时间没有进行更新	外网DMZ交换机 内网汇聚交换机	不能规避新发现的交换机漏洞	3	中
	交换机未对Telnet会话实行超时限制	外网DMZ交换机 内网汇聚交换机	交换机被非法操作，导致服务中断	2	低
	没有配置警告和禁止信息的登录标志	外网DMZ交换机 内网汇聚交换机	不能警告非授权用户非法登录	2	低
	交换机审计功能不足	外网DMZ交换机 内网汇聚交换机	记录内容不足，没有自动记录的日志主机，应该记录更多内容，以便于追踪入侵者	3	中
	未安装最新的HOTFIX	×××服务器、×××服务器、×××服务器	不能规避新发现的系统漏洞	5	很高
	病毒库很长时间没有更新	×××服务器、×××服务器	不能防范新出现的病毒	5	很高
	未配置密码策略	×××服务器	暴力破解	4	高
	未配置审核策略	×××服务器、×××服务器、×××服务器	缺乏事件追踪能力	4	高
	未关闭不必要的服务	×××服务器、×××服务器	未关闭的服务可能带来相关风险	4	高

续表

	脆弱性	涉及资产	影响	严重等级	标识
技术脆弱性	系统开放 c＄、d＄、e＄、admin＄默认共享	×××服务器	被攻击者利用取得服务器权限	3	中
	日志配置策略不完善	×××服务器、×××服务器、×××服务器	缺乏事件追踪能力	3	中
	存在高风险安全漏洞	×××服务器、×××服务器、×××服务器	被攻击者利用取得服务器权限	5	很高
	未安装 SP3	×××数据库	不能规避新发现的系统漏洞	5	很高
	仅集成 Windows 验证方式	×××数据库、×××数据库	暴力破解	4	高
	未禁止 guest 用户访问数据库	×××数据库、×××数据库	暴力破解	3	中
	未停用 SQL 2005 邮件功能	×××数据库	被攻击者利用取得服务器权限	3	中
	未删除不用的脚本映射	×××系统应用中间件、×××系统应用中间件	暴力破解	4	高
	网站目录下存在无关的文件、代码或备份程序	×××系统应用中间件	被攻击者利用取得服务器权限	3	中
	未删除调试用、测试用文件	×××系统应用中间件、×××系统应用中间件	被攻击者利用取得服务器权限	3	中
管理脆弱性	没有成文的经过专门的部门或人员制定、审核、发布的安全管理方针、策略和相关的管理制度	全部信息系统	各方面的威胁可能利用管理上的漏洞对信息系统造成损害	2	2
	没有设立安全主管、安全管理各个方面的负责人岗位，并定义各负责人的职责	全部信息系统	各方面的威胁可能利用管理上的漏洞对信息系统造成损害	2	2

项目9　信息安全等级保护测评报告编制

续表

	脆弱性	涉及资产	影响	严重等级	标识
管理脆弱性	缺乏对各类人员进行安全意识教育、岗位技能培训和相关安全技术培训，人员安全意识和技术能力依然需要提高	全部信息系统	各方面的威胁可能利用管理上的漏洞对信息系统造成损害	2	2
	资产管理方面没有编制与信息系统相关的资产清单，建立资产安全管理制度，规定信息系统资产管理的责任人员或责任部门，没有对各类介质进行控制和保护，没有实行存储环境专人管理	全部信息系统	各方面的威胁可能利用管理上的漏洞对信息系统造成损害	2	2
	缺乏系统安全管理、网络安全管理方面的制度；没有建立对系统、网络方面的审计制度，没有定期对运行日志和审计数据进行分析	全部信息系统	各方面的威胁可能利用管理上的漏洞对信息系统造成损害	3	3
	没有根据数据的重要性及其对系统运行的影响，制定数据的备份策略和恢复策略；没有关于安全响应和恢复方面的业务可持续性计划	全部信息系统	各方面的威胁可能利用管理上的漏洞对信息系统造成损害	3	3
	没有制定安全事件报告和处置管理制度	全部信息系统	各方面的威胁可能利用管理上的漏洞对信息系统造成损害	2	2

任务评价——理解信息系统脆弱性评估报告

本任务主要介绍信息安全管理体系策划与建立的相关内容，以及信息系统脆弱性评估报告的编写格式与内容。为了帮助学生充分理解本任务所讲解的内容，评价标准如下。

①了解信息安全管理体系策划与建立的相关知识；
②掌握信息系统脆弱性评估报告的撰写。

· 245 ·

任务测验

完成本任务的学习后,接下来通过几道课后测验,检验一下对本任务的学习效果,同时加深对所学知识的理解。

一、选择题

1. 信息安全管理制度的测评要求中包含（　　）。
   A. 各类设备的配置规范文档
   B. 不同层面的安全管理制度
   C. 组织的安全策略
   D. 运维人员的操作记录文档
2. 信息系统的脆弱性识别可能从（　　）层次进行识别。(多选)
   A. 物理　　　　　　　　　　　　B. 网络
   C. 系统　　　　　　　　　　　　D. 应用

二、简答题

1. 简单介绍什么是信息安全管理体系。
2. 简述信息安全的管理策略与管理制度。

项目总结

网络信息安全在新的国家安全体系中已处于重要的战略地位。西方发达国家利用其技术优势不断侵犯他国的网络安全,必须加强学生的国家安全观,弘扬爱国主义精神,坚决捍卫民族和国家利益。

完成本项目内容的学习,需要能够理解测评方案编制的工作流程和主要任务,以及信息安全管理体系策划与建立的相关知识,能够自己动手编写信息系统资产评估报告和信息系统脆弱性评估报告。

项目评价

在完成本项目学习任务后,可根据学习达成自我评价表进行综合能力评价,评价表总分110分(含附加分10分)。学习达成自我评价表积分方式:认为达成学习任务者,在□中打"√";认为未能达成学习者,在□中打"×"。其中,完全达成,可按该项分值100%计算;基本达成,可按该项分值60%计算;未能达成,不计分值。项目10学习达成自我评价表如表9-49所示。

项目 9　信息安全等级保护测评报告编制

表 9-49　项目 9 学习达成自我评价表

学习目标	学习内容	达成情况
职业道德（10 分）	遵纪守法，爱岗敬业。 遵守规程，安全操作。 认真严谨，忠于职守。 精益求精，勇于创新。 诚实守信，服务社会。	完全达成□ 基本达成□ 未能达成□
知识目标（30 分）	是否了解测评方案编制的工作流程和主要任务； 是否了解测评方案编制的输出文档和活动中双方职责； 是否了解信息安全管理体系策划与建立的相关知识。	完全达成□ 基本达成□ 未能达成□
技能目标（30 分）	是否掌握信息系统资产评估报告的撰写； 是否掌握信息系统脆弱性评估报告的撰写。	完全达成□ 基本达成□ 未能达成□
素质目标与 思政目标（20 分）	是否具有良好的报告编制流程把控能力； 是否具有良好的评估报告阅读能力； 是否能够弘扬爱国主义精神； 是否能够坚决捍卫民族和国家利益。	完全达成□ 基本达成□ 未能达成□
职业技能 等级标准（10 分）	初级： 是否了解测评方案编制的流程和各环节内容； 是否了解信息安全管理的策略和制度； 是否掌握信息系统资产评估报告的编制； 是否掌握信息系统脆弱性评估报告的编制。	完全达成□ 基本达成□ 未能达成□
（附加分） 学习过程 发现问题（5 分）		
（附加分） 学习过程 解决问题（5 分）		

本表仅供学习者对照学习任务进行自我评价，以便查漏补缺，强化职业岗位能力，以适应社会新需求。

项目 10 信息安全风险评估

项目介绍

安全建设管理风险主要源于管理体系的不健全，以及因相关控制措施的缺失而导致的信息系统及信息工程规划设计、软件开发、工程实施、测试验收及系统交付等阶段工作内容和工作流程的不全面、不规范问题，进而有可能导致信息系统或信息工程在安全功能和相关控制措施方面的缺陷，为合规性和信息系统埋下隐患。

本项目围绕信息安全风险评估的相关内容进行讲解，设置信息系统风险评估综合报告、安全运维管理测评 2 个学习任务，使同学们理解并掌握信息系统风险评估综合报告的撰写，并且能够对企业安全运维管理中的内容进行安全测评。

学习目标

1. 知识目标

通过本项目的学习，应达到如下知识目标：

（1）了解安全管理测评各部分内容的要求；

（2）了解安全运维管理所包含的内容。

2. 技能目标

通过本项目的学习，应达到如下技能目标：

（1）掌握信息系统风险评估综合报告的撰写；

（2）掌握安全运维管理的测评内容和测评方法。

3. 素质目标

通过本项目的学习，应达到如下素质目标：

（1）具有良好的风险评估报告阅读与分析能力；

（2）具有良好的安全运维管理的能力。

4. 思政目标

通过本项目的学习，应达到如下思政目标：

（1）引导学生辨别是非，增强安全防范意识；

（2）树立国家自豪感和民族自信心。

学习导图

本项目讲解信息安全风险评估的相关内容,主要包括信息系统风险评估综合报告、安全运维管理测评 2 个任务 2 个知识点。项目学习路径与学习内容参见学习导图(图 10 – 1)。

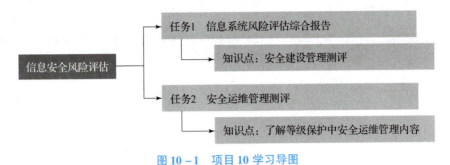

图 10 – 1　项目 10 学习导图

本项目学习内容与网络安全评估职业技能等级标准内容的对应关系如表 10 – 1 所示。

表 10 – 1　本项目与职业技能等级标准内容对应关系

网络安全评估职业技能等级标准			信息安全风险评估	
工作任务	职业技能要求	等级	知识点	技能点
理解并掌握信息系统风险评估综合报告的撰写	①了解企业安全管理的各阶段及目标; ②能够了解企业安全运营与维护的具体要求; ③能够掌握信息系统风险评估综合报告的编制	初级 中级	①了解安全管理测评各部分内容的要求; ②了解安全运维管理所包含的内容	①掌握信息系统风险评估综合报告的撰写; ②掌握安全运维管理的测评内容和测评方法

任务 10.1　信息系统风险评估综合报告

风险评估实地测评中,风险评估综合报告是对整个企业风险评估的总结。风险评估综合报告不仅包含资产分析,还包括威胁分析和脆弱性分析。

任务目标——掌握信息系统风险评估综合报告的撰写方法

通过信息系统风险评估综合报告的撰写,可以让学生更深刻地学习到风险评估的内容与流程。

任务环境

风险评估待测评单位。

知识准备——安全建设管理测评

在等级保护中,"安全建设管理"层面设计依据信息系统的生命周期进行测评要求划分。信息系统的生命周期可以划分为系统规划、系统分析、系统设计、系统实施、系统运行和维护5个阶段,如图10-2所示。

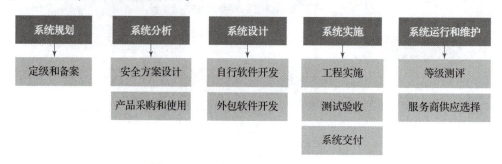

图 10-2 系统安全建设周期的 5 个阶段

1. 定级和备案的要求

《等级保护对象安全等级保护定级报告》是全国各类等级保护对象定级报告的通用模板,定级结果的准确性需要安全技术专家论证评审。定级和备案的测评要求如表10-2所示。

表 10-2 定级和备案的要求

测评项	测评方法
1. 应以书面的形式说明保护对象的安全保护等级及确定等级的方法和理由	(1) 核查定级文档是否明确测评系统的安全保护等级; (2) 核查是否给出了定级的方法和理由
2. 应组织相关部门和有关安全技术专家对定级结果的合理性与正确性进行论证和审定	(1) 核查是否对测评系统组织相关部门或相关专家对定级结果进行了认证和审定; (2) 核查是否有定级结果的评审和论证记录文件
3. 应保证定级结果经过相关部门的批准	(1) 核查是否获得了相关主管部门的批准; (2) 核查是否有定级结果的审批文件
4. 应将备案材料报主管部门和相应公安机关备案	(1) 核查是否向主管部门备案; (2) 核查是否有备案证明证书

2. 安全方案设计的要求

安全规划设计类文档要求根据等级保护对象的安全保护,判断等级保护对象现有的安全保护水平与国家等级保护管理规范和技术标准之间的差距,提出等级保护对象的基本安全保护需求。安全方案设计的测评要求如表10-3所示。

表 10-3　安全方案设计的要求

测评项	测评方法
1. 系统确定安全保护等级后，安全规划设计需根据其安全保护等级确定基本安全保护措施	(1) 核查是否根据系统等级选择相应的安全保护措施； (2) 核查是否根据风险分析的结果补充安全措施； (3) 核查设计类文档是否根据系统等级或风险分析结果采取相应的安全保护措施
2. 应根据保护对象的安全保护等级及与其他级别保护对象的关系进行整体安全规划和安全方案设计，设计内容应包含密码技术相关内容，并形成配套文件	(1) 核查是否有保护对象的相关设计文档； (2) 核查保护对象的总体规划和设计文档，并且文档内容是否连贯配套，内容是含密码技术相关内容
3. 应组织相关部门和有关安全专家对安全整体规划及其配套文件的合理性和正确性进行论证与审定，经过批准后才能正式实施	(1) 核查是否组织相关人员对系统规划和建设文档进行论证和评审； (2) 核查评审的文档和批准意见

3. 产品采购和合作的要求

我国对网络信息安全产品的管理在不同发展阶段可能存在不同的管理政策，因此，应根据当下国家的管理要求去落实，目前而言，国家在此方面的主要管理要求是产品获得《计算机等级保护对象安全专用产品销售许可证》才能在市场上流通。产品采购和合作的测评要求如表 10-4 所示。

表 10-4　产品采购和合作的要求

测评项	测评方法
1. 应确保网络信息安全产品采购和使用符合国家的有关规定	(1) 访谈建设负责人产品采购的流程或流通的标准； (2) 抽样核查网络信息安全产品的销售许可标志
2. 应确保密码产品与服务的采购和使用符合国家密码管理主管部门的要求	(1) 访谈建设负责人是否采用了商用密码产品或服务； (2) 核查使用的密码产品的许可证明或批文； (3) 密码产品是指采用密码技术对信息进行加密保护或安全认证的产品，如加密电子证书等
3. 应预先对产品进行选型测试，确定产品的候选范围，并定期审定和更新候选产品名单	(1) 访谈建设负责人产品采购流程； (2) 核查产品采购管理制度或要求； (3) 核查采购管理内容是否覆盖产品的选择方式以及定期审定和更新产品列表

4. 自行软件开发的要求

自行软件开发的测评要求如表 10-5 所示。

表 10-5 自行软件开发的要求

测评项	测评方法
1. 应将开发环境与实际运行环境物理分开,并且能够控制测试数据和结果	(1) 访谈建设负责人,开发的控制流程和控制措施有哪些; (2) 核查软件开发相关管理的规定和要求; (3) 管理内容是否覆盖开发环境和运行环境分开的规定,以及测试数据是否受控
2. 应制定软件开发管理制度,明确说明开发过程的控制方法和人员行为准则	(1) 访谈安全建设负责人,是否有软件开发方面的管理制度; (2) 核查管理制度内容是否覆盖软件开发的整个生命周期; (3) 开发过程是否覆盖开发过程的控制方法和行为准则
3. 应制定代码编写安全规范,要求开发人员参照规范编写代码	(1) 访谈系统建设负责人,是否有代码编写安全规范; (2) 代码编写规范是否明确代码的编写规则
4. 应具备软件设计的相关文档和使用指南,并对文档使用进行控制	(1) 访谈系统建设负责人,是否有人负责对软件设计的相关文档进行管控; (2) 被测评系统是否有开发文档和使用说明文档
5. 应保证在软件开发过程中对安全性进行测试,在软件安装前对可能存在的恶意代码进行检测	(1) 访谈安全建设负责人,是否在软件开发的生命周期中进行安全性测试; (2) 核查是否具有安全性测试报告和代码审计报告
6. 应对程序资源库的修改、更新、发布进行授权和批准,并严格进行版本控制	(1) 访谈建设负责人是否对程序资源库进行管控; (2) 核查是否有管控记录文件
7. 应保证开发人员为专职人员,开发人员的开发活动受到控制、监视和审查	(1) 访谈建设负责人,开发人员是否为专职人员; (2) 核查软件开发管控制度是否对开发过程和人员的行为准则进行了规定和要求

5. 外包软件开发的要求

外包软件开发的测评要求如表 10-6 所示。

表 10-6 外包软件开发的要求

测评项	测评方法
1. 应在软件交付前检测其中可能存在的恶意代码	(1) 访谈建设负责人是否做恶意代码检测; (2) 核查是否有恶意代码检测报告
2. 应保证开发单位提供软件设计文档和使用指南	(1) 访谈建设负责人是否有软件设计的相关文档和使用指南; (2) 核查是否提供了软件生命周期中的所有文档
3. 应保证开发单位提供软件源代码,并审查软件中可能存在的后门和隐蔽信道	(1) 访谈建设负责人,外包开发单位是否提供源代码; (2) 核查是否提供源代码的安全检查报告; (3) 核查软件源代码及源代码的审查记录

6. 工程实施的要求

等级保护对象工程实施应当指定或授权专门的部门或人员负责工程实施过程的管理,以保证实施过程的正式有效性。工程实施的测评要求如表10-7所示。

表10-7 工程实施的要求

测评项	测评方法
1. 应指定或授权专门的部门或人员负责工程实施过程的管理	(1) 访谈建设负责人,工程实施是否指定专门部门或人员进行工程实施过程的管控; (2) 核查部门或岗位职责文档
2. 应制订安全工程实施方案控制实施过程	(1) 访谈建设负责人是否有工程实施方案; (2) 核查工程实施方面的管理制度以及控制方法
3. 应通过第三方工程监理控制项目的实施过程	(1) 访谈建设负责人测评系统是否为外包项目; (2) 核查是否聘请了第三方监理; (3) 核查监理报告以及主要控制措施

7. 测试验收的要求

测试验收可以包括外包单位项目实施完成后的测试验收,也可包括机构之间的内部开发部门移交给运维部门过程的验收等。测试验收的测评要求如表10-8所示。

表10-8 测试验收的要求

测评项	测评方法
1. 应制订测试验收方案,并依据测试验收方案实施测试验收,形成测试验收报告	(1) 访谈建设负责人是否对测试验收进行管控; (2) 核查是否有调试验收方案和测试验收报告
2. 应进行上线前的安全性测试,并出具安全测试报告,安全测试报告应包含密码应用安全性测试相关内容	(1) 访谈建设负责人在系统上线前是否展开安全性测试; (2) 核查安全性测试是否包括密码应用方面的内容

8. 系统交付的要求

系统在工程实施并验收完以后,需要根据协议有关要求,按照交付清单对设备、软件、文档进行交付。系统交付的测评要求如表10-9所示。

表10-9 系统交付的要求

测评项	测评方法
1. 应制订交付清单,并根据交付清单对所交接的设备、软件和文档等进行清点	(1) 访谈建设负责人是否对系统交付建立管控流程以及交付清单; (2) 核查交付清单内容

测评项	测评方法
2. 对负责运行维护的技术人员进行相应的技能培训	(1) 访谈建设负责人是否对运行维护人员进行技能培训； (2) 核查培训记录相关记录文档
3. 应提供建设过程文档和运行维护文档	(1) 访谈建设负责人建设过程的管控措施； (2) 核查建设过程文档和运行维护文档

9. 等级测评的要求

对等级保护对象进行等级测评是检验系统达到相应等级保护要求的途径，也是发现系统安全隐患的重要途径。就目前来说，第三级等级保护对象应当每年至少进行一次测评。等级测评的测评要求如表10-10所示。

表10-10 等级测评的要求

测评项	测评方法
1. 应定期进行等级测评，发现不符合相应等级保护标准要求的，应及时整改	(1) 访谈等级测评负责人是否每年定期开展等级测评； (2) 核查等级测评报告和整改记录
2. 应在发生重大变更或级别发生变化时进行等级测评	(1) 访谈测评系统是否发生过重大变更或升级； (2) 核查重大升级变更或改造的文件
3. 应确保测评机构的选择符合国家有关规定	(1) 访谈测评负责人是否选择了具有资质的测评机构； (2) 到 www.djbh.net 上核查该机构是否符合要求

10. 服务供应商选择的要求

服务供应商选择的测评要求如表10-11所示。

表10-11 服务供应商选择的要求

测评项	测评方法
1. 应确保服务供应商的选择符合国家的规定	(1) 访谈建设负责人如何选择服务商； (2) 核查服务商资质文件
2. 应与选定的服务供应商签订相关协议，明确整个服务供应链各方需履行的网络信息安全相关义务	(1) 访谈建设负责人对服务供应商的管控措施； (2) 核查服务供应商的服务内容和协议
3. 应定期监督、评审和审核服务供应商提供的服务，并对其变更服务内容加以控制	(1) 访谈建设负责人是否对服务供应商进行定期监督、评审和审核； (2) 核查对服务供应商的管理规定或要求； (3) 核查服务供应商服务报告或服务审核报告

任务实施——信息系统风险评估综合报告的撰写

了解了安全管理测评各部分内容的要求,接下来介绍信息系统风险评估综合报告的编写格式和内容。

×××(客户名称)信息系统
风险评估综合报告

×××××××××(客户方名称)

××有限公司

20××年×月

文档信息

文档信息如表10-12所示。

表10-12 文档信息

文档名称	×××(客户名称)信息系统风险评估综合报告		
文档管理编号			
保密级别		文档版本编号	
制作人		制作日期	
复审人		复审日期	
扩散范围	×××(客户名称)、×××(客户名称)信息系统风险评估项目小组		
扩散批准人			

适用范围

本文为×××(客户名称)信息系统风险评估综合报告,适用于了解×××(客户名称)当前的信息安全现状,明确采取何种有效措施来降低威胁事件发生的可能性,或者减小威胁事件造成的影响,从而将风险降低到可接受的水平,并为今后的工作作参考。

版权信息

本文的版权属于×××，未经许可，任何个人和团体不得转载、粘贴或发布本文，也不得部分转载、粘贴或发布本文，更不得更改本文的部分词汇进行转贴。未经许可，不得复制、影印。

目录

1 概述 ×
   1.1 评估范围 ×
   1.2 目标 ×
   1.3 评估成果 ×
2 风险评估方法及内容 ×
   2.1 风险评估方法 ×
   2.2 风险评估内容 ×
3 资产评估 ×
   3.1 资产评估概述 ×
   3.2 资产评估结果 ×
      3.2.1 硬件资产分析 ×
      3.2.2 软件资产分析 ×
      3.2.3 数据资产分析 ×
      3.2.4 人员资产分析 ×
      3.2.5 服务资产分析 ×
4 威胁评估 ×
   4.1 威胁评估概述 ×
   4.2 威胁识别 ×
   4.3 威胁分析 ×
      4.3.1 人员威胁 ×
      4.3.2 环境威胁 ×
   4.4 威胁评估总结 ×
5 脆弱性评估 ×
   5.1 脆弱性评估概述 ×
   5.2 脆弱性分析 ×
6 综合风险评估分析 ×
   6.1 综合风险评估方法 ×
   6.2 综合风险评估分析 ×
7 附：按部门划分的风险表现形式 ×

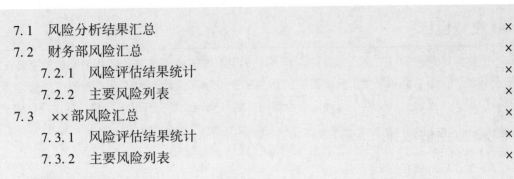

1 概述

×××（客户名称）随着多年来信息化程度的不断提高，对信息系统的依赖程度也不断增加，网上信息的价值也逐渐增大，随之而来的信息安全问题也日渐凸显，为保障信息化建设的健康发展，创建安全健康的网络环境，保护组织和公众利益，促进信息化建设的深入发展，×××（客户名称）领导对当前信息化安全的建设给予了高度重视，为充分了解当前安全现状，掌握信息系统的安全风险状况，组织了本次风险评估项目，并委托×××（测评机构名称）对信息系统进行风险评估。

◆1.1 评估范围

根据×××（客户名称）信息系统的建设情况，×××（测评机构名称）与×××（客户名称）经过协商，确定此次风险评估的范围为×××（客户名称）正在运行的信息系统及信息系统所依托的物理环境、网络环境、主机操作系统和数据库系统，以及安全管理情况。×××（客户名称）已投入使用的信息系统有：

◇ ×××（客户名称）外网网站系统

◇ ×××（客户名称）OA系统

……

×××（客户名称）信息系统网络结构拓扑图如图10-3所示。

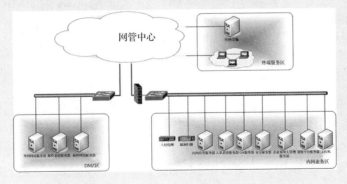

图10-3　×××（客户名称）信息系统网络结构

> 提示：
> 此处需要根据客户真实的网络情况进行内容描述，并根据客户真实网络情况制作信息系统网络结构拓扑图。

◆1.2 目标

此次风险评估的目的是：分析×××（客户名称）信息系统及其所依托的网络信息系统的安全状况，全面了解和掌握该系统面临的信息安全威胁和风险，为信息系统的使用管理部门开展信息安全建设提供依据，为确立安全策略、制订安全规划、开展安全建设提供决策建议。

◆1.3 评估成果

本次评估所提交的文档有：
- 《风险评估综合报告》
- 《威胁评估报告》
- 《脆弱性评估报告》
- 《脆弱性扫描统计分析报告》
- 《信息系统风险控制规划》

2 风险评估方法及内容

◆2.1 风险评估方法

参考 GBT 20984、GBT 22239、ISO 27001 等标准和指南采用最新的方法进行风险分析，表述出威胁源采用何种威胁方法，利用了系统的何种脆弱性，对哪一类资产产生了什么样的影响，当前采取了何种安全措施进行防护，其有效性如何，描述残余风险状况，并描述采取何种对策来防范威胁，减少脆弱性。图 10-4 所示为风险评估模型及方法。

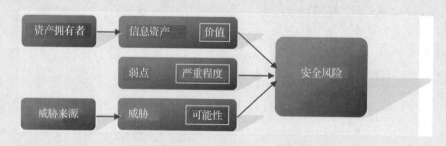

图 10-4 风险评估模型及方法

资产的评估主要是对资产进行相对估价，而其估价准则就是依赖于对其影响的分析，主要从保密性、完整性、可用性三方面的安全属性进行影响分析，从资产的相对价值中体现了威胁的严重程度；威胁评估是对资产所受威胁发生可能性的评估；脆弱性的评估是对资产脆弱程度的评估，安全风险评估就是通过综合分析评估后的资产信息、威胁信息、脆弱性信息，最终生成风险信息。

◆2.2 风险评估内容

本次风险评估工作共分为 4 个阶段：准备阶段、识别阶段、分析阶段、规划验收阶段。

◇ 准备阶段：主要完成项目组织、项目实施方案确定、组织培训、项目启动的工作。

◇ 识别阶段：主要完成大量的现场识别工作，主要有资产识别、威胁识别、脆弱性识别、安全措施识别。

◇ 分析阶段：在识别的基础上进行大量整理并分析，得出风险评估各要素的风险状况，具体有资产影响分析、威胁分析、脆弱性分析、综合风险分析。

◇ 规划验收阶段：对综合风险进行梳理分析，制订风险控制规划，完成项目交付文档，提交客户讨论汇报；取得客户对项目的认可，完成项目验收。

3 资产评估

◆3.1 资产评估概述

资产是风险评估的评估对象。在一个全面的风险评估中，风险的所有元素都以资产为中心，威胁、脆弱性以及风险都是针对资产而客观存在的。威胁利用资产自身的脆弱性使得安全事件的发生成为可能，从而形成了风险。因此，资产评估是风险评估的一个重要步骤，它被确定和分析的准确性将影响着后面所有因素的评估。

资产评估的主要工作就是对×××（客户名称）信息系统风险评估范围内的资产进行识别，确定所有的评估对象，然后根据评估的资产在业务和应用流程中的作用对资产进行分析，识别出其关键资产并进行重要程度赋值。根据资产评估报告的结果，可以清晰地分析出×××（客户名称）信息系统中各主要业务的重要性，以及各业务中各种类别的物理资产、软件资产和数据资产的重要程度，从而得出信息系统的安全等级。同时，可以明确各业务系统的关键资产，确定安全评估和保护的重点对象。

资产赋值的过程也就是对资产在机密性、完整性和可用性上的达成程度进行分析，并在此基础上得出综合结果的过程。达成程度可由安全属性缺失时造成的影响来表示，这种影响可能造成某些资产的损害以至危及信息系统，还可能导致经济效益、市场份额、组织形象的损失。

首先对机密性赋值，根据资产在机密性上的不同要求，将其分为五个不同的等级，分别对应资产在机密性上应达成的不同程度或者机密性缺失时对整个组织的影响。机密性赋值标准如表10-13所示。

表10-13 机密性赋值标准

赋值	标识	定义
5	很高	包含组织最重要的秘密，关系未来发展的前途命运，对组织根本利益有着决定性的影响，如果泄露，会造成灾难性的损害
4	高	包含组织的重要秘密，其泄露会使组织的安全和利益遭受严重损害
3	中等	组织的一般性秘密，其泄露会使组织的安全和利益受到损害
2	低	仅能在组织内部或在组织某一部门内部公开的信息，向外扩散有可能对组织的利益造成轻微损害
1	很低	可对社会公开的信息、公用的信息处理设备和系统资源等造成轻微损害，可以忽略

然后对完整性赋值,根据资产在完整性上的不同要求,将其分为 5 个不同的等级,分别对应资产在完整性上缺失时对整个组织的影响。完整性赋值标准如表 10-14 所示。

表 10-14 完整性赋值标准

赋值	标识	定义
5	很高	完整性价值非常关键,未经授权的修改或破坏会对组织造成重大的或无法接受的影响,对业务冲击重大,并可能造成严重的业务中断,难以弥补
4	高	完整性价值较高,未经授权的修改或破坏会对组织造成重大影响,对业务冲击严重,较难弥补
3	中等	完整性价值中等,未经授权的修改或破坏会对组织造成影响,对业务冲击明显,但可以弥补
2	低	完整性价值较低,未经授权的修改或破坏会对组织造成轻微影响,对业务冲击轻微,容易弥补
1	很低	完整性价值非常低,未经授权的修改或破坏对组织造成的影响可以忽略,对业务冲击可以忽略

最后对可用性赋值,根据资产在可用性上的不同要求,将其分为 5 个不同的等级,分别对应资产在可用性上应达成的不同程度。可用性赋值标准如表 10-15 所示。

表 10-15 可用性赋值标准

赋值	标识	定义
5	很高	可用性价值非常高,合法使用者对信息及信息系统的可用性达到年度 99.9% 以上,或系统不允许中断
4	高	可用性价值较高,合法使用者对信息及信息系统的可用性达到每天 90% 以上,或系统允许中断时间小于 10 分钟
3	中等	可用性价值中等,合法使用者对信息及信息系统的可用性在正常工作时间达到 70% 以上,或系统允许中断时间小于 30 分钟
2	低	可用性价值较低,合法使用者对信息及信息系统的可用性在正常工作时间达到 25% 以上,或系统允许中断时间小于 60 分钟
1	很低	可用性价值可以忽略,合法使用者对信息及信息系统的可用性在正常工作时间低于 25%

最终,资产价值依据资产在机密性、完整性和可用性上的赋值等级,经过综合计算评定得出一个数值,根据这个数值,对应表 10-16 即可分析出资产的总体价值。

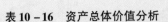

表 10-16 资产总体价值分析

等级	标识	得分	描述
5	很高	4.6~5	非常重要,其安全属性破坏后,可能对组织造成非常严重的损失
4	高	3.6~4.5	重要,其安全属性破坏后,可能对组织造成比较严重的损失
3	中	2.6~3.5	比较重要,其安全属性破坏后,可能对组织造成中等程度的损失
2	低	1.6~2.5	不太重要,其安全属性破坏后,可能对组织造成较低的损失
1	很低	1~1.5	不重要,其安全属性破坏后,对组织造成很小的损失,甚至忽略不计

◆3.2 资产评估结果

信息系统所涉及资产的识别分析结果如下。

◆3.2.1 硬件资产分析

硬件资产分析如表 10-17 所示。

表 10-17 硬件资产分析(注:根据客户实际网络情况进行描述)

编号	类型	名称	应用说明	所有者	机密性	完整性	可用性	资产价值	标识
ZX-Har-001	主机	内网网站服务器	内网网站发布	产品部	2	2	3	2.4	低
ZX-Har-002	主机	邮件系统服务器	外网邮件系统	信息技术部	2	2	3	2.4	低
ZX-Har-003	主机	外网网站服务器	外网网站发布	信息技术部	3	3	4	3.4	中
ZX-Har-004	主机	数据平台服务器	外网网站数据库平台	信息技术部	2	3	4	3.2	中
ZX-Har-005	…	…	…	…	…	…	…	…	…
ZX-Har-006	网络设备	外网接入交换机	外网网站邮件系统服务器接入外网	信息技术部	1	4	5	4.1	高
ZX-Har-007	网络设备	内网接入交换机	内网网站等内网应用系统服务器接入×××(客户名称)内网	信息技术部	1	3	3	2.6	中

续表

编号	类型	名称	应用说明	所有者	机密性	完整性	可用性	资产价值	标识
ZX-Har-008	…	…	…	…	…	…	…	…	…
ZX-Har-009	安全设备	内网防火墙	内网业务域的安全防范	信息技术部					
ZX-Har-010	安全设备	内网入侵检测设备	内网业务域入侵行为检测	信息技术部					
ZX-Har-011	…	…	…	…	…	…	…	…	…
ZX-Har-012	备份存储设备	内网盘阵	内网网站系统数据存储	信息技术部					
ZX-Har-013	…	…	…	…	…	…	…	…	…
硬件资产综合价值								3	中

◆3.2.2 软件资产分析

软件资产分析如表 10-18 所示。

表 10-18 软件资产分析（注：根据客户实际网络情况进行描述）

编号	类型	名称	版本	所有者	机密性	完整性	可用性	资产价值	标识
ZX-Sof-001	操作系统	内网网站服务器操作系统	Win2000 Server	产品部	2	2	3	2.4	低
ZX-Sof-002	操作系统	外网网站服务器操作系统	Win2003	信息中心	2	2	3	2.4	低
ZX-Sof-003	操作系统	内网网站数据库服务器操作系统	Win2003	信息中心	3	3	4	3.4	中
ZX-Sof-004	…	…	…	…	…	…	…	…	…
ZX-Sof-005	数据库	内网网站系统数据库	Oracle 9i	信息中心	…	…	…	…	…
ZX-Sof-006	数据库	××系统数据库	MSSQL 2005	信息中心					

续表

编号	类型	名称	版本	所有者	机密性	完整性	可用性	资产价值	标识
ZX-Sof-007	…	…	…	…					
ZX-Sof-008	中间件	OA服务器应用中间件	IIS	信息中心					
ZX-Sof-009	中间件	×××服务器中间件	Apache	信息中心					
ZX-Sof-010	…	…	…	…					
ZX-Sof-011	应用系统	邮件网关服务器应用软件	亿邮邮件系统	信息中心					
ZX-Sof-012	应用系统	×××服务器应用软件	×××	信息中心					
ZX-Sof-013	…	…	…	…					
软件资产综合价值								2.7	中

◆3.2.3 数据资产分析

数据资产分析如表10-19所示。

表10-19 数据资产分析（注：根据客户实际网络情况进行描述）

编号	名称	应用说明	所有者	机密性	完整性	可用性	资产价值	标识
ZX-Inf-001	内网网站系统数据	依赖于内网网站系统，主要包含OA系统信息、后勤管理信息、通知通报、政策学习资料、电影、音乐等数据信息	信息中心	2	2	3	2.4	低
ZX-Inf-002	外网网站系统数据	依赖于外网网站系统，包含政府信息公开的信息、通知通告、资料等数据信息	信息中心	3	4	5	4.2	高
ZX-Inf-003	…	…	…	…	…	…	…	…
数据资产综合价值							3.3	中

◆3.2.4 人员资产分析

人员资产分析如表 10-20 所示。

表 10-20 人员资产分析(注：根据客户实际网络情况进行描述)

编号	类型	名称	职责	数量	机密性	完整性	可用性	资产价值	标识
ZX-Peo-001	管理人员	产品部经理岗		1	4	—	—	4	高
ZX-Peo-002	技术人员	网络系统管理岗		2	2	—	—	2	低
ZX-Peo-003	保障人员	库房管理岗		1	3	—	—	3	中
ZX-Peo-004	…	…	…	…	…	…	…	…	…
人员资产综合价值								3	中

◆3.2.5 服务资产分析

服务资产分析如表 10-21 所示。

表 10-21 服务资产分析(注：根据客户实际网络情况进行描述)

编号	类型	内容	负责部门	机密性	完整性	可用性	资产价值	标识
ZX-Ser-001	供电	供电服务	办公室	1	5	5	4.5	高
ZX-Ser-002	空调	空调服务	办公室	1	3	3	3.1	中
ZX-Ser-003	外包	数据库维护服务	信息中心	3	3	3	3	中
ZX-Ser-004	…	…	…	…	…	…	…	…
服务资产综合价值							3.5	中

通过上面对各资产的识别和分析，可以清楚地看出本次评估范围内各个资产在整个×××(客户名称)信息系统中的重要地位。

信息系统核心资产(资产价值等级为高以上，或同类资产中资产值最高者)包括：

◇ 核心硬件资产：外网网站服务器、×××服务器、×××服务器；
◇ 核心软件资产：外网网站服务器操作系统、外网网站服务器应用软件、×××服务器操作系统、×××服务器应用软件、×××数据库软件；
◇ 核心数据资产：外网网站系统数据；
◇ 核心人员资产：产品部经理岗；
◇ 核心服务资产：供电服务。

由于不同信息资产对企业的价值不同，因此，并不是所有的信息资产都需要进行相同的保护，需要按照信息资产的价值和安全需求特点实施恰当的保护。信息资产保护的等级需要依靠反映资产价值和安全需求的信息资产分类。资产的敏感性和重要性越高，其对安全的需求也就越高，因此，在×××（客户名称）今后的信息安全保障工作中，要有重点地遵守计算机安全等级保护要求对核心资产进行保护，等级保护的核心是对信息系统特别是对业务应用系统安全分等级、按标准进行建设、管理和监督，根据信息系统应用业务重要程度及其实际安全需求，实行分级、分类、分阶段实施保护，并对用户进行安全意识教育和安全操作流程的培训，以提高人员安全意识，提高人员技能水平，尽量降低资产管理方面可能的安全风险。

4 威胁评估

◆4.1 威胁评估概述

威胁是指可能对资产或组织造成损害事故的潜在原因。威胁可能源于对信息系统直接或间接的攻击，也可能源于偶发的或蓄意的内部、外部事件。威胁只有利用系统存在的脆弱点才能对系统造成影响和伤害，形成风险。

作为风险评估的重要因素，威胁是一个客观存在的事物，无论对于多么安全的信息系统，它都存在安全威胁。因此，首先要对组织需要保护的关键资产进行威胁识别。根据资产所处的环境条件、资产以前遭受的威胁、资产目前存在的威胁情况来判断威胁的可能性。同时，还要识别出威胁由谁、什么事物引发，即确认威胁的主体和客体，然后还要识别出威胁的主要方式。

本次威胁调查主要通过调查问卷、IDS入侵监测工具、现场观察、问询等方式对×××（客户名称）信息系统提取威胁评估需要的相关信息。

◆4.2 威胁识别

威胁识别的任务主要是识别可能的威胁主体（威胁源）、威胁途径和威胁方式，威胁主体是指可能会对信息资产造成威胁的主体对象，威胁方式是指威胁主体利用脆弱性的威胁形式，威胁主体会采用威胁方法利用资产存在的脆弱性对资产进行破坏。

威胁主体：分为人为因素和环境因素。根据威胁的动机，人为因素又可分为恶意和非恶意两种。环境因素包括自然灾害和设施故障。

威胁途径：分为间接接触和直接接触，间接接触主要有网络访问、语音、视频访问等形式，直接接触指威胁主体可以直接物理接触到信息资产。

威胁方式：主要有传播计算机病毒、传播异常信息（垃圾邮件、反动、色情、敏感信息）、扫描监听、网络攻击（后门、漏洞、口令、拒绝服务等）、越权或滥用、行为抵赖、滥用网络资源（P2P下载等）、人为灾害（水、火等）、人为基础设施故障（电力、网络等）、窃取、破坏硬件、软件和数据等。

×××（客户名称）信息系统威胁识别结果如表10-22所示。

表 10-22 威胁识别结果（注：根据客户实际网络情况进行描述）

威胁主体		威胁途径	威胁方式
人员威胁	互联网用户	互联网间接接触	传播计算机病毒、传播异常信息（垃圾邮件、反动、色情、敏感信息）、扫描监听、网络攻击（后门、漏洞、口令、拒绝服务等）
	政务外网人员	政务外网间接接触	传播计算机病毒、传播异常信息（垃圾邮件、反动、色情、敏感信息）、扫描监听、网络攻击（后门、漏洞、口令、拒绝服务等）
	×××（客户名称）内部人员	内网接入间接接触、直接接触	传播计算机病毒、传播异常信息（垃圾邮件、反动、色情、敏感信息）、扫描监听、网络攻击（后门、漏洞、口令、拒绝服务等）、越权或滥用、行为抵赖、滥用网络资源（P2P下载等）、人为灾害（水、火等）、人为基础设施故障（电力、网络等）、窃取，以及破坏硬件、软件和数据等
	第三方人员	内网接入间接接触、直接接触	传播计算机病毒、传播异常信息（垃圾邮件、反动、色情、敏感信息）、扫描监听、网络攻击（后门、漏洞、口令、拒绝服务等）、滥用网络资源（P2P下载等）、人为灾害（水、火等）、人为基础设施故障（电力、网络等）、窃取，以及破坏硬件、软件和数据等
环境威胁	自然灾害	直接作用	水灾、地震灾害、地质灾害、气象灾害、自然火灾
	设施故障	直接作用	电力故障、外围网络故障、其他外围保障设施故障、软件自身故障、硬件自身故障

◆4.3 威胁分析

威胁识别工作完成之后，将对资产所对应的威胁进行评估，将威胁的权值分为 1~5 五个级别，等级越高，威胁发生的可能性越大。

威胁的权值主要是根据多年的经验积累或类似行业客户的历史数据来确定。对于那些没有经验和历史数据的威胁，主要根据资产的吸引力、威胁的技术力量、脆弱性被利用的难易程度等制定了一套标准对应表，以保证威胁等级赋值的有效性和一致性。

根据赋值准则，对威胁发生的可能性用频率来衡量赋值。威胁赋值准则如表 10-23 所示。

表 10-23 威胁赋值准则

等级	标识	定义
5	很高	出现的频率很高（或≥1次/周）；或在大多数情况下几乎不可避免；或可以证实经常发生过
4	高	出现的频率较高（或≥1次/月）；或在大多数情况下很有可能会发生；或可以证实多次发生过
3	中	出现的频率中等（或>1次/半年）；或在某种情况下可能会发生；或被证实曾经发生过
2	低	出现的频率较小；或一般不太可能发生；或没有被证实发生过
1	很低	威胁几乎不可能发生，仅可能在非常罕见和例外的情况下发生

◆4.3.1 人员威胁

人员威胁分析如表 10-24 所示。

表 10-24 人员威胁分析（注：根据客户实际网络情况进行描述）

威胁主体	威胁意向	威胁途径	威胁方式	事件	威胁等级	标识
互联网用户	恶意	互联网接入	传播计算机病毒	—	2	低
			传播异常信息（垃圾邮件、反动、色情、敏感信息）	—	2	低
			扫描监听	—	2	低
			网络攻击（后门、漏洞、口令、拒绝服务等）	防火墙日志中存在很多蠕虫攻击记录	5	很高
			越权或滥用	—	2	低
			行为抵赖	—	2	低
	无意	互联网接入	传播计算机病毒	—	3	中
			传播异常信息（垃圾邮件、反动、色情、敏感信息）	—	2	低
			扫描监听	—	2	低
			网络攻击（后门、漏洞、口令、拒绝服务等）	—	2	低

续表

威胁主体	威胁意向	威胁途径	威胁方式	事件	威胁等级	标识
政务外网人员	恶意	政务外网接入	传播计算机病毒	—	2	低
			传播异常信息（垃圾邮件、反动、色情、敏感信息）	—	2	低
			扫描监听	—	2	低
			网络攻击（后门、漏洞、口令、拒绝服务等）	—	2	低
			越权或滥用	—	2	低
			行为抵赖	—	2	低
	无意	政务外网接入	传播计算机病毒	—	2	低
			传播异常信息（垃圾邮件、反动、色情、敏感信息）	—	2	低
			扫描监听	—	2	低
			网络攻击（后门、漏洞、口令、拒绝服务等）	—	2	低
×××（客户名称）内部人员	恶意	内网接入，直接接触	传播计算机病毒	—	2	低
			传播异常信息（垃圾邮件、反动、色情、敏感信息）	—	2	低
			扫描监听	—	2	低
			网络攻击（后门、漏洞、口令、拒绝服务等）	×××服务器日志中存在内网用户暴力破解攻击记录	5	很高
			越权或滥用	—	2	低
			行为抵赖	—	2	低
			滥用网络资源（P2P下载等）	—	2	低
	无意	内网接入，直接接触	人为灾害（水、火等）	—	2	低
			人为基础设施故障（电力、网络等）	—	2	低
			窃取，以及破坏硬件、软件和数据	—	2	低
			传播计算机病毒	—	2	很高
			传播异常信息（垃圾邮件、反动、色情、敏感信息）	—	2	低

续表

威胁主体	威胁意向	威胁途径	威胁方式	事件	威胁等级	标识
×××（客户名称）内部人员	无意	内网接入，直接接触	扫描监听	—	2	低
			网络攻击（后门、漏洞、口令、拒绝服务等）	—	2	低
第三方人员	恶意	内网接入，直接接触	人为灾害（水、火等）	—	2	低
			人为基础设施故障（电力、网络等）	—	2	低
			遗失（硬件、软件、数据）	—	2	低
			破坏硬件、软件、数据	—	2	低
			滥用网络资源	—	2	低
			人为灾害（水、火等）	—	2	低
			人为基础设施故障（电力、网络等）	—	2	低
			窃取，以及破坏硬件、软件和数据	—	2	低
			传播计算机病毒	—	2	低
			传播异常信息（垃圾邮件、反动、色情、敏感信息）	—	2	低
	无意	内网接入，直接接触	扫描监听	—	2	低
			网络攻击（后门、漏洞、口令、拒绝服务等）	—	2	低
			人为灾害（水、火等）	—	2	低
			人为基础设施故障（电力、网络等）	—	2	低
			遗失（硬件、软件、数据）	—	2	低
			破坏硬件、软件、数据	—	2	低
			滥用网络资源	—	2	低

◆**4.3.2 环境威胁**

环境威胁分析如表 10 – 25 所示。

表 10-25 环境威胁分析（注：根据客户实际网络情况进行描述）

威胁主体	威胁途径	威胁方式	事件	威胁等级	标识
自然灾害	直接作用	水灾	—	1	很低
		地震灾害	—	1	很低
		地质灾害	—	1	很低
		气象灾害	—	1	很低
		自然火灾	—	1	很低
设施故障	直接作用	电力故障	—	2	低
		外围网络故障	—	2	低
		其他外围保障设施故障	—	2	低
		软件自身故障	—	2	低
		硬件自身故障	×××服务器 SCSI控制器故障	3	中

◆4.4 威胁评估总结

通过对×××（客户名称）信息系统的威胁识别、分析和评估，目前×××（客户名称）信息系统面临的**主要威胁来自人员威胁和环境威胁，威胁方式主要有计算机病毒、电力故障**等。其中，等级较高的威胁（等级≥3）的**主体主要是无意的内部办公人员威胁和环境威胁**。这些发生概率较高的威胁主体有可能会成为×××（客户名称）信息系统的威胁对象，因此建议在×××（客户名称）信息系统安全建设中要严格对发生概率较高的威胁进行合理的控制。对于其他威胁，也要密切注意其发展趋势，防止其由低等级发展成高等级威胁。

5 脆弱性评估

◆5.1 脆弱性评估概述

脆弱性是指资产或资产组中能被威胁所利用的弱点，它包括物理环境、组织机构、业务流程、人员、管理、硬件、软件及通信设施等各个方面，这些都可能被各种安全威胁利用来侵害一个组织机构内的有关资产及这些资产所支持的业务系统。这些表现出来的各种安全薄弱环节自身并不会造成什么危害，它们只有在被各种安全威胁利用后才可能造成相应的危害。某些目前看来不会导致安全威胁的弱点可理解为是可以容忍接受的，但它们必须被记录下来并持续改进，以确保当环境、条件发生变化时，这些弱点所导致的安全威胁不会被忽视，并能够控制在可以承受的范围内。需要注意的是，不正确的、起不到应有作用的或没有正确实施的安全保护措施本身就可能是一个安全薄弱环节。

在这一阶段，将针对每一项需要保护的信息资产，找出每一种威胁所能利用的脆弱性，并对脆弱性的严重程度进行评估，换句话说，就是对脆弱性被威胁利用的可能性进行评估，最终为其赋予相对的等级值。在进行脆弱性评估时，提供的数据应该来自这些资产的拥有者或使用者，以及来自相关业务领域的专家以及软硬件信息系统方面的专业人员。

在本次评估中，将从技术、管理两方面脆弱性进行评估，其中，技术方面包括物理环境、网络环境、主机系统、中间件系统和应用系统五个层次。技术方面主要是通过远程和本地两种方式进行手工检查、工具扫描等方式进行评估，以保证脆弱性评估的全面性和有效性；管理脆弱性评估方面主要是按照等级保护的安全管理要求对现有的安全管理制度的制定和执行情况进行检查，发现其中的管理漏洞和不足。

脆弱性评估的具体方法和详细过程参见《×××（客户名称）信息系统脆弱性评估报告》。

◆5.2 脆弱性分析

×××（客户名称）信息系统整体存在的脆弱性可以概要归纳为如表10-26所示。

表10-26 信息系统整体存在的脆弱性（注：根据客户实际网络情况进行描述）

	脆弱性	涉及资产	影响	严重等级	标识
技术脆弱性	缺乏电子门禁设施	全部资产	无法对进出机房的行为进行有效控制和记录	4	高
	一些线缆暴露在外，未铺设在地下或管道中	网络线路	有可能被损坏	2	低
	外网防火墙存在单点故障	外网防火墙	冗余恢复能力不足	3	中
	交换机ISO很长时间没有进行更新	外网DMZ交换机 内网汇聚交换机	不能规避新发现的交换机漏洞	3	中
	交换机未对Telnet会话实行超时限制	外网DMZ交换机 内网汇聚交换机	交换机被非法操作，导致服务中断	2	低
	没有配置警告和禁止信息的登录标志	外网DMZ交换机 内网汇聚交换机	不能警告非授权用户非法登录	2	低
	交换机审计功能不足	外网DMZ交换机 内网汇聚交换机	记录内容不足，没有自动记录的日志主机，应该记录更多内容，以便追踪入侵者	3	中
	未安装最新的Hotfix	×××服务器、×××服务器、×××服务器	不能规避新发现的系统漏洞	5	很高

续表

脆弱性		涉及资产	影响	严重等级	标识
技术脆弱性	病毒库很长时间没有更新	×××服务器、×××服务器	不能防范新出现的病毒	5	很高
	未配置密码策略	×××服务器	暴力破解	4	高
	未配置审核策略	×××服务器、×××服务器、×××服务器	缺乏事件追踪能力	4	高
	未关闭不必要的服务	×××服务器、×××服务器	未关闭的服务可能带来相关风险	4	高
	系统开放 c$、d$、e$、admin$ 默认共享	×××服务器	被攻击者利用取得服务器权限	3	中
	日志配置策略不完善	×××服务器、×××服务器、×××服务器	缺乏事件追踪能力	3	中
	存在高风险安全漏洞	×××服务器、×××服务器、×××服务器	被攻击者利用取得服务器权限	5	很高
	未安装 SP3	×××数据库	不能规避新发现的系统漏洞	5	很高
	仅集成 Windows 验证方式	×××数据库、×××数据库	暴力破解	4	高
	未禁止 guest 用户访问数据库	×××数据库、×××数据库	暴力破解	3	中
	未停用 SQL 2005 邮件功能	×××数据库	被攻击者利用取得服务器权限	3	中
	未删除不用的脚本映射	×××系统应用中间件、×××系统应用中间件	暴力破解	4	高
	网站目录下存在无关的文件、代码或备份程序	×××系统应用中间件	被攻击者利用取得服务器权限	3	中
	未删除调试用、测试用文件	×××系统应用中间件、×××系统应用中间件	被攻击者利用取得服务器权限	3	中

续表

脆弱性		涉及资产	影响	严重等级	标识
管理脆弱性	没有成文的经过专门的部门或人员制定、审核、发布的安全管理方针、策略和相关的管理制度	全部信息系统	各方面的威胁可能利用管理上的漏洞对信息系统造成损害	2	低
	没有设立安全主管、安全管理各个方面的负责人岗位，并定义各负责人的职责	全部信息系统	各方面的威胁可能利用管理上的漏洞对信息系统造成损害	2	低
	缺乏对各类人员进行安全意识教育、岗位技能培训和相关安全技术培训，人员安全意识和技术能力依然需要提高	全部信息系统	各方面的威胁可能利用管理上的漏洞对信息系统造成损害	2	低
	资产管理方面没有编制与信息系统相关的资产清单，没有建立资产安全管理制度，没有规定信息系统资产管理的责任人员或责任部门，没有对各类介质进行控制和保护，并实行存储环境专人管理	全部信息系统	各方面的威胁可能利用管理上的漏洞对信息系统造成损害	2	低
	缺乏系统安全管理、网络信息安全管理方面的制度；没有建立对系统、网络方面的审计制度，没有定期对运行日志和审计数据进行分析	全部信息系统	各方面的威胁可能利用管理上的漏洞对信息系统造成损害	3	中
	没有根据数据的重要性及其对系统运行的影响来制定数据的备份策略和恢复策略；没有关于安全响应和恢复方面的业务可持续性计划	全部信息系统	各方面的威胁可能利用管理上的漏洞对信息系统造成损害	3	中
	没有制定安全事件报告和处置管理制度	全部信息系统	各方面的威胁可能利用管理上的漏洞对信息系统造成损害	2	低

6 综合风险评估分析

◆6.1 综合风险评估方法

风险是指特定的威胁利用资产的一种或一组脆弱性，导致资产的丢失或损害的潜在可能性，即特定威胁事件发生的可能性与后果的结合。风险只能预防、避免、降低、转移和接受，但不可能完全被消灭。在完成资产、威胁和脆弱性的评估后，进入安全风险的评估阶段。在这个过程中，×××（测评机构名称）将采用最新的方法进行综合分析，表述出威胁源采用何种威胁方法，利用了系统的何种脆弱性，对哪一类资产产生了什么样的影响，并描述采取何种对策来防范威胁，减少脆弱性。

在×××（测评机构名称）的风险评估模型中，主要包含信息资产、脆弱性、威胁和风险四个要素。每个要素有各自的属性，信息资产的属性是资产价值，脆弱性的属性是脆弱性被威胁利用后对资产带来的影响的严重程度，威胁的属性是威胁发生的可能性，风险的属性是风险发生的后果。

综合风险计算方法：

根据风险计算公式 $R = f(A, V, T) = f(I_a, L(V_a, T))$，即，风险值 = 资产价值 × 威胁可能性 × 弱点严重性。

注：R 表示风险；A 表示资产；V 表示脆弱性；T 表示威胁；I_a 表示资产发生安全事件后对组织业务的影响（也称为资产的重要程度）；V_a 表示某一资产本身的脆弱性；L 表示威胁利用资产的脆弱性造成安全事件发生的可能性。

风险的级别划分为 5 级，等级越高，风险越高。风险等级划分方法如表 10-27 所示。

表 10-27 风险等级划分

等级	标识	风险值范围	描述
5	很高	49~125	一旦发生，将产生非常严重的经济或社会影响，如组织信誉严重破坏，严重影响组织的正常经营，经济损失重大，社会影响恶劣
4	高	37~48	一旦发生，将产生较大的经济或社会影响，在一定范围内给组织的经营和组织信誉造成损害
3	中	25~36	一旦发生，会造成一定的经济、社会或生产经营影响，但影响面和影响程度不大
2	低	13~24	一旦发生，造成的影响程度较低，一般仅限于组织内部，通过一定手段很快能解决
1	很低	1~12	一旦发生，造成的影响几乎不存在，通过简单的措施就能弥补

◆6.2 综合风险评估分析

综合风险分析如表 10-28 所示（A 表示资产；V 表示脆弱性；T 表示威胁）。

表 10-28 综合风险分析（注：根据客户实际网络情况进行描述）

风险		相关脆弱性	相关威胁	受影响资产	风险要素			风险值	标识
					V	T	A		
技术风险	机房物理环境存在缺陷	机房没有安装电子门禁系统	非授权访问	机房内所有硬件、软件和数据资产	4	2	3	18	低
		一些线缆暴露在外，未铺设在地下或管道中	恶意或非恶意破坏		2	2	3		
	网络结构配置存在安全隐患	外网防火墙存在单点故障	冗余恢复能力不足	外网防火墙	3	2	3	18	低
	关键网络设备安全配置不足	交换机 ISO 很长时间没有进行更新	不能规避新发现的交换机漏洞	外网 DMZ 交换机 内网汇聚交换机	2	2	2	26.8	中
		交换机未对 Telnet 会话实行超时限制	交换机被非法操作，导致服务中断	外网 DMZ 交换机 内网汇聚交换机	3	3	4		
		交换机没有配置警告和禁止信息的登录标志	不能警告非授权用户非法登录	外网 DMZ 交换机 内网汇聚交换机	3	3	4		
		交换机审计功能不足	记录内容不足，没有自动记录的日志主机，应该记录更多内容，以便于追踪入侵者	外网 DMZ 交换机 内网汇聚交换机	3	3	3		
	关键业务服务器操作系统补丁更新不及时	未安装最新的 Hotfix	不能规避新发现的系统漏洞	×××服务器、×××服务器、×××服务器					
	关键业务服务器防病毒功能存在安全隐患	病毒库很长时间没有更新	不能防范新出现的病毒	×××服务器、×××服务器					

续表

风险		相关脆弱性	相关威胁	受影响资产	风险要素			风险值	标识
					V	T	A		
技术风险	关键业务服务器安全配置不足	未配置密码策略	暴力破解	×××服务器					
		未配置审核策略	缺乏事件追踪能力	×××服务器、×××服务器、×××服务器					
		未关闭不必要的服务	未关闭的服务可能带来相关风险	×××服务器、×××服务器					
		系统开放 c$、d$、e$、admin$默认共享	被攻击者利用相应的服务器权限	×××服务器					
		日志配置策略不完善	缺乏事件追踪能力	×××服务器、×××服务器、×××服务器					
	关键业务服务器存在高风险安全漏洞	经扫描共发现××个高风险安全漏洞，××个中风险安全漏洞	被攻击者获取相应的服务器权限	×××服务器、×××服务器、×××服务器	5	2	2.7	27	中
	关键数据库系统未安装最近的补丁程序	未安装 SP3	不能规避新发现的系统漏洞	×××数据库					
	关键数据库系统安全配置不足	仅集成 Windows 验证方式	暴力破解	×××数据库、×××数据库					
		未禁止 guest 用户访问数据库	暴力破解	×××数据库、×××数据库					
		未停用 SQL 2005 邮件功能	被攻击者利用获取相应的服务器权限	×××数据库					
		未删除不用的脚本映射	暴力破解	×××系统应用中间件、×××系统应用中间件					

续表

风险		相关脆弱性	相关威胁	受影响资产	风险要素 V	T	A	风险值	标识
技术风险	关键应用中间件系统存在安全隐患	关键应用中间件系统网站目录下存在无关的文件、代码或备份程序	被攻击者获取相应的服务器权限	×××系统应用中间件					
		未删除调试用、测试用文件	被攻击者获取相应的服务器权限	×××系统应用中间件、×××系统应用中间件					
管理风险	安全管理制度建设存在不足	没有成文的经过专门的部门或人员制定、审核、发布的安全管理方针、策略和相关的管理制度	各方面的威胁可能利用管理上的漏洞对信息系统造成损害	全部信息系统	2	2	2.5	10	很低
	安全管理机构建设存在不足	没有设立安全主管、安全管理各个方面的负责人岗位,并定义各负责人的职责	各方面的威胁可能利用管理上的漏洞对信息系统造成损害	全部信息系统	2	2	2.5	10	很低
	人员安全管理存在缺陷	缺乏对各类人员进行安全意识教育、岗位技能培训和相关安全技术培训,人员安全意识和技术能力依然需要提高	各方面的威胁可能利用管理上的漏洞对信息系统造成损害	全部信息系统	2	2	2.5	10	很低
	……	……	……	……					

续表

风险		相关脆弱性	相关威胁	受影响资产	风险要素			风险值	标识
					V	T	A		
管理风险	系统运维管理存在不足	资产管理方面没有编制与信息系统相关的资产清单，没有建立资产安全管理制度，没有规定信息系统资产管理的责任人员或责任部门，没有对各类介质进行控制和保护，并实行存储环境专人管理	各方面的威胁可能利用管理上的漏洞对信息系统造成损害	全部信息系统	2	2	2.5	12.5	很低
		缺乏系统安全管理、网络信息安全管理方面的制度；没有建立对系统、网络方面的审计制度，没有定期对运行日志和审计数据进行分析	各方面的威胁可能利用管理上的漏洞对信息系统造成损害	全部信息系统	3	2	2.5		
		没有根据数据的重要性及其对系统运行的影响，制定数据的备份策略和恢复策略；没有关于安全响应和恢复方面的业务可持续性计划	各方面的威胁可能利用管理上的漏洞对信息系统造成损害	全部信息系统	3	2	2.5		
		没有制定安全事件报告和处置管理制度	各方面的威胁可能利用管理上的漏洞对信息系统造成损害	全部信息系统	2	2	2.5		
		…	…	…					

图 10-5 所示为综合风险分析统计。

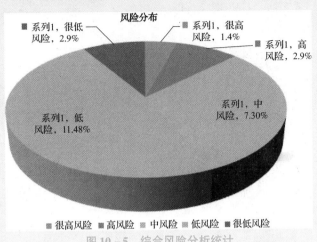

图 10-5　综合风险分析统计

通过上述总结分析可以看到，×××（客户名称）信息系统安全风险分布为：很高风险数量为×，占×%，包括××××、××× ×××、×××××；高风险数量为×，占×%，包括××××、××××××、×××××，很高风险和高风险对信息系统影响较大，建议立即采取有效措施进行控制防范；中风险数量为×，占×%，包括××××、××××××、×××××，建议及时采取有效措施进行防范；低风险数量为×，占×%，包括××××、××× ×××、×××××；很低风险数量为×，占×%，包括××××、××× ×××、×××××；对于低和很低风险应注意其发展趋势，防止其发展成为高风险。

通过此次风险评估的结论，清楚地了解了×××（客户名称）信息系统所存在的风险状况，以结合相关安全标准和组织自身的安全要求，制订本风险控制规划，达到防范威胁，减少自身脆弱性，将风险降低到可接受范围内的目的。

7　附：按部门划分的风险表现形式

◆7.1　风险分析结果汇总

实施范围内所有信息资产所面临的风险共××项，所有风险在各部门的数量及所占比例如表 10-29 所示。

表 10-29　所有风险在各部门的数量及所占比例（注：根据客户实际网络情况进行描述）

等级	标识	财务部	产品部	电子政务事业部	发展规划部	…	总和
5	很高	1	0	2	2		
4	高	2	1				
3	中	2	1	7			
2	低			1			
1	很低						
总数							

各部门风险所占的比例如图 10-6 所示，其中，高风险为××项、中风险××项、低风险××项，高中低风险所占比例如图 10-7 所示。

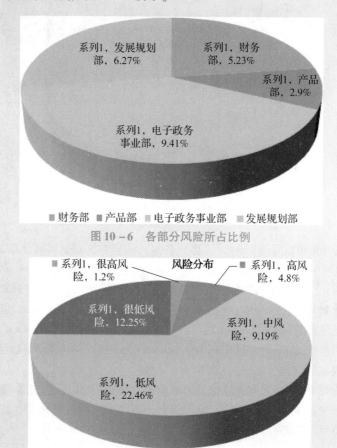

图 10-6　各部分风险所占比例

图 10-7　高中低风险所占比例

◆7.2　财务部风险汇总

◆7.2.1　风险评估结果统计

财务部全部信息资产共 24 项，其中，人员、数据、服务、硬件、软件五类中各项资产数量的数量如表 10-30 所示。

表 10-30　财务部全部信息资产统计（注：根据客户实际网络情况进行描述）

资产	人员资产	数据资产	服务资产	硬件资产	软件资产
名称	安全管理岗 数据库管理岗 安全员	财务系统数据	无	×××服务器 ×××服务器	×××财务系统
资产总数	3	1	0	2	1

财务部高中低风险统计如图 10-8 所示。

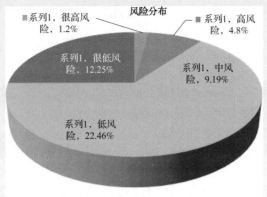

图 10-8　财务部高中低风险统计

财务部所有信息资产所面临的风险共××项，信息资产的各类风险详见以下小节。

◆**7.2.2　主要风险列表**

财务部主要风险如表 10-31 所示。

表 10-31　财务部主要风险（注：根据客户实际网络情况进行描述）

序号	风险	相关脆弱性	相关威胁	受影响资产	风险要素 V	风险要素 T	风险要素 A	风险值	标识
1	网络结构配置存在安全隐患	外网防火墙存在单点故障	冗余恢复能力不足	外网防火墙	3	2	3	18	低
2	关键业务服务器操作系统补丁更新不及时	未安装最新的 Hotfix	不能规避新发现的系统漏洞	×××服务器、×××服务器、×××服务器					
…	…	…	…	…					

◆**7.3　××部风险汇总**

◆**7.3.1　风险评估结果统计**

××部全部信息资产共××项，其中，人员资产、数据资产、服务资产、硬件资产、软件资产五类中各项资产数量的数量如表 10-32 所示。

表 10-32　××部全部信息资产统计（注：根据客户实际网络情况进行描述）

资产	人员资产	数据资产	服务资产	硬件资产	软件资产
名称	安全管理岗 数据库管理岗 安全员	财务系统数据	无	×××服务器 ×××服务器	×××财务系统
资产总数	3	1	0	2	1

财务部高中低风险统计如图 10-9 所示。

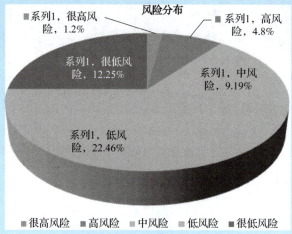

图 10-9　财务部高中低风险统计

◆7.3.2　主要风险列表

××部主要风险如表 10-33 所示。

表 10-33　××部主要风险（注：根据客户实际网络情况进行描述）

序号	风险	相关脆弱性	相关威胁	受影响资产	风险要素 V	T	A	风险值	标识
1	网络结构配置存在安全隐患	外网防火墙存在单点故障	冗余恢复能力不足	外网防火墙	3	2	3	18	低
2	关键业务服务器操作系统补丁更新不及时	未安装最新的 Hotfix	不能规避新发现的系统漏洞	×××服务器、×××服务器、×××服务器					
	…	…	…	…					

任务评价——理解信息系统风险评估综合报告

本任务主要介绍安全管理测评的相关知识，以及信息系统风险评估综合报告的编写格式与内容。为了帮助学生充分理解本任务所讲解的内容，评价标准如下。

①了解安全管理测评各部分内容的要求；
②掌握信息系统风险评估综合报告的撰写。

任务测验

完成本任务的学习后，接下来通过几道课后测验，检验一下对本任务的学习效果，同时加深对所学知识的理解。

一、选择题

1. 以下选项不属于安全建设管理中的"系统实施"阶段的工作内容的是（　　）。
   A. 等级测评　　　　B. 工程实施　　　　C. 测试验收　　　　D. 系统交付
2. 以下选项不属于安全建设管理中安全方案设计的要求的是（　　）。
   A. 安全方案审核论证　　　　　　　　B. 基线要求安全配置
   C. 安全规划设计类文档　　　　　　　D. 系统安全测试文档

二、简答题

1. 结合信息系统生命周期描述安全建设管理的不同阶段以及各阶段的工作内容。
2. 简述安全建设管理中定级和备案的要求。

任务 10.2　安全运维管理测评

运维安全是企业安全保障的基石，不同于 Web 安全、移动安全或者业务安全，运维安全环节出现问题往往会比较严重，一方面，运维出现的安全漏洞自身危害比较严重，运维服务位于底层，涉及服务器、网络设备、基础应用等，一旦出现安全问题，直接影响到服务器的安全；另一方面，一个运维漏洞的出现，通常反映了一个企业的安全规范、流程或者是这些规范、流程的执行出现了问题，这种情况下，可能很多服务器都存在这类安全问题，也有可能这个服务还存在其他的运维安全问题。

任务目标——理解安全运维管理的测评要求

通过对安全运维管理中各测评项测评要求的学习，可以让学生更深刻地理解安全运维管理测评的相关内容和测评方法。

任务环境

风险评估待测评单位。

知识准备——了解等级保护中安全运维管理内容

等级保护 2.0 "安全运维管理"是基于安全运维工作开发的测评要求，目的是规范运维流程，规范运维管理方式。

IT 部门通过采用相关的方法、手段、技术、制度、流程和文档等，对 IT 运行环境（如软硬件环境、网络环境等）、IT 业务系统和 IT 运维人员进行综合管理，构建安全运行维护体系。

安全运维管理涉及层面包括环境管理、资产管理、介质管理、设备维护管理、漏洞和风险管理、网络和系统安全管理、恶意代码防范管理、配置管理、密码管理、变更管理、备份与恢复管理、安全事件处置、应急预案管理、外包运维管理，贯穿信息系统运维的生命线。

> **提示：**
> 安全运维管理在等保2.0第二级系统中共有14个要求项30个控制点；在第三级系统中共计14个要求项48个控制点。

任务实施——安全运维管理测评要求

了解了等级保护中安全运维管理的相关内容，接下来介绍安全运维管理中所包含内容的测评内容与测评方法。

➢ **步骤1：环境管理。**

环境管理的测评要求如表10-34所示。

表10-34 环境管理的测评要求

测评项	测评方法
1. 应指定专门的部门或人员负责机房安全、对机房的出入进行管理，定期对机房供配电、空调、温湿度控制、消防等设施进行维护管理	（1）访谈物理安全负责人是否指定部门和人员负责机房安全管理工作，如对机房的出入进行管理、对基础设施（如空调、供配电设备、灭火设备等）进行定期维护； （2）核查来访人员登记记录； （3）来访人员记录内容是否包括了来访人员、来访时间、离开时间、携带物品等； （4）核查设施维护记录
2. 应建立机房安全管理制度，对有关物理访问、物品进出和环境安全等方面的管理作出规定	（1）核查机房安全管理制度； （2）核查制度内容是否包括了机房物理访问、物品带进/带出机房和机房环境安全等； （3）核查机房物理访问、物品带进/带出机房和机房环境安全等相关记录
3. 不在重要区域接待来访人员，不随意置放有敏感信息的纸质文件和移动介质等	（1）核查办公环境的安全管理制度； （2）核查制度内容是否明确了来访人员的接待区域； （3）核查员工的办公桌面上是否含有敏感信息的纸质文件和移动介质

➢ **步骤2：资产管理。**

资产管理的测评要求如表10-35所示。

表10-35 资产管理的测评要求

测评项	测评方法
1. 应编制并保存与保护对象相关的资产清单，包括资产责任部门、重要程度和所处位置等内容	（1）核查资产清单； （2）资产清单内容是否包括了资产范围（含设备设施、软件、文档等）、资产责任部门、重要程度和所处位置等

续表

测评项	测评方法
2. 根据资产的重要程度对资产进行标识管理，根据资产的价值选择相应的管理措施	（1）核查资产管理制度； （2）核查制度内容是否包括了资产的标识方法以及不同资产的管理措施要求； （3）核查资产清单中的设备是否具有相应的标识； （4）核查资产清单中的设备上的标识方法是否符合相关要求
3. 应对信息分类与标识方法作出规定，并对信息的使用、传输和存储等进行规范化管理	（1）核查安全管理制度中是否明确了对信息进行分类与标识的原则和方法； （2）核查安全管理制度中是否明确了对不同类信息的使用、传输和存储等操作的要求

➢ 步骤3：介质管理。

介质管理的测评要求如表10-36所示。

表10-36　介质管理的测评要求

测评项	测评方法
1. 应将介质存放在安全的环境中，对各类介质进行控制和保护，实行存储介质专人管理并根据存档介质的目录清单定期查点	（1）访谈资产管理员/存储介质管理员当前使用的存储介质类型或数据存储方式； （2）访谈资产管理员/存储介质管理员当前使用的存储介质是否指派专人管理； （3）核查存储介质（主要指移动存储介质，如脱机的硬盘、光盘、移动硬盘、U盘等）管理记录，记录内容是否包括了使用、归还、归档等
2. 应对介质的物理传输过程中的人员选择、打包、交付等情况进行控制，并对介质的归档进行登记记录	（1）访谈资产管理员/存储介质管理员是否存在存储介质的物理传输情况，如脱机的硬盘、光盘、移动硬盘、U盘等的物理传输； （2）如有存储介质的物理传输，核查安全管理制度是否明确了物理传输过程的管理要求； （3）核查物理介质传输的管理记录，记录内容是否包括了执行人、存储介质信息、存储介质打包、存储介质交付、存储介质归档、存储介质查询等

➢ 步骤4：设备维护管理。

设备维护管理的测评要求如表10-37所示。

表 10 – 37　设备维护管理的测评要求

测评项	测评方法
1. 应对各种设备（包括备份和冗余设备）、线路等指定专门的部门或人员定期进行维护管理	（1）访谈设备管理员是否指派部门或专人对各类设施、设备进行定期维护管理； （2）核查部门职责或人员岗位职责文档是否明确了设施、设备的维护管理责任
2. 应建立配套设施、软硬件维护方面的管理制度。对其维护进行有效管理，包括明确维护人员的责任、维修和服务的审批、维修过程的监督控制等	（1）核查设备维护管理制度是否明确维护人员的责任、维修和服务的审批、维修过程的监督控制等方面内容； （2）核查是否留有维修和服务的审批、维修过程等记录，审批、记录内容是否与制度相符
3. 信息处理设备应经过审批才能带离机房或办公地点，含有存储介质的设备带出工作环境时，其中重要数据应加密	（1）核查设备带离机房的审批流程； （2）核查设备带离机房或办公的审批记录； （3）核查含有存储介质的设备带离机房的记录，记录中是否有对重要数据的加密措施
4. 含有存储介质的设备在报废或重用前，应进行完全清除或被安全覆盖，保证该设备上的敏感数据和授权软件无法被恢复重用	核查含有存储介质的设备在报废或重用前所采取清除措施或安全覆盖措施

> **步骤 5**：漏洞和风险管理。

漏洞和风险管理的测评要求如表 10 – 38 所示。

表 10 – 38　漏洞和风险管理的测评要求

测评项	测评方法
1. 应采取必要的措施识别安全漏洞和隐患，对发现的安全漏洞和隐患及时进行修补或评估可能的影响后进行修补	（1）核查用来发现安全漏洞和隐患的措施； （2）核查相关安全措施执行后的报告或记录； （3）核查修复漏洞或消除隐患的操作记录
2. 应定期开展安全测评，形成安全测评报告，采取措施应对发现的安全问题	（1）核查以往开展安全测评所获得的测评报告，确认测评工作是否定期开展； （2）核查安全整改工作相关的文档，如整改方案、整改报告、工作总结等

> **步骤 6**：网络和系统安全管理。

网络和系统安全管理的测评要求如表 10 – 39 所示。

表 10 – 39　网络和系统安全管理的测评要求

测评项	测评方法
1. 应划分不同的管理员角色进行网络和系统的运维管理，明确各个角色的责任和权限	（1）核查管理员职责文档，确认是否划分了不同的管理员角色； （2）核查管理员职责文档，确认是否明确了各个角色的责任和权限
2. 应指定专门的部门或人员进行账户管理，对申请账户、建立账户、删除账户进行控制	（1）访谈运维负责人指派哪个部门或人员进行账户管理，含网络层面、系统面、数据库层面、业务应用层面； （2）核查账户管理记录，记录内容是否包括了账户申请、建立、停用、删除、重置等相关的审批情况
3. 应建立网络和系统安全管理制度，对安全策略、账户管理、配置管理、日志管理、日常操作、升级与补丁、口令周期更新等方面做出规定	（1）核查网络和系统安全管理制度； （2）制度内容是否包括了安全策略、账户管理（用户责任、义务、风险、权限审批、权限分配、账户注销等）、配置文件的生成及备份、变更审批、授权访问、最小服务、升级与补丁、日志管理、登录设备和系统的口令更新周期等
4. 应制定重要设备的配置和操作手册，依据手册对设备进行安全配置和优化配置等	（1）核查重要设备的配置和保作手册，重要设备如操作系统、数据库、网络设备、安全设备、应用和组件等； （2）核查手册内容是否包括了操作步骤、维护记录、参数配置等
5. 应详细记录运维操作日志，包括日常巡检工作、运行维护记录、参数的设置与修改等内容	（1）核查运维操作日志； （2）核查日志内容是否包括了网络和系统的日常巡检、运行维护记录、参数的设置、修改等内容
6. 应指定专门的部门或人员对日志、监测和报警数据等进行分析、统计，及时发现可疑行为	（1）访谈网络和系统相关人员是否指派部门或人员对日志、监测和报警数据等进行统计、分析； （2）核查日志、监测和报警数据的统计、分析的报告
7. 应严格控制变更性运维，经过审批后才可改变连接、安装系统组件或调整配置参数。操作过程中应保留不可更改的审计日志。操作结束后应同步更新配置信息库	（1）核查配置变更审批程序，如对改变连接、安装系统组件或调整配置参数的审批流程； （2）核查配置变更审计日志； （3）核查配置变更记录； （4）核查配置信息库更新记录
8. 应严格控制运维工具的使用，经过审批才可接入进行操作。操作过程中应保留不可更改的审计日志，操作结束后应删除工中的敏感数据	（1）核查运维工具的使用审批程序； （2）核查运维工具的使用审批记录； （3）核查通过运维工具执行操作的审计日志

续表

测评项	测评方法
9. 应严格控制远程运维的开通，经过审批后才可开通远程运维接口或通道，操作过程中应保留不可更改的审计日志，操作结束后立即关闭接口或通道	(1) 核查远程运维的方式、使用的端口或通道； (2) 核查开通远程运维的审批程序； (3) 核查开通远程运维的审批记录； (4) 核查通过远程运维执行操作的审计日志
10. 应保证所有与外部的连接均得到授权和批准，定期检查违反规定无线上网及其他违反网络信息安全策略的行为	(1) 核查开通对外连接的审批程序； (2) 核查开通对外连接的审批记录； (3) 核查开展违反规定无线上网及其他违反网络信息安全策略行为的检查记录

> 步骤7：恶意代码防范管理。

恶意代码防范管理的测评要求如表10-40所示。

表10-40 恶意代码防范管理的测评要求

测评项	测评方法
1. 应提高所有用户的防恶意代码意识，对外来计算机或存储设备接入系统前进行恶意代码检查等	(1) 核查提升员工防恶意代码意识的培训或宣传记录； (2) 核查恶意代码防范管理制度； (3) 核查外来计算机或存储设备接入系统前进行的恶意代码检查记录
2. 应定期验证防范恶意代码攻击的技术措施的有效性	(1) 核查恶意代码防范措施； (2) 核查恶意代码防范措施执行记录； (3) 核查恶意代码防范措施特征库的更新记录

> 步骤8：配置管理。

配置管理的测评要求如表10-41所示。

表10-41 配置管理的测评要求

测评项	测评方法
1. 应记录和保有基本配置信息，包括网络拓扑结构、各个设备安装的软件组件、软件组件的版本和补丁信息、各个设备或软件组件的配置参数等	(1) 核查配置信息保存记录； (2) 记录内容是否包括了网络拓扑结构、各个设备安装的软件组件、软件组件的版本和补丁信息、各个设备或软件组件的配置参数等
2. 应将基本配置信息改变纳入变更范畴，实施对配置信息改变的控制，并及时更新基本配置信息库	(1) 核查配置变更管理程序； (2) 核查配置信息变更记录

➢ **步骤 9：密码管理。**

密码管理的测评要求如表 10-42 所示。

表 10-42 密码管理的测评要求

测评项	测评方法
1. 应遵循密码相关的国家标准和行业标准	（1）访谈安全管理员当前使用的密码产品类型； （2）如果使用密码产品，核查密码产品的销售许可证明或国家相关部门出具的检测报告中所遵循的国家标准和行业标准
2. 应使用国家密码管理主管部门认证核准的密码技术和产品	核查密码产品是否具有销售许可证明或国家相关部门出具的检测报告

➢ **步骤 10：变更管理。**

变更管理的测评要求如表 10-43 所示。

表 10-43 变更管理的测评要求

测评项	测评方法
1. 应明确变更需求，变更前根据变更需求制订变更方案。变更方案经过评审、审批后才可实施	（1）核查变更方案，方案内容是否包括了变更类型、变更原因、变更过程、变更前评估等内容； （2）核查变更方案评审记录，记录内容是否包括了评审时间、参与人员、评审结果等； （3）核查变更过程记录，记录内容是是否包括了变更执行人、执行时间、操作内容、变更内容等
2. 应建立变更的申报和审批控制程序，依据程序控制所有的变更，记录变更实施过程	（1）核查变更控制的申报、控制审批程序； （2）核查变更实施过程的记录； （3）记录的内容是否包括申报的变更类型、申报流程、审批部门、批准人等
3. 应建立中止变更并从失败变更中恢复的程序，明确过程控制方法和人员职责，必要时对恢复过程进行演练	（1）核查变更失败后的恢复程序、工作方法和相关人员职责； （2）核查恢复过程演练记录

➢ **步骤 11：备份与恢复管理。**

备份与恢复管理的测评要求如表 10-44 所示。

表 10-44 备份与恢复管理的测评要求

测评项	测评方法
1. 应识别需要定期备份的重要业务信息、系统数据及软件系统等	核查数据备份策略，策略内容至少明确了备份周期、备份的信息类别或数据类型
2. 应规定备份信息的备份方式、备份频度、存储介质、保存期等	核查备份与恢复管理制度，制度内容至少明确了备份方式、备份频度、存储介质、保存期等
3. 应根据数据的重要性和数据对系统运行的影响，制定数据的备份策略和恢复策略、备份程序和恢复程序等	（1）核查是否有数据备份策略、备份程序； （2）核查是否有数据恢复策略、恢复程序

➢ **步骤 12：安全事件处置。**

安全事件处置的测评要求如表 10-45 所示。

表 10-45 安全事件处置的测评要求

测评项	测评方法
1. 应及时向安全管理部门报告所发现的安全弱点和可疑事件	（1）核查运维管理制度中对于发现安全弱点和可疑事件后的汇报要求； （2）核查以往发现过的安全弱点和可疑事件对应书面报告或记录
2. 应制定安全事件报告和处置管理制度，明确不同安全事件的报告、处置和响应流程，规定安全事件的现场处理、事件报告和后期恢复的管理职责等	核查运维管理制度，其中明确了不同安全事件的报告、处置和响应流程，规定安全事件的现场处理、事件报告和后期恢复的管理职责等内容
3. 应在安全事件报告和响应处理过程中分析和鉴定事件产生的原因，收集证据，记录处理过程，总结经验教训	（1）核查以往的安全事件报告和响应处置记录或相关模板； （2）核查文档的内容是否包括了引发安全事件的系统弱点，不同的安全事件发生的原因、处置过程、经验教训总结、补救措施等
4. 对造成系统中断和造成信息泄露的重大安全事件应采用不同的处理程序和报告程序	核查安全事件报告和处理程序文档，是否针对重大安全事件制定了不同的处理和报告程序，是否明确了具体报告方式、报告内容、报告人等

➢ **步骤 13：应急预案管理。**

应急预案管理的测评要求如表 10-46 所示。

表 10-46　应急预案管理的测评要求

测评项	测评方法
1. 应规定统一的应急预案框架，包括启动预案的条件、应急组织构成、应急资金保障、事后教育和培训等内容	核查应急预案框架，内容是否包括了启动应急预案的条件、应急组织构成、应急资源保障、事后教育和培训等
2. 应制订重要事件的应急预案，包括应急处理流程、系统恢复流程等内容	核查针对重要事件的应急预案，预案内容是否包括了应急处理流程、系统恢复流程等
3. 应定期对系统相关的人员进行应急预案培训，并进行应急预案的演练	（1）核查以往开展过应急预案培训所产生的记录，确认培训的频度，记录内容是否包括了培训对象、培训内容、培训结果等。 （2）核查以往开展过应急预案演练所产生的记录，确认演练的频度，记录内容是否包括了演练对象、演练内容、演练结果等
4. 应定期对原有的应急预案重新评估，修订完善	核查应急预案修订记录，记录内容是否包括了修订时间、参与人、修订内容、评审情况等

> 步骤 14：外包运维管理。

外包运维管理的测评要求如表 10-47 所示。

表 10-47　外包运维管理的测评要求

测评项	测评方法
1. 应确保外包运维服务商的选择符合国家的有关规定	（1）访谈运维负责人是否有外包运维服务情况； （2）如果采用外包运维服务，核查外包运维服务商是否符合国家的有关规定
2. 应与选定的外包运维服务商签订相关的协议，明确规定外包运维的范围、工作内容	（1）核查外包运维服务协议； （2）协议是否包括了外包运维的范围和工作内容
3. 应保证选择的外包运维服务商在技术和管理方面均应具有按照等级保护要求开展安全运维工作的能力，并将能力要求在签订的协议中明确	核查外包运维服务协议是否包含了其具有按照等级保护的要求开展安全运维工作的能力要求
4. 应在与外包运维服务商签定的协议中明确所有相关的安全要求，如可能涉及对敏感信息的访问、处理、存储要求，对 IT 基础设施中断服务的应急保障要求等	核查外包运维服务协议内容中是否包含敏感信息的访问、处理、存储要求，对 IT 基础设施中断服务的应急保障要求等

任务评价——理解安全运维管理测评

本任务主要介绍了安全运维管理的相关内容,以及安全运维管理相关内容的测评内容和测评方法。为了帮助学生充分理解本任务所讲解的内容,评价标准如下。

①了解安全运维管理所包含的内容;

②掌握安全运维管理的测评内容和测评方法。

任务测验

完成本任务的学习后,接下来通过几道课后测验,检验一下对本任务的学习效果,同时加深对所学知识的理解。

一、选择题

1. "安全运维管理"层面需要的管理制度不包括（　　）。
   A. 安全事件管理制度　　　　　　B. 安全变更管理制度
   C. 安全开发管理制度　　　　　　D. 网络信息安全管理制度
2. （　　）目的是规范运维流程,规范运维管理方式。
   A. 等级保护　　　B. 等级测评　　　C. 安全运维管理　　　D. 信息安全评估
3. 安全运维管理在等保2.0第二级系统中共有（　　）个要求项。
   A. 10　　　　　　B. 12　　　　　　C. 14　　　　　　D. 15

二、简答题

简述等级保护中安全运维管理所包含的内容有哪些。

项目总结

实践是认识的来源和动力,网络信息安全测评与风险评估是一门实践性很强的课程,通过亲身体验,可以更好地激发学生的学习热情,从而自觉地从专业方面学习信息安全技术,并在实践中引导青年学生辨别是非,增强安全防范意识,树立国家自豪感和民族自信心。

完成本项目内容的学习,需要能够了解安全建设管理测评的相关内容和要求,以及等级保护中安全运维管理的相关内容。能够对安全运维管理中的相关内容进行测评,并且能够自己动手编写信息系统风险评估综合报告。

项目评价

在完成本项目学习任务后,可根据学习达成自我评价表进行综合能力评价,评价表总分110分（含附加分10分）。学习达成自我评价表积分方式:认为达成学习任务者,在□中打"√";认为未能达成学习者,在□中打"×"。其中,完全达成,可按该项分值100%计算;基本达成,可按该项分值60%计算;未能达成,不计分值。项目12学习达成自我评价表如表10-48所示。

项目 10　信息安全风险评估

表 10-48　项目 10 学习达成自我评价表

学习目标	学习内容	达成情况
职业道德（10 分）	遵纪守法，爱岗敬业。 遵守规程，安全操作。 认真严谨，忠于职守。 精益求精，勇于创新。 诚实守信，服务社会。	完全达成□ 基本达成□ 未能达成□
知识目标（30 分）	是否了解安全管理测评各部分内容的要求； 是否了解安全运维管理所包含的内容。	完全达成□ 基本达成□ 未能达成□
技能目标（30 分）	是否掌握信息系统风险评估综合报告的撰写； 是否掌握安全运维管理的测评内容和测评方法。	完全达成□ 基本达成□ 未能达成□
素质目标与 思政目标（20 分）	是否具有良好的风险评估报告阅读与分析能力； 是否具有良好的安全运维管理的能力； 是否能够辨别是非，具有安全防范意识； 是否树立国家自豪感和民族自信心。	完全达成□ 基本达成□ 未能达成□
职业技能 等级标准（10 分）	初级： 是否了解企业安全管理的各阶段及目标； 是否了解企业安全运营与维护的具体要求； 是否掌握信息系统风险评估综合报告的编制。	完全达成□ 基本达成□ 未能达成□
（附加分） 学习过程 发现问题（5 分）		
（附加分） 学习过程 解决问题（5 分）		

本表仅供学习者对照学习任务进行自我评价，以便查漏补缺，强化职业岗位能力，以适应社会新需求。

参 考 文 献

[1] 向宏. 信息安全测评与风险评估（第2版）[M]. 北京：电子工业出版社，2014.
[2] 赵刚. 信息安全管理与风险评估（第2版）[M]. 北京：清华大学出版社，2020.
[3] 公安部信息安全等级保护评估中心. 网络安全等级测评师培训教材（初级）[M]. 北京：电子工业出版社，2021.
[4] GB/T 43206-2023，信息安全技术　信息系统密码应用测评要求 [S].
[5] 朱磊. 基于工作流的信息安全等级保护测评系统的研究与设计 [D]. 广西大学，2021.
[6] 吴冬. 信息安全等级保护自动测评系统的设计与实现 [D]. 大连理工大学，2019.